LE VIVANT
COMME MODÈLE

Gauthier Chapelle

avec la participation de

Michèle Decoust

LE VIVANT COMME MODÈLE

Préfaces de Nicolas Hulot
et de Jean-Marie Pelt

Dessins de Luc Schuiten

Albin Michel

Ouvrage publié sous la direction
de Patrice Van Eersel

« Je connais des gens qui prennent la Vie en horreur sous l'étrange prétexte que le Monde leur déplaît. Comme si le Monde et la Vie étaient sortis jumeaux du même ventre ! Le Monde n'est que le lieu où la Vie s'aventure. Il est rarement accueillant. Il est même, parfois, abominable. Mais la Vie ! L'enfant qui apprend à marcher, c'est elle qui le tient debout. La femme qui apprend les gestes de l'amour, c'est elle qui l'inspire. Et le vieillard qui flaire devant lui les brumes de l'inconnaissable, affamé d'apprendre encore, c'est elle qui tient ses yeux ouverts. Elle est dans la force de nos muscles, dans nos élans du cœur, nos poussées de sève, notre désir d'être et de créer, sans souci de l'impossible. “Impossible est impossible !” Voilà ce que dit la Vie. Avez-vous déjà vu une touffe d'herbe verte s'étonner de sortir d'une fente dans le bitume ? »

Henri Gougaud
Les Sept Plumes de l'aigle

PRÉFACE

Notre futur est dans la nature

par Nicolas Hulot

En se désolidarisant du vivant, l'*Homo sapiens*, négligeant qu'il en est la partie consciente, est entré dans l'Anthropocène, cette nouvelle ère dont il est la principale force géologique. Avec un rythme de destruction exponentiel de la biodiversité, la Terre est en train de subir sa sixième extinction de masse. En refusant de faire alliance avec la nature, l'homme scie chaque jour un peu plus la branche sur laquelle il est assis : sans nature, il n'y a pas de futur parce que nos vies sont liées.

Il est temps de revenir à une certaine humilité. Et à l'*Homo sapiens* de reconnaître que le savoir serait plutôt du côté de la nature. Le biomimétisme n'est ni plus ni moins que la reconnaissance que nous avons des choses à apprendre de son ancienneté : l'évolution a constitué un immense laboratoire qui affiche près de quatre milliards d'années de recherches et d'expérimentations. La sélection naturelle est venue trier et retenir le meilleur, le plus adapté à l'environnement. C'est la leçon de Darwin, que notre ami biologiste Robert Barbault résumait ainsi : « Le meilleur modèle de développement durable, c'est la diversité du vivant, depuis quatre milliards d'années. »

L'époque dans laquelle nous entrons ressemble plutôt à celle qui annonce la fin d'une nature dominée et méprisée : si l'homme désormais s'en inspire, c'est qu'il reconnaît son génie et sa supériorité.

C'est ce changement de regard que propose Gauthier Chapelle, qui livre ici son témoignage, à travers le récit de son expérience du biomimétisme : la nature n'est plus une source inépuisable de matières premières, elle est une source inépuisable de connaissances.

Ce « savoir » de la nature est très précieux, et il va l'être davantage. Nous sommes dans un moment de transition, une période où l'homme va devoir se montrer inventif. S'inspirer du fonctionnement des systèmes écologiques pour innover technologiquement et économiquement en créant un impact positif sur l'environnement : voilà l'alternative décrite dans ce livre. Le biomimétisme c'est de la bio-inspiration à vocation « durable ». Les approches biomimétiques proposent des systèmes économiques qui prennent exemple sur le vivant. Ces modèles, telle l'économie circulaire, constatent la fin de l'économie linéaire, puisant dans des réserves finies et productrice de déchets domestiques et industriels.

L'« alternative biomimétique » offre un espoir face à l'ensemble des problèmes écologiques que nous allons devoir affronter. Face au réchauffement climatique, nous pouvons puiser dans la nature des stratégies d'adaptation. Elle – qui fonctionne à l'énergie solaire – peut nous apprendre comment obtenir l'énergie dont nous avons besoin. Mais elle peut également nous apprendre comment nous soigner ou comment nourrir les populations.

Certaines innovations technologiques, inspirées du vivant, ont déjà connu un certain succès et forment des exemples poétiques. Comme ces éoliennes s'inspirant de la forme des nageoires de la baleine à bosse, ou ces termites qui font l'admiration des architectes pour leur capacité à bâtir des termitières géantes avec des systèmes sophistiqués de ventilation, ou encore le gecko, ce petit lézard qui semble défier la gravité grâce au tapis de poils sous ses pattes exerçant chacun une très faible force d'attraction avec la surface en contact. La création récente du Centre européen d'excellence en biomimétisme de Senlis (Ceebios) témoigne de l'intérêt grandissant de cette approche. Et les expressions utilisées par le centre pour illustrer le biomimétisme incitent à la découverte : « L'escargot colle écolo ! », « Des nids antiparasites », « Vive la cuticule de la libellule ! » Ou encore : « Le chant du crapaud améliore la wifi ! »

La vie, par une magnifique pulsion, a déjà beaucoup créé, beaucoup essayé, beaucoup testé, beaucoup inventé... Mais elle ne tient qu'à un fil, et chaque once de notre énergie et de notre intelligence devrait servir à perpétuer ce miracle. Retenir les stratégies d'adaptation des autres espèces, s'inspirer du fonctionnement des écosystèmes est le chemin précieux proposé par ce livre, cinq siècles après Léonard de Vinci, qui nous invitait déjà à prendre nos « leçons dans la nature, c'est là qu'est notre futur ».

Nicolas Hulot

Président de la Fondation Nicolas Hulot
pour la Nature et l'Homme

PRÉFACE

S'allier à l'intelligence de la nature

par Jean-Marie Pelt

L'ouvrage que vous avez sous les yeux est tout simplement formidable. Il fait honneur à l'écologie scientifique lorsque celle-ci se nourrit d'une science biologique rigoureuse, mais aussi d'un attachement profond à la nature que nous avons tant meurtrie. On découvre alors que la biologie n'est pas seulement la biologie moléculaire, qui semble occuper toute la place dans les médias. Elle revendique aussi, dans l'esprit notamment de l'école montpelliéraine, l'étude toujours plus fine des étroites interdépendances entre les hommes et la vivante dynamique des écosystèmes.

Dès les premières pages, Gauthier Chapelle capte notre attention en nous racontant l'histoire d'un oiseau migrateur, la barge rousse, qui parcourt les dix mille kilomètres séparant l'Alaska de la Nouvelle-Zélande d'un seul trait et sans escale, en volant pendant dix jours, sans se ravitailler en cours de route et sans toucher la mer. Comment fait-il ? En emmagasinant au départ 45 % de son poids en graisse, ce qui lui permettra de tenir sept jours. Lorsque ses réserves sont épuisées, comment tenir trois jours supplémentaires ? Il va avoir recours aux protéines des muscles de ses ailes qui vont fondre comme neige au soleil. Mais qu'importe : il n'a plus autant de graisses à transporter puisqu'elles ont été consommées. L'oiseau est désormais plus léger et la vie, géniale dans ses inventions, lui offrira l'énergie nécessaire pour arriver à bon port. Tout se passe comme si la barge rousse était capable pour les trois derniers jours de son périple de transformer son anatomie, ses ailes… en carburant. Le moteur en essence. Génial, non ?

L'ouvrage regorge d'histoires analogues où la nature invente d'habiles stratagèmes pour résoudre des problèmes qui sont aussi les nôtres. Il suffira donc de s'inspirer de ces modèles. C'est le biomimétisme. On réussira ainsi à mettre en œuvre des innovations qui s'intégreront parfaitement dans les principes du vivant que l'auteur énonce ; elles acquerront du coup une durabilité qui est celle du vivant lui-même.

Tout au long du livre, le lecteur découvrira comment un biologiste hyperdoué décortique finement les extraordinaires potentialités du biomimétisme, s'inspirant des travaux de l'Américaine Janine Benyus. Il en résulte une foule de récits passionnants où l'on comprendra mieux pourquoi les Japonais ont construit leur train à grande vitesse, le Shinkansen, en s'inspirant de la forme du martin-pêcheur ; comment et pourquoi les éoliennes ont des pales améliorées par le design des nageoires des baleines à bosse et pourquoi leurs sœurs les hydroliennes ont emprunté à la raie manta quelques heureuses trouvailles de la nature. Tout un chacun connaît l'histoire du lotus dont les feuilles ne se mouillent pas ; les gouttes d'eau s'évacuent sans y laisser de trace, d'où des applications pour des peintures, des tissus ou des plastiques. On sait aussi que les capitules de bardane, que les enfants se jetaient autrefois sur leurs pullovers où ils s'accrochaient fermement, ont inspiré le velcro. Pour chacune de ces inventions, l'auteur suppute son degré de compatibilité avec les principes qu'il a édictés au début du livre : principes du vivant, compatibilité avec les écosystèmes de la nature, et pour cette raison durabilité.

On apprend, stupéfait, que les soies tissées par les araignées, dont la ténacité est légendaire, ont inspiré la synthèse de nouvelles prothèses médicales ; mais qui savait qu'il existe 41 000 espèces d'araignées et que chacune produit des soies dont la constitution et la structure lui sont propres. Une panoplie d'une richesse extraordinaire dont la chimie doit s'emparer pour aboutir à l'émergence de fibres de grande qualité. Il y a aussi ces éponges qui peuvent vivre jusqu'à onze mille ans dans les abysses et qui se sont spécialisées dans le travail de la silice. La température de 1 500° étant nécessaire pour fabriquer ces fibres optiques qui sont indissociables de la société hypertechnologique dans laquelle nous vivons, on conçoit que les stratégies de l'éponge puissent nous inspirer pour obtenir des fibres optiques naturelles synthétisées à froid. Dans tous ces exemples, il y a le souci de s'écarter de la thermochimie dérivée du pétrole qui, fatalement, s'éteindra quand le pic pétrolier sera dépassé et qui, par le dégagement de CO_2 qu'elle produit, est la première responsable du réchauffement climatique. L'auteur en parle en connaisseur car il est allé mesurer ses impacts dans l'Antarctique. Économie de matériaux, économie d'énergie, tel est le maître mot.

Le biomimétisme consiste également à s'inspirer du fonctionnement des écosystèmes naturels, notamment en inventant une nouvelle agriculture. Et Gauthier nous amène enfin à la ferme normande du Bec-Hellouin où ses amis Charles et Perrine ont créé une « forêt-jardin », une forêt intelligente associant plusieurs strates dont chacune est pourvoyeuse d'aliments évidemment bio : c'est la permaculture, une extension contemporaine de l'agriculture bio traditionnelle qui inscrit celle-ci dans une vision plus globale et plus systémique. Le dialogue de Charles et de Perrine est tout simplement passionnant. Les voici en train de reconstituer le jardin d'Éden. Il ne s'agit pas de bricoler, mais de créer des écosystèmes agro-alimentaires à gros rendements et sans aucun recours aux engrais, aux pesticides ni à tous les adjuvants inventés par l'agro-industrie.

Le livre s'achève par une réflexion sur les limites de plus en plus perceptibles de notre modèle de société entièrement fondé sur les combustibles fossiles. Gauthier subodore comme moi les risques d'un effondrement civilisationnel, un concept aujourd'hui très présent dans l'écologie, qu'on appelle aussi collapsus, et que le développement durable, à ses yeux, ne suffira pas à éviter. Il plaide pour de petits îlots de résilience, et ces îlots dans son livre forment déjà un archipel où l'homme et la nature enfin réconciliés ouvriraient sur une nouvelle civilisation plus sobre, plus coopérative et plus conviviale qui mettrait fin à notre gabegie et à notre boulimie. À cette nouvelle ère se dessinant dans l'histoire de la terre, marquée depuis cent cinquante ans par l'activité industrielle de l'homme qui laissera des traces dans les archives géologiques du futur, tentons de donner un nom : Quinquernaire ? Symbiocène ?

Je me suis senti profondément en phase avec l'auteur pour lequel mon admiration grandissait au fur et à mesure de la lecture, tant sont convaincantes sa science et sa sensibilité. Je ne regrette pas d'avoir depuis toujours pensé à l'existence d'une profonde « intelligence » dans la nature. Ce qu'elle fait de mieux, c'est sans doute la photosynthèse grâce aux feuilles vertes qui inspireront peut-être demain des panneaux solaires entièrement différents.

Nous qui sommes les fils de la nature par notre corps, combien est-il nécessaire aujourd'hui de l'être aussi par notre esprit ! Ce livre plaide de manière subliminale pour un regain de spiritualité, si nécessaire dans notre société hyperconsommatrice et radicalement matérialiste. J'y ai perçu comme une invite à cet autre regard que Gauthier a acquis lorsqu'il parcourait les landes de Bretagne ou les verts abords de l'agglomération bruxelloise. Mais cette ingénierie naturelle, il faut la connaître mieux encore. Il faut plus de scientifiques écologues « à large spectre », capables comme lui de nommer les êtres vivants et de décortiquer finement le fonctionnement des écosystèmes. Ils sont, dès à présent, les germes d'une nouvelle humanité. Grâce à eux aussi, nous pourrons démentir cet adage : « Si vous voulez voir une espèce en voie de disparition, regardez-vous dans la glace. »

Ce livre témoigne du charisme de Gauthier. Plus je le lisais, plus je l'aimais. Son livre restera une référence incontournable en matière d'écologie scientifique, une discipline jeune encore mais pleine de promesses.

Je ne doute pas un seul instant qu'il trouvera son public et connaîtra tout le succès qu'il mérite.

Jean-Marie Pelt

Professeur honoraire de l'université de Metz
Président de l'Institut européen d'écologie

AVANT-PROPOS

Écosystèmes, rencontres & révélations

> « Depuis les énormes progrès des sciences de la nature au cours de ce siècle, nous sommes de plus en plus à même de connaître les conséquences naturelles lointaines, tout au moins de nos actions les plus courantes dans le domaine de la production, et, par suite, d'apprendre à les maîtriser.
>
> Mais plus il en sera ainsi, plus les êtres humains non seulement sentiront, mais sauront à nouveau qu'ils ne font qu'un avec la nature et plus deviendra impossible cette idée absurde et contre nature d'une opposition entre l'esprit et la matière, l'être humain et la nature, l'âme et le corps, idée qui s'est répandue en Europe depuis le déclin de l'Antiquité classique et qui a connu avec le christianisme son développement le plus élevé[1]. »
>
> Friedrich Engels

« Le grand labo de la nature détient la solution de tous nos problèmes : il suffit de savoir le consulter. » Ce propos vous semble délirant ? Les faits sont là. Des millions, voire des milliards d'années avant l'apparition de l'homme, la vie avait déjà inventé : le solvant universel non polluant, la fabrication de ciments et de câbles ultra-solides à température ambiante, la coopération entre acteurs multiples sans chef, le sonar sans métaux, le vol stationnaire sans hélice, les panneaux solaires recyclables à 100 %, l'éclairage électrique organique, le GPS sans satellite, et des myriades d'autres techniques qui nous dépassent encore complètement... sans parler des cerveaux, dont chacun des milliards de neurones est un univers informatique à lui tout seul.

Mais, bien plus qu'une source d'inspiration pour régler nos problèmes matériels – infimes à l'échelle de l'histoire de la vie sur Terre –, le biomimétisme peut nous aider à envisager le monde d'une façon radicalement différente.

Les deux premiers niveaux de cette nouvelle voie – forme et matériaux – ne produisent, par définition, que des innovations technologiques, inspirées de caractéristiques « matérielles » issues de différentes espèces, afin d'assurer au mieux des fonctions tout aussi « matérielles ». Ces caractéristiques font partie de l'arsenal de stratégies permettant à chaque espèce de rester adaptée à son environnement et d'y durer.

Ce sont bien les caractéristiques de la cuticule du scarabée de Namibie – biomimétisme de forme – qui lui permettent de récolter la rosée au sommet des dunes, et d'ainsi subsister dans un des déserts les plus arides de la planète. C'est la remarquable sobriété, en matière et en énergie de synthèse, de leur byssus* – biomimétisme de matériaux – qui permet aux moules de rester accrochées sans effort aux roches battues par les vagues.

Avec le biomimétisme de forme, le vivant propose des solutions qui vont rarement beaucoup plus loin que des gains marginaux en durabilité, un peu moins d'émissions de gaz à effet de serre et d'énergie consommée.

Avec le biomimétisme de matériaux, nous réalisons à quel point les organismes vivants produisent leur matière d'une façon radicalement différente de celle qui domine notre

* Filaments sécrétés par certains bivalves pour adhérer aux substrats.

époque industrielle, alliant sobriété énergétique, recours à un nombre limité d'éléments chimiques et une production réduite de toxicité comme autant de Principes du Vivant. Mais c'est une approche techniquement beaucoup plus exigeante pour les apprentis chimistes que nous sommes, impliquant régulièrement des remises en question drastiques des procédés de synthèse, et donc des installations industrielles associées. Une approche qui ouvre la voie à des économies radicales de matériaux et d'énergie, en s'affranchissant – ou pas, question lancinante – des combustibles fossiles.

Cela suffira-t-il à nous remettre en circularité avec le reste de la planète, entre changement climatique, fin du pétrole bon marché, pic des ressources minérales et crise de la biodiversité ?

Nous sommes aujourd'hui à la croisée des chemins. Après vingt ans d'essor, le concept de biomimétisme risque d'être dilué, *greenwashed*, instrumentalisé pour s'acheter une bonne conscience sans réelle remise en question. C'est là qu'un troisième niveau – systémique –, en ajoutant un lot de principes organisationnels aux Principes du Vivant déjà utilisés, lui confère une dimension globale, potentiellement planétaire.

Des principes additionnels qui reflètent précisément les modes de fonctionnement et d'interaction des espèces, et qui découlent du niveau de complexité supérieure des écosystèmes (comme les forêts) par rapport aux organismes « simples » (les arbres) qui les composent.

De 2001 à 2007, j'ai travaillé pour la Fondation polaire internationale*, respectant ainsi la promesse que je m'étais faite des années plus tôt, au retour d'une plage antarctique envahie par les plastiques.

* Basée à Bruxelles, l'International Polar Foundation a été fondée en 2002 par l'alpiniste et explorateur polaire Alain Hubert et les professeurs d'université Hugo Decleir (VUB) et André Berger (UCL).

Au-delà de la recherche, il allait falloir expliquer et transmettre. En Antarctique, il n'y a pas d'Inuits pour témoigner. La population locale se résume aux manchots, aux touristes et aux scientifiques. Tout ça ne fait pas beaucoup de communicants. Or le rôle de la Fondation était précisément de faire le pont entre science et société, en tant que source d'informations sur le thème du développement durable, et particulièrement du changement climatique, les régions polaires étant en première ligne.

J'y suis entré comme responsable scientifique des contenus de nos actions de vulgarisation et d'éducation. Des années plus tôt, encore étudiant en agronomie à l'université de Louvain, j'avais eu la chance d'assister à certains des premiers cours donnés par le professeur André Berger, connu dans la communauté scientifique pour ses travaux sur l'influence des variations naturelles de l'orbite de la Terre sur le climat. Je me souviens des discussions entre amis, sur l'impuissance que ressentaient certains. C'était le début des années 1990, la sortie du premier rapport du GIEC, la lente élaboration du protocole de Kyoto*. S'il était resté confidentiel dans les médias, il était réconfortant pour le jeune thésard que j'étais alors : grâce à cette initiative internationale, les pouvoirs politiques allaient à leur tour prendre le problème à bras-le-corps. N'avaient-ils pas résolu le problème du trou dans la couche d'ozone avec l'adoption du protocole de Montréal** ?

Un service civil et une thèse plus tard, je réalise qu'il n'en est rien. Après les années d'hyperspécialisation de mon doctorat, je relève enfin le nez de mes chers crustacés amphipodes. Pas sans avoir mûri. J'ai été confronté à la brutalité environnementale de nos sociétés industrielles, notamment en travaillant

---

* Signé en 1997, et entré en vigueur en 2005… pour sept ans seulement !

** Signé en 1985, et entré en vigueur en 1989.

plusieurs saisons sur le lac Baïkal, au fin fond de la Sibérie. Mythe pour les naturalistes, c'est le lac le plus profond de la planète : 1 637 m. C'est aussi le lieu où s'est éveillée la conscience environnementale russe, pour limiter au maximum l'industrialisation de ses rives. Si le lac a globalement été épargné, ce que j'ai vu du reste de la Russie ne l'a pas été.

En 2001-2002, c'est donc imprégné de ces images que je passe des amphipodes à plusieurs mois de lecture sur le changement climatique. Une décennie après les conférences d'André Berger, nous en sommes désormais au TAR, le Third Assessment Report* du GIEC. Cette fois, l'impact médiatique est plus fort. Le sujet s'immisce dans les journaux, et pas seulement les revues spécialisées. Le changement climatique devient « CC ». C'est aussi l'époque de mes premières interventions publiques sur le sujet, dans des classes ou pour des auditoires grand public. Comme mes collègues, je ressens le besoin de nos auditeurs d'aller au-delà de l'impuissance face au constat, l'attente de solutions, d'un espoir... Or le constat est dur. Les unes après les autres, les études envoient des signaux négatifs. Dans mes classes, j'utilise le thème de l'alimentation pour donner aux élèves la possibilité de se sentir également acteurs. Je termine mes interventions par les énergies renouvelables ou les premières maisons passives, tout en insistant sur l'importance des gestes quotidiens. La notion de bilan carbone est en train d'émerger. Je me souviens avoir testé mes émissions personnelles et constaté que tous les petits efforts d'une année étaient réduits à néant par un seul voyage transocéanique en avion. Alors même que s'ouvrait l'ère des voyages *low cost*, façon Ryanair...

Les mois passent, les doutes surgissent. De conférences en débats télévisés, je comprends à quel point nous ne sommes plus dans le cas du trou d'ozone. Il avait suffi alors de concentrer

* Rapport sur le changement climatique sorti en 2001.

les efforts sur le secteur chimique, sur une seule famille de substances, les CFC et associés. Désormais, c'était autre chose : pour agir sur le climat, il fallait remettre en question les combustibles fossiles ! Et avec eux, tout notre modèle occidental de consommation. Un défi colossal, un programme invendable politiquement… et on essayait de nous faire croire qu'il suffirait de changer nos ampoules ou de mettre un couvercle sur nos casseroles ! Mes doutes se sont transformés en inquiétude. J'ai cherché des approches plus radicales que ce « développement durable » dont la dénomination même me mettait mal à l'aise, parce que dans son usage courant, elle évoquait en les amalgamant deux aspects bien différents de tout processus de transformation : le qualitatif (développement) et le quantitatif (croissance).

C'est dans ce contexte que j'ai découvert les travaux du Rocky Mountain Institute (organe de recherche privé aux États-Unis) et en particulier ceux du chercheur Amory Lovins, à travers deux de ses bouquins phares : *Facteur 4* et *Natural Capitalism*[2]. Il y passait en revue les énormes gaspillages qu'engendrait l'abondance de l'énergie mise à notre disposition, comme autant d'occasions de rationaliser nos modes de production. L'objectif était de consommer dix fois moins, tout en maintenant le même niveau de confort. La démonstration était brillante, même si elle ne remettait que peu en question le modèle consumériste, et encore moins son cadre capitaliste.

Impressionné, j'obtiens, en septembre 2003, de pouvoir participer à un séminaire d'une petite semaine en Angleterre, où il intervient, au Schumacher College, dans le Devon. Je cherche du radical ? Je vais être servi. D'abord par le collège lui-même. Un collège anglais comme on en rêve, dans un parc magnifique peuplé de vieux arbres. Un vénérable bâtiment au charme *so british* avec, en son centre, sa bibliothèque fameuse et son grand feu ouvert. On y trouve tous les ouvrages de référence

Le *so british* collège Schumacher.

sur la durabilité. Un collège qui porte le nom d'Ernst Friedrich Schumacher, l'économiste qui trente ans plus tôt a écrit *Small Is Beautiful*[3] et fondé par un autre personnage haut en couleur, l'ancien moine jaïn Satish Kumar, disciple de Gandhi.

Les initiateurs du Schumacher ont fait le pari, audacieux dans notre monde urbain et rationnel, d'adopter une approche «3 S» pour *Sustainability* (durabilité), Sol (matrice du vivant) et Spiritualité. Une approche complète, qui comporte notamment un temps quotidien de méditation (facultatif) et un autre, obligatoire, consacré à l'entretien des lieux et à la cuisine – aussi bien pour les étudiants que pour les professeurs. Une approche originale qui ne les empêche pas de dépendre très officiellement de l'université de Plymouth, et d'abriter un masters en sciences holistiques, ouvert chaque année à une vingtaine d'étudiants du monde entier. Un autre programme, renouvelé chaque année, propose des cours d'une à trois semaines, administrés par les plus prestigieux des pionniers anglo-saxons de la durabilité. S'y sont ainsi succédé l'Anglais James Lovelock, père de la théorie Gaïa; l'Américain Fritjof

Capra[4], physicien systémiste ; le Norvégien Arne Naess[5], philosophe fondateur de l'Écologie profonde ; ou l'Indienne Vandana Shiva[6], une des pionnières de l'éco-féminisme et ardente défenseuse de l'accès à l'alimentation et aux semences.

C'est donc dans un chaudron bouillonnant d'énergie et de concepts nouveaux que je débarque pour rencontrer Amory Lovins. Mais pas seulement lui. Pour ces semaines de « Business & Sustainability », le Schumacher a pris l'habitude d'associer deux intervenants, afin de brasser les idées et les publics. Pour cette édition, ils ont invité une autre Américaine, Janine Benyus, qui présente un des quatre axes* posés par Amory Lovins, Hunter Lovins et Paul Hawken[7] dans *Natural Capitalism :* le biomimétisme. Une notion que j'ai déjà croisée en tant que biologiste, et que j'ai parcourue dans l'opus de Lovins & Co., mais il me manquait ce contact direct…

Dix ans après, au souvenir de cette semaine, je peux dire qu'elle a tenu toutes ses promesses. Amory Lovins propose un éventail surprenant de voies alternatives pour diminuer notre empreinte écologique collective, jouant avec brio de sa pensée horizontale et foisonnante de linguiste, alliée à une cordialité, un humour et une spontanéité qui la rendent totalement accessible.

Mais surtout Janine Benyus et son intuition géniale du biomimétisme[8] ! Dès la première session, je suis scotché. Dans un premier temps, elle montre la façon dont les autres espèces ont inspiré des améliorations technologiques substantielles en terme de durabilité, ou indiquent une voie pour le faire. L'exemple du martin-pêcheur permettant d'améliorer le Shinkansen, le train à grande vitesse japonais emblématique de nos technologies modernes, est particulièrement spectaculaire.

D'autres idées possèdent, si on parvient à les réaliser à grande

* 1. Augmentation radicale de la productivité des ressources ; 2. économie de fonctionnalité (des produits aux services) ; 3. biomimétisme ; 4. restauration du capital naturel.

échelle, un impact potentiel vertigineux, comme des panneaux solaires totalement organiques, ou encore des bio-ciments inspirés de la manière dont les mollusques fabriquent – dans l'eau et à froid ! – leur coquille, sans émission de CO_2. Excitation et émerveillement encore pour l'agronome que je suis, quand elle présente les travaux du Land Institute sur les cultures mélangeant céréales et légumineuses vivaces, sélectionnées à partir des espèces locales, et fonctionnant sur le modèle des prairies millénaires, sans engrais, sans pesticides ni irrigation !

Au cours de ces trois journées si vite passées, Janine nous montre l'étendue des activités humaines concernées par le biomimétisme : architecture, sciences des matériaux, stockage de l'information, communication, emballage, agriculture, médecine... Y a-t-il seulement un domaine où les autres espèces n'ont pas d'idées à nous donner ? Son intuition est simple, son raisonnement implacable : si nous cherchons des solutions durables, fondamentalement compatibles avec l'environnement, ne faut-il pas évidemment se tourner vers ce qui a déjà fait ses preuves ? Quel autre laboratoire peut se targuer d'une telle batterie d'essais-erreurs-corrections, testée sur le terrain pendant des centaines de milliers, voire des millions d'années ? Car c'est bien à un génial département de recherche et développement que les espèces et les écosystèmes qui nous entourent peuvent être collectivement comparés : voilà les Anciens, les experts en durabilité, issus du tri effectué par l'évolution – et les perturbations associées – depuis 3,8 milliards d'années*. Pourquoi ne nous a-t-on pas enseigné cela lors de nos études d'agronomie ?

Il faut rappeler ici que Janine Benyus n'a pas « inventé » le biomimétisme. Son coup de génie a été de comprendre que parmi toutes les caractéristiques intéressantes potentiellement utilisables à partir de l'observation des autres espèces, l'une

* Un chiffre qui risque d'évoluer encore.

d'entre elles nous intéressait particulièrement : la capacité à durer, la compatibilité avec le reste de la biosphère. C'est l'objectif commun des innovations réunies dans son livre. « Biomimicry » désigne ce sous-ensemble du biomimétisme destiné à nous fournir un arsenal d'outils technologiques et organisationnels, dont les principes ont été testés par l'évolution et qui pourront nous aider dans la transition nécessaire pour retrouver notre place dans la biosphère.

En 2007, au sein de notre bureau d'études Greenloop, nous avons lancé notre premier projet de recherche biomimétique avec Jean Valayer, alors ingénieur tout juste retraité, spécialiste du pétrole et, lui aussi, passionné par le vivant ; un projet de recherche européen. Le projet s'appelait CO2Sol Stock. Associant notre bureau et cinq équipes de chercheurs en Europe, il visait à développer un processus bactérien pour combiner le gaz carbonique présent dans l'atmosphère avec du calcium et le transformer ainsi en calcaire.

Ces trois années de recherche – où nous avons joué le rôle de catalyseur – ont été extrêmement instructives, sinon fructueuses. Leur enseignement le plus riche s'appuie sur la découverte, par les équipes des universités de Neuchâtel et Lausanne, regroupées autour du professeur Verrecchia, d'accumulations de calcaire autour des racines de l'iroko (*Milicia excelsa*), un arbre bien connu – à ses dépens ! – en Afrique subsaharienne pour son bois très résistant. En creusant – littéralement – la question, les chercheurs ont découvert qu'au cours de son existence, chacun de ces arbres pouvait générer l'apparition d'une tonne de cailloux calcaires, grâce à la coexistence de deux grands groupes d'organismes en contact avec ses racines : champignons et bactéries. En fixant le carbone sous forme de carbonate de calcium, le trio iroko/champignons/bactéries est ainsi un des champions de la séquestration du carbone, ces « dalles » de calcaire ayant une

Les quatre millions de tonnes de CO_2 émises en un an par une centrale à charbon de taille classique (500 MW), représentées à pression ambiante (une atmosphère)[9].

durée de vie de plusieurs siècles, sinon de millénaires, même si la forêt est détruite (par les hommes ou le feu). Avantage supplémentaire, la (très) lente dissolution de ce calcaire permet une correction efficace de l'acidité des sols où poussent ces arbres, ce qui bénéficie à toutes les plantes environnantes. Ainsi, tout projet de reforestation faisant appel aux irokos – mais aussi aux kapokiers ou certains ébéniers – permettrait non seulement de séquestrer du carbone additionnel mais aussi de rendre les sols plus propices à l'agriculture, et plus précisément à l'agroforesterie.

Une solution apparemment parfaite à tous nos problèmes ? Oui, à deux détails près : d'abord, l'iroko doit atteindre l'âge de quatre-vingts ans pour neutraliser suffisamment les sols qui l'entourent et commencer à véritablement accumuler le carbonate de calcium. Quatre-vingts années, un délai incompatible avec nos économies pressées ; ensuite, parce que pour compenser les émissions d'une seule centrale au charbon, il faudrait planter un million d'hectares, l'équivalent de la forêt des Landes.

Ce qui nous met face au plus grand défi auquel même le biomimétisme le mieux compris n'échappera pas : le changement de paradigme que vont nous imposer, à relativement brève échéance, les pics du pétrole et des matières premières.

Quels que soient ses futurs développements pratiques, le biomimétisme n'est pas une solution pour simplement « continuer comme avant ».

Car nous sommes entrés dans le temps des exponentielles. En 2004 était parue une table – lumineuse – de vingt-quatre graphiques[10] reflétant la convergence étonnante entre une série de tendances socio-économiques et leurs impacts sur le « Système Terre », celui qui nous tient tous en vie (humains, scarabées, artichauts et phytoplancton). Côté humain : PIB mondial, population urbaine, consommation d'énergie, d'eau ou d'engrais chimiques, nombre de téléphones, de voitures ou production de papier*. Côté terre : émissions de CO_2 et de méthane, température, inondations, perte de biodiversité, déforestation tropicale, transformation des côtes en élevages de crevettes ou (sur)pêche. Avec toujours cette même forme de courbe, exponentielle ; une croissance timide au départ, et puis, à partir de 1950, le grand emballement…

Or, dans la matière, ce n'est pas comme en maths, les hausses ne sont jamais infinies et les courbes finissent par plafonner. Comme le rappelaient les époux Meadows, co-auteurs du *Halte à la croissance ?*, un rapport demandé par le Club de Rome en 1972[11], il existe trois cas de figure. Dans le premier,

* Vous savez, celui dont l'usage allait diminuer grâce à l'informatique…

la courbe se calme en plateau, c'est le meilleur des cas ; dans le deuxième, après son seuil maximal, elle se stabilise plus bas en oscillant ; dans le troisième, c'est l'écroulement subit. Qu'en sera-t-il pour nous ? Personne ne peut le dire. Mais il y a d'une part le retard que nous avons pris pour réagir, et d'autre part le fait que ces courbes coïncident étroitement dans le temps[12], et se renforcent les unes les autres.

En fait, comme beaucoup de ceux qui cheminent dans cette direction, collègues plus ou moins lointains, partenaires ou amis, j'ai cru que nous allions nous mettre en mouvement suffisamment vite, suffisamment fort, pour que le retour vers une relation de réciprocité avec la biosphère s'amorce à temps, épouse une courbe fluide, et nous garde dans notre zone de confort. J'y ai cru longtemps ou, plus précisément, je me suis convaincu d'y croire.

Et puis, comme d'autres avant moi, chemin faisant, j'ai compris qu'il y avait du « non-retour » dans l'air. Parce que aussi nombreuses que soient les recrues de « la forêt qui pousse », je continuais à voir beaucoup plus d'« arbres qui tombaient », de records de température enfoncés, d'océans de plastique, de mines de charbon « à déplacement de sommet » (le *mountain-top removal* des Anglo-Saxons), de disparitions d'espèces, ou de forêts tropicales ravagées à cause des palmiers à huile ou du pétrole ; indifférence aussi, voire déni, plus ou moins agressif. Et puis cette absence d'engagement : des banquiers, des grandes entreprise, des pouvoirs politiques à tous les étages, ou de… moi-même.

Mais surtout, surtout, j'ai voulu enfin regarder en face le côté exceptionnel de notre époque, cette fameuse « seconde cosmique » de la révolution thermo-industrielle, cette période complètement inédite dans l'histoire de l'humanité où la manne des hydrocarbures fossiles nous a conféré à nous, les Occidentaux, une puissance de transformation du monde hors norme : l'équivalent de quatre cents « esclaves énergétiques » par personne[13] !

C'est ici que je rejoins mes deux amis Raphaël Stevens et Pablo Servigne dans la nécessité d'envisager un ou plusieurs écroulements de civilisation[14], qu'il(s) soie(nt) causé(s) par ceux du système financier, du commerce international, du système d'approvisionnement en carburants fossiles ou encore des réseaux électriques et/ou de l'agriculture industrielle, qui tous deux dépendent tellement des énergies de stock.

Je préfère me préparer d'emblée au pire, en travaillant sur le *low-tech* et le post-pétrole, et en priorité l'agriculture sans laquelle nous ne pouvons nous nourrir. Dennis Meadows considère qu'il est désormais trop tard pour le développement durable et que pour se préparer aux chocs, il faut construire des petits systèmes résilients qui permettront le redémarrage d'une autre civilisation. Si personne ne connaît la suite de cette histoire, nous pouvons adopter la position du philosophe et collapsologue* Jean-Pierre Dupuy : il faut penser les catastrophes comme certaines, si l'on veut pouvoir… les éviter.

---

* Pas encore dans le dictionnaire mais ça va venir ! Les collapsologues étudient les ruptures plus qu'ils ne les annoncent (même si l'un n'empêche pas l'autre).

PREMIÈRE PARTIE

Matières « premières » & Principes du Vivant

« La vie n'est pas un phénomène extérieur ou accidentel à la surface terrestre. Elle est liée d'un lien étroit à la structure de l'écorce terrestre, fait partie de son mécanisme et y remplit des fonctions de première importance, nécessaires à l'existence même de ce mécanisme. Toute la vie, toute la matière vivante peut être envisagée comme un ensemble indivisible dans le mécanisme de la biosphère. »

Vladimir Vernadski[1]

1

Bretagne, Antarctique, naissance d'une vocation

Les prises de conscience grandissent comme des êtres vivants. Comme des plantes ? Une graine tombe sur un coin de terre accessible, entre un pissenlit et une pâquerette. Au début il ne se passe rien. Le temps passe, et avec l'automne des feuilles mortes et autres débris végétaux la fondent progressivement dans l'humus. Les mois s'écoulent, et s'il paraît toujours ne rien se passer, la graine, elle, enregistre à la fois les vagues successives de basse température, et la longueur des jours qui s'effiloche. Au printemps, le gel disparaît, les jours rallongent, l'humidité est là, et la graine germe enfin. Une paire de cotylédons encore fragile apparaît, dernière réserve d'énergie de la graine et première installation pour se brancher sur l'énergie solaire. La plantule peut déployer ses premières feuilles et, graduellement, une rosette apparaît. Un cercle vertueux s'est mis en place, et chaque apport énergétique du soleil permet à de nouvelles feuilles, et donc à de nouveaux capteurs solaires, d'être produites. Des feuilles qui intéressent d'ailleurs un nombre croissant d'animaux, que la plante va apprendre à gérer à mesure qu'elle prend conscience de leurs déprédations…

Ma prise de conscience « environnementaliste » a été semée par mon grand-père. En choisissant d'apprendre à ses filles, dont ma mère, le nom des fleurs de montagne et des oiseaux, il a déposé un intérêt, une tendresse pour la nature, que maman m'a transmise à son tour en nourrissant et nommant les oiseaux de l'hiver, et en me contaminant de son amour des plantes et du jardinage. Petite graine tout d'abord invisible, qui a fini par éclore sous le soleil breton. En septembre 1978, notre famille s'installe à Landéda, plus précisément dans le hameau de Poulloc, dans la presqu'île de Sainte-Marguerite, à vingt kilomètres au nord de Brest. La conjonction de la croissance d'un enfant et de la naissance d'une passion. La lande entoure la maison ; au-delà, les minuscules champs ceints de haies d'ajoncs et de prunelliers, et puis la dune. Après, c'est l'estran, la marée, les rochers et la mer.

Le mercredi et le week-end vont devenir des temps d'exploration, à la recherche des oiseaux. La liberté et l'émerveillement vont nous transformer rapidement, mon frère et moi, en jeunes naturalistes. Des oiseaux, notre intérêt va s'étendre aux amphibiens, aux insectes, aux plantes. Au bout de cette année de germination, nous rapporterons à Bruxelles cette plantule, cette passion qui se renforcera tout au long de notre adolescence. Et je pourrai la déployer et la fortifier à chaque rencontre avec d'autres espèces, soit à peu près partout en ce qui concerne les oiseaux, mes plus fidèles complices. Un amour grandissant pour ce vivant qui grouille, pour la diversité et la beauté de ces espèces, innombrables mais graduellement identifiées. Ces années seront d'abord celles de l'apprentissage.

Au-delà des oiseaux, mon œil va apprivoiser leurs habitats, leurs écosystèmes. Comme pour tous les naturalistes, cette connaissance va s'accumuler presque sans que je m'en rende compte. Mais un jour, je pourrai dire, en pénétrant dans une nouvelle forêt : «Mmmh, ça sent le loriot ici ! », développant une perception des habitats en tant qu'ensemble d'espèces, en tant que réseau, un tout qui se tient, qui reflète le lieu, le sol, le vent, l'humidité, la saison. Cette connaissance, je l'aiguiserai surtout à Poulloc où, en famille et entre amis, je reviendrai chaque année à Pâques pendant plus de dix ans.

Dix années pour comprendre ce qui ne change pas, la constance du coucou, toujours de retour entre le 10 et le 14 avril, ce territoire de traquet pâtre devant une petite baie, ce pommier sauvage qui fleurit au coin d'une dune ; pour observer ce qui change, le retour progressif de la tadorne de Belon, ce gros canard coloré, ou de l'aigrette garzette, ce héron blanc si gracieux, espèces autrefois décimées par la chasse ; pour m'émerveiller devant les visiteurs exceptionnels comme le grand corbeau ou le guillemot à miroir ; pour découvrir ceux que je n'avais pas encore cherchés convenablement : les crapauds accoucheurs et leur mélodie nocturne, les grillons dans leurs trous de la dune fixée, ou la bette maritime, ancêtre de la betterave sucrière, si répandue le long de la côte, et plus goûteuse que les épinards.

La plante croît tout au long de la belle saison. Elle collecte tellement bien le flux solaire qu'elle peut en stocker de plus en plus dans sa racine pivotante. Revient alors la saison froide, et un nouveau plateau d'inactivité apparente. Les feuilles de la fin de saison sont toujours là, mais fonctionnent au ralenti. Pourtant une phase différente se prépare, dans les profondeurs de la terre. Et quand le printemps ramène davantage de lumière et de chaleur, c'est un nouveau programme qui s'enclenche. Dès que la rosette de feuilles-panneaux solaires est reconstituée, une autre dynamique se met en place. Surgit au cœur du disque végétal une tige qui lentement va s'élever vers le ciel, alimentée par une spirale de nouvelles feuilles. Finalement émergent les boutons, puisque c'est bien la floraison qui se prépare. Une floraison qui lorsqu'elle se déploie conduit la plante à une compréhension plus vaste de son environnement, lui demande d'entrer en interaction avec une autre guilde d'acteurs, les pollinisateurs. Sans cette noria de scarabées, de mouchettes et d'abeilles solitaires (ou non), pas de fécondation. Et pas de graines non plus, indispensables pour lancer la génération suivante, comme pour amorcer nos propres prises de conscience...

De fait, à côté de ses merveilles qui m'auront fait naturaliste, Poulloc est aussi le lieu d'un drame, survenu six mois avant notre arrivée. En mars 1978, alors que nous vivions encore au Cameroun, dans le fracas d'une mer en furie, notre chère presqu'île bretonne avait été en première ligne de ce qui fut à l'époque la plus grande marée noire de l'histoire. À moins de dix kilomètres à l'ouest, en face d'un port ironiquement nommé Portsall, s'échoue l'*Amoco Cadiz*, énorme pétrolier libérant en pleine tempête 230 000 tonnes de pétrole, souillant plus de quatre cents kilomètres de côte, étouffant sous son linceul visqueux des milliers d'oiseaux, des milliards de crustacés et de coquillages. Une catastrophe inouïe mais qui, grâce au travail des hommes, et plus encore à celui des vagues, des marées et des bactéries gourmandes en hydrocarbures, sera déjà considérablement atténuée à notre arrivée en septembre : des rochers recouverts encore d'une pellicule noire complètement solidifiée, un petit marais côtier qui mettra des années à s'autonettoyer et sans doute le plus emblématique, la sinistre proue de l'*Amoco*, bien visible de nos promontoires côtiers, qui mettra plusieurs années à s'affaisser et disparaître. L'enfant de dix ans que je suis à l'époque ne réalise pas complètement l'envergure de la catastrophe.

Dans notre ère industrielle, le pétrole n'est jamais loin. Il revient frapper à Pâques 1984, beaucoup plus insidieusement. Un « simple dégazage », comme on dit, le nettoyage des soutes d'un pétrolier, une économie pour les armateurs, des vacances quelque peu gâchées pour nous ; mais surtout, la mort sur la plage. En tout une dizaine, peut-être une quinzaine d'oiseaux, mais d'espèces si emblématiques, comme le petit pingouin ou le plongeon catmarin, le macareux moine ou le fou de Bassan. Avec nos amis, nous avons enterré consciencieusement toutes les petites victimes. Si, comme naturaliste amateur, je m'intéressais déjà aux dégâts de notre mode de vie sur les espèces et les habitats, je venais de passer brutalement de la théorie à la pratique.

L'année d'après, alors en première, je choisis le désastre de l'*Amoco Cadiz* pour mon «travail d'approfondissement». J'ai vraiment dû convaincre mon prof de géographie d'accepter le sujet, pour me permettre de produire, après une longue enquête en bibliothèque (bien avant Internet), une synthèse originale, mon premier travail «scientifique». Un mini-mémoire pour ma première appréhension globale des impacts de notre société sur son environnement. Symbolisée par une substance à la fois vitale pour notre quotidien, et désormais synonyme de mort poisseuse. Il me faudra encore des années pour comprendre à quel point le roi-pétrole domine nos vies en profondeur – addiction, gabegie – et à quel point cette dépendance monomaniaque rend tellement difficiles les évolutions si évidemment nécessaires qu'appelle notre retour à une complète compatibilité avec notre biosphère.

Plastiques antarctiques

Décembre 1987, j'ai dix-neuf ans et une semaine pour persuader tous mes profs d'agronomie tropicale. Je viens de recevoir une proposition du Dr Claude de Broyer, ami de mes parents, chercheur au Muséum d'histoire naturelle de Bruxelles et biologiste spécialisé dans les crustacés*...

---

* Plus précisément les amphipodes, groupe peu connu de crustacés, 9 500 espèces répertoriées, soit pratiquement autant que d'oiseaux (mais avec beaucoup plus d'espèces encore à décrire).

antarctiques. Impossible de refuser. Une fiévreuse session d'examens plus tard, me voilà parti pour deux mois. Ma première expédition en Antarctique. Destination, la station côtière Comandante Ferraz, appartenant au Brésil. Enfin l'occasion de rejoindre un des espaces vierges de la Terre, loin des impacts de notre civilisation industrielle !

Le voyage, particulier, ne va pas me décevoir. Pour d'obscures raisons politiques, les autorités chiliennes refusent que nous y allions en avion. Ce sera donc le bateau brésilien – encore mieux ! – à partir de Punta Arenas. Dès le départ, mes espoirs de naturaliste se concrétisent. Alors que nous enfilons le détroit de Magellan vers le Pacifique, ce sont mes premiers manchots, et en même temps ce qui m'apparaît comme de la pure nature sauvage, mer et terre imbriquées, avec les glaciers en plus, qui cascadent pratiquement jusqu'au rivage. Puis virage à l'ouest, en empruntant au sud de la Terre de Feu le canal du Beagle, du nom du bateau de Darwin, avant de passer le cap Horn. Nous traversons tous ces lieux mythiques, avec les condors au-dessus – les condors ! –, les albatros au milieu, les dauphins et les baleines en dessous, toujours sur fond de glaciers. Incroyable de puissance et de beauté. Et enfin cap au sud. Les latitudes et les températures baissent, de nouveaux oiseaux apparaissent, albatros hurleurs, damiers du Cap, fulmars antarctiques. Voici l'île du Roi-George*, puis notre toute petite station brésilienne, nichée au fond d'une énorme baie, où hormis l'autre station – polonaise – à l'autre bout, il n'y a pas trace humaine.

Les phoques et les manchots nous attendent sur la plage, c'est la fin de l'été austral, il n'y a plus beaucoup de banquise, seulement des icebergs et des glaciers, mais quand même de la glace partout ! La glace blanche de la saison, la vieille glace

* L'une des plus grandes de l'archipel des Shetland du Sud, à moins de 120 km de la Péninsule antarctique.

bleue des glaciers, la glace rose ou orange lorsque le soleil s'apprête à passer sous l'horizon. La glace et la lumière... Je passe un mois et demi de rêve, au sein d'une équipe mêlant Belges, Brésiliens et Allemands. En Antarctique, la dimension humaine prend vite une place considérable ; en 1988, nous sommes des micro-communautés isolées, il y a seulement la radio et les fax pour communiquer ; pas d'email, ni de portable bien sûr. Nous sommes *vraiment* loin de tout, ça crée des liens. Nous étions une quarantaine sur le bateau, nous sommes une trentaine à la station. Une moitié de militaires qui en assurent la maintenance, une moitié de chercheurs. Outre les nombreux biologistes, on compte un astronome, quelques géologues, et l'ambiance pluridisciplinaire classique des stations polaires.

Le rêve. La nature pratiquement intacte, avec toutes ces espèces antarctiques qui n'ont pas eu le temps d'apprendre à avoir peur des hommes. En Arctique, c'est différent : il y a un peuplement humain depuis des milliers d'années, les Inuits, la chasse. En Antarctique, la frénésie de chasse occidentale n'a duré qu'un siècle, elle n'a pas touché toutes les espèces ni tous les lieux, et depuis qu'elle a pris fin, ne sont venus que des scientifiques. Ici, en particulier, on trouve le manchot à jugulaire, symbole de la station Comandante Ferraz, curieux et audacieux jusqu'à monter sur les bateaux pneumatiques. J'avais pris un grand zoom pour la traversée en bateau, je ne l'utiliserai plus à la station : certains phoques endormis ouvrent à peine un œil quand ils m'entendent venir, me laissent passer et repartent aussitôt dans les bras de Morphée.

Pourtant le rêve va voler en éclats. Suite à la réconciliation diplomatique entre le Brésil et le Chili, notre retour à la civilisation se fera via l'aéroport de la station chilienne*, que nous gagnons à nouveau par la mer, pour une journée

* Sur la même île du Roi-George.

d'attente avant de nous envoler. Une station plus grande, plus ancienne – deux en fait, avec la station russe voisine. Comparées à la station brésilienne, elles sont nettement moins propres, et c'est un euphémisme, entre bidons rouillés et piles de câbles en attente. Le véritable choc survient en rejoignant la côte nord, recommandée par les vétérans comme beaucoup plus sauvage. Une alternance de petites criques difficilement accessibles et de grandes falaises, parsemée d'énormes blocs rocheux, comme en… Bretagne, les icebergs en plus !

Les plages du nord de l'île sont orientées vers les routes commerciales de nos bateaux, vers notre civilisation. Alors, sur le sable volcanique de la plage, entre glaçons, otaries et manchots, on trouve tout ce que nous vomissons collectivement : nos déchets les plus résistants, soit du pétrole sous sa forme non biodégradable, du plastique. Le contraste avec Ferraz, au fond d'une baie protégée des courants du nord, est brutal. Début 1988, nous ne sommes pas encore dans le changement climatique, mais ce choc plastique me secoue profondément, je me sens touché physiquement. Et comme mon ami Gerd à mes côtés, avec ses dix ans de plus que moi, j'en pleure à gros sanglots.

Il me faudra les longues heures du retour vers le Brésil, entouré d'amis, pour m'apaiser. C'est ce jour-là que je comprends à quel point notre mode de vie touche la Terre entière, même ce paradis perdu, avec ses animaux qui ne connaissent pas la peur des humains. Même à l'autre bout du monde, cette histoire, notre histoire, est mal partie. Ce jour-là, sans y mettre encore des mots, je mesure la radicalité de notre interdépendance.

2

Barge sur un arbre perchée…

Juillet 1986, et la toundra arctique à perte de vue. Venant du Varangerfjord, le fjord le plus oriental de Norvège, bien connu par les passionnés d'oiseaux, nous nous apprêtons à traverser la frontière avec la Finlande. Il est deux heures du matin et le soleil rasant surprend les premiers arbres qui annoncent la limite entre la toundra, au nord, et la taïga. La taïga, cette immense forêt qui ceinture les deux continents de l'hémisphère Nord, de la Scandinavie à l'Extrême-Orient sibérien en Eurasie, et de l'Alaska au Labrador pour l'Amérique du Nord. La taïga, un des plus grands biomes de la planète, rassemblant la majorité de ce qui reste des forêts primaires, en même temps qu'un fabuleux réservoir de carbone.

Premiers arbres épars, quelques rennes qui passent, et puis, quelques kilomètres plus loin, une surprise que nous attendions depuis un moment, les retrouvailles avec un petit échassier remarquable, la barge rousse. Avec mes frères et sœur, nous la connaissions dans sa livrée gris-beige mouchetée, le long des plages bretonnes où elle hiverne en petits groupes. Mais aussi dans son plumage d'été, au roux brillant, lorsque ses troupes impressionnantes se mêlent aux courlis massifs, aux gracieuses avocettes et autres chevaliers. Tous oiseaux de l'estran – une fois qu'ils ont cessé de se reproduire –, longues pattes pour pouvoir travailler dans quelques centimètres d'eau, long bec pour fouiller les vasières à la recherche d'invertébrés.

Cette fois nous retrouvons la barge, toujours aussi rousse, sur ses lieux de nidification, dans une posture étonnante pour un oiseau des rivages : chantant à tue-tête, perchée au sommet d'un conifère. Dans la lumière basse du jour éternel de l'été arctique, sa tenue rousse s'illumine d'or et rehausse encore le plaisir de notre rencontre avec elle.

Il me faudra vingt années de plus pour découvrir que la barge rousse, notre joyau du Nord, détient un record remarquable au sein des êtres vivants : la durée maximale de vol autour de la Terre sans ravitaillement. Un record détenu par une population particulière de barges rousses, résidant dans l'ouest de l'Alaska. Grâce au baguage, on sait depuis longtemps que sa destination hivernale, c'est la Nouvelle-Zélande, soit 10 000 km à franchir au-dessus de l'océan Pacifique. Jusque récemment, les ornithologues n'avaient pas pris conscience de la portée de cette performance. Déjà parce que d'autres espèces de la toundra sont capables de voyages encore plus impressionnants. Le cas le plus célèbre est celui de la sterne arctique : chaque année, elle effectue l'aller-retour entre les rivages arctiques le long desquels elle se reproduit, et la banquise antarctique où elle passe l'hiver, en se nourrissant dans les trous d'eau entre les glaçons. Soit 22 000 km, plus du double de la distance couverte par nos barges rousses.

À cette différence que la sterne arctique peut plonger dans l'eau pour se nourrir de petits poissons et crustacés. Ce qui lui permet des ravitaillements réguliers au long de sa route migratoire. De plus, ses pattes palmées lui permettent de se poser sur la mer et de s'y reposer en cas de besoin. La barge rousse ne possède aucune de ces deux caractéristiques. Elle doit retrouver la terre ferme pour se nourrir ou se reposer. Qu'à cela ne tienne, pensaient les scientifiques, les escales possibles entre l'Alaska et la Nouvelle-Zélande sont nombreuses : îles

Hawaii, Polynésie, archipel des Tonga. Sauf qu'en 2008, des balises GPS ont révélé que les barges ne s'arrêtaient pas[1] ! Elles couvrent les 10 000 km en dix jours de vol battu ininterrompu, sans ravitaillement.

Derrière la performance athlétique se cache une autre histoire, celle du métabolisme des oiseaux migrateurs, poussé à ses limites. Il est bien connu que les migrants au long cours, toutes espèces confondues, entreprennent leurs voyages avec d'importantes réserves de graisse. Des trois plus grandes familles de molécules du vivant, les sucres (ou hydrates de carbone), les protéines et les graisses (ou lipides), ce sont ces dernières qui concentrent le plus d'énergie par rapport à leur poids. Les barges rousses se gavent donc de nourriture lors de leurs grands rassemblements sur les vasières des estuaires, afin de constituer des réserves de graisse s'élevant jusqu'à 45 % de leur poids.

Nos barges d'Alaska démarrent ainsi leur long vol avec un stock maximum de lipides. Mais cette réserve ne correspond qu'à sept jours de vol. Où trouvent-elles l'énergie nécessaire aux trois jours supplémentaires ? C'est ici que la versatilité de la biochimie intervient. Les chercheurs ont montré qu'une fois les graisses épuisées, les besoins en énergie de l'oiseau vont se brancher sur la famille de molécules suivante, les protéines. Et plus particulièrement celles des muscles des ailes. Mais ne sont-elles pas précisément les plus indispensables ? Oui et non : les muscles des barges sont optimisés pour le poids des oiseaux au départ, lorsqu'il est maximal. Quand leurs réserves de graisse ont fondu, leurs muscles sont surdimensionnés. Les oiseaux peuvent donc en partie les consommer… Transformer un excès de moteur en carburant, voilà ce que permet la chimie du vivant ! Comme si un quadrimoteur pouvait, aux trois quarts de son vol, désosser un de ses réacteurs pour en faire du carburant pour les trois autres…

Cette merveilleuse versatilité des molécules, cette compatibilité qui leur permet de passer de structure à carburant ne pourrait-elle être source d'inspiration ? Au-delà de l'exploit technologique, on peut élargir l'histoire de cette barge à son écosystème. La compatibilité des molécules qui composent cet oiseau ne fait que prolonger celle qui les unit aux molécules de ses proies. Ces milliers d'invertébrés qu'elle a dû ingérer pour préparer son vol transocéanique, qui sont eux-mêmes constitués de molécules qu'ils ont récupérées ou réassemblées à partir d'autres invertébrés, de plancton végétal ou animal, de matière organique en décomposition... Il en ira de même lorsque la barge rousse terminera sa vie. Ses molécules seront remises à la disposition d'autres espèces, sources d'énergie pour un scarabée mangeur de plumes, ou de protéines pour les muscles d'un renard polaire...

Ce sont les fameuses chaînes alimentaires, et les « chaînes de chaînes », ces « réseaux trophiques » dont la complexité et la circularité sont à présent mieux comprises. Quand elles passent d'une espèce à l'autre, outre leur compatibilité, les molécules du vivant démontrent une autre caractéristique : leur universalité à l'échelle de la Terre. Ce sont les mêmes matériaux qui constituent les bactéries, les pleurotes, les poulpes ou les séquoias. Un catalogue de constituants partagés à l'échelle de toute la biosphère, qui reflète une autre évidence que nous oublions trop souvent : toutes les espèces qui peuplent la Terre, nous – espèce humaine – compris, avons le même ancêtre, bactérien. C'est ce qui facilite les échanges. Et c'est une leçon qui condense déjà plusieurs de ces Principes du Vivant qui guideront notre exploration de la biosphère et du biomimétisme.

Ces Principes du Vivant et cet immense potentiel du biomimétisme, on les retrouve aussi dans une autre grande famille de la Terre : les arbres. Le botaniste Francis Hallé, grand défenseur des forêts primaires tropicales, illustre ce potentiel par une parabole puissante, un cahier des charges imaginaire proposé à un architecte[2], où il s'agirait de construire une structure qui remplirait les conditions suivantes :

– Une hauteur de 60 mètres, sur une surface au sol ronde, de deux mètres de diamètre.

– Le tiers supérieur du bâtiment équipé d'une surface souple, découpée et bien fixée, de panneaux solaires d'une superficie de 15 hectares, régulant l'humidité, peints en vert et biodégradables.

– Des fondations de trois mètres de profondeur dans un sol meuble et très humide, vu les trois mètres de précipitation annuels.

– Édifiée avec un matériau gratuit, prélevé sur place, de façon invisible et silencieuse, pour obtenir une construction capable de s'autoréparer en quelques mois et de se reproduire toute seule.

– Le tout tolérant – voire accueillant – les organismes vivants.

– Dernière chose : les plans doivent tenir dans une boîte de moins d'un centimètre de diamètre et il doit suffire de jeter cette boîte au sol pour démarrer la construction...

Voici décrit un de ces colosses des forêts primaires du Brésil, du Gabon ou de Malaisie. Qui, en plus de répondre aux critères incroyables de cette liste, évapore des milliers de litres de vapeur d'eau, fixe en grandissant des tonnes de gaz carbonique, amortit les précipitations dans sa litière-éponge, nourrit des millions d'organismes, pompe directement depuis la roche-mère des sels minéraux qu'il redistribue à tous... Et même pas besoin d'aller sous les tropiques pour trouver de tels spécimens ! Pourtant, combien d'architectes s'inspirent-ils des arbres pour leurs projets ?

En 2004, après le passage de Katrina sur La Nouvelle-Orléans, Janine Benyus soulignait que seuls quatre des sept cents chênes affectés par l'ouragan étaient morts et qu'il serait peut-être temps de prendre conseil chez eux, quand on constate les milliers de maisons détruites… Demandez aux ingénieurs qui ont étudié la géométrie de leurs racines et l'efficacité de leur ratio solidité/volume de matière utilisée. Demandez à ceux qui ont modélisé la circulation des sèves minérales et végétales entre racines et feuilles. Demandez à ceux qui tentent de comprendre comment le liège retarde la combustion. Pour tous ceux-là, les arbres sont devenus des maîtres, dépositaires de secrets ancestraux.

3

Bactéries et calendrier du vivant

Je suis vivant. À l'école, nos professeurs nous l'ont appris et confirmé : je suis bien un être vivant. Je suis constitué d'organes. Une série de boîtes « distinctes » : le système digestif qui me nourrit, le système circulatoire qui m'irrigue, la peau et le système immunitaire qui me protègent, le système reproducteur qui me prolonge, le cerveau qui garde de l'ordre dans tout ça… Et chacun de mes organes, de mes tissus, est lui-même constitué de cellules. C'est la démarche scientifique classique : on part du tout avant de décomposer en systèmes qui s'emboîtent.

On peut aussi utiliser une approche plus systémique, plus globale, centrée sur les échanges et les flux. Alors je suis une émergence de bactéries. Si je remonte mon arbre généalogique, sans m'arrêter aux Égyptiens, ni aux premiers hommes en Afrique, ni même au temps des dinosaures, et que je remonte inlassablement près de quatre milliards d'années, je retrouve notre bactérie originelle ! Minuscule globule animé, vibrant au sein de la protection de sa membrane, fixé sur sa particule d'argile ou ballotté par les eaux d'un courant chaud de l'océan primordial… Cette infime entité est vraiment mon aïeule, et la vôtre, nous sommes les fruits de sa pulsion de vie.

Sans cet élan, nous ne serions pas là. Pas d'orchidées brésiliennes dans ma serre, pas de crustacés cuirassés au fond de l'océan Austral, pas de baobab au Cap-Vert, pas d'okra dans les échoppes congolaises, pas de pulpe de bois pour les pages de ce livre… et personne pour le lire. Hommage à toi Mama Bactéria ! Nous sommes issus de cette danse des bactéries, leur différenciation, leur résistance, leur ubiquité, leur capacité à développer des savoirs adaptés… Cette grande bourse d'échange d'informations, ces accords de coopération, le développement de ces communautés bâties sur l'énergie des minéraux. Et bien sûr, ce coup de génie, cette faculté à se brancher sur la lumière du soleil, et ainsi apporter l'oxygène au monde.

Et puis certaines ont réussi à passer les premiers accords de coopération intracellulaires, s'emboîtant les unes dans les autres, les mitochondries, les chloroplastes… Ces bactéries audacieuses qui ont fait le pari de grandir et de se complexifier davantage, pour devenir multicellulaires ! Arbres, champignons et humains, voilà ce que nous sommes : une multitude de bactéries emboîtées qui, en préférant la coopération à l'autonomie, fait émerger un autre tout, transcendant, qui dépasse la somme de ses parties.

Une longue histoire : presque deux milliards d'années avant ce saut de complexité, pour que fleurisse l'incroyable diversité des multicellulaires, des trilobites aux homards, des ammonites aux calmars, des fougères arborescentes au maïs, des libellules géantes aux abeilles, des requins anciens… à ceux d'aujourd'hui.

Généalogie

Tous ainsi reliés, rien d'étonnant à ce que nous partagions des principes de fonctionnement, ces fameux Principes du Vivant, aussi bien à l'échelle des individus qu'à celle de nos écosystèmes. Un arbre généalogique dont les racines lointaines se révèlent chaque jour davantage, au travers des progrès spectaculaires de la génétique moléculaire.

Une généalogie popularisée par Lynn Margulis[1] et ses collègues, qui, sans être la plus récente, reste une des plus abordables[2]. Son équipe a réparti tous les organismes vivants sur notre Terre en cinq grands ensembles, en interactions constantes les uns avec les autres : les bactéries, les protozoaires, les champignons, les plantes et les animaux. Ensemble, nous constituons les branches et le tronc d'un même arbre.

Les bactéries sont à la base de cet arbre. Innombrables, la plupart du temps invisibles à l'œil nu, elles sont présentes dans tous les milieux, y compris les plus improbables. Ce sont aussi les seules à avoir vraiment plus de trois milliards d'années d'expérience à nous transmettre. Les Anciens, ce sont elles ! Une expérience constamment réactualisée par un échange permanent d'informations. Collectivement, elles sont ainsi les plus douées pour innover. Cette capacité collective leur permet le plus souvent d'être les premières, voire les seules, à pouvoir s'adapter aux nouvelles conditions – inhospitalières – créées par les humains*. Elles sont les acteurs clés de notre santé (les symbiotes) et de celle de nos écosystèmes (par les rôles multiples qu'elles jouent au niveau des océans, des eaux douces et des sols). Au point que deux chercheurs qui ont travaillé sur les conséquences théoriques de leur éventuelle disparition ont conclu que « … la vie sur Terre est tellement dépendante des micro-organismes que la question pertinente n'est pas de savoir si nous disparaîtrions sans eux, mais à quelle vitesse l'extinction de la vie animale se produirait[3]… » Et pourtant, dans notre imaginaire, le mot bactérie évoque d'abord celles

* Que ce soit dans les piscines de goudrons acides entourant certaines raffineries de pétrole, les salles de stérilisation des satellites par radioactivité, ou les plates-formes flottantes de plastique encore imputrescibles…

qui nous rendent malades, alors qu'elles ne représentent en moyenne qu'une espèce… sur deux mille[4].

Au-dessus des bactéries, se trouvent les protozoaires, toujours unicellulaires, mais rendus plus complexes par le fait qu'ils résultent de l'emboîtement d'au moins deux grands types de bactéries*. Ils en ont tiré notamment une double membrane pour délimiter et protéger leur intérieur, des mitochondries** pour assurer leur respiration et un noyau pour protéger leur matériel génétique[5]. Eux aussi accomplissent des fonctions essentielles dans les écosystèmes, notamment en participant à la dégradation de la cellulose, une des molécules végétales les plus abondantes : sans cette intervention, les végétaux auraient beaucoup plus de mal à constituer la base des chaînes alimentaires, puisque la plupart des insectes végétariens ou des ruminants leur confient cette mission dans leurs systèmes digestifs. Sans protozoaires, la gastronomie française en prendrait un coup : ni lait de vache ni fromage…

C'est à partir des protozoaires qu'il y a environ 500 millions d'années ont pu surgir et se diversifier à toute allure les trois grands groupes de multicellulaires qui nous sont plus familiers.

Les plantes, fondamentales pour leur capacité à faire entrer l'énergie du soleil, grâce à la photosynthèse, sous forme de matière carbonée redistribuée ensuite dans les tissus d'espèces entrelacées des écosystèmes, qu'ils soient toundras, steppes, forêts d'altitude ou mangroves. Par ailleurs, les plantes, en

---

* C'est un autre volet de la théorie endosymbiotique de Lynn Margulis et ses collègues : chaque cellule eucaryote serait par définition le résultat du mariage d'une Eubactérie (les bactéries « classiques ») avec une Archébactérie (dont de nombreuses extrémophiles).

** Tous les protistes connus qui n'ont pas de mitochondries descendent d'ancêtres qui en avaient, jusqu'à preuve du contraire, ce qui prouve l'importance de leur acquisition pour générer les eucaryotes.

excrétant l'oxygène, sont reliées à tous les autres groupes qui pratiquent la respiration, à savoir de nombreuses bactéries et protozoaires, la plupart des champignons et des animaux... et les plantes elles-mêmes.

Le second groupe de multicellulaires est celui des champignons, qui ont en commun avec nous d'être incapables de photosynthétiser et de dépendre donc directement ou indirectement des plantes. Pour assurer leur subsistance, la plupart des champignons ont choisi entre la fonction de décomposition de la matière morte ou une collaboration établie avec 90 % des plantes. Les différents services qu'ils rendent alors aux plantes assurent un fort accroissement de leur efficacité, en échange duquel elles nourrissent les champignons d'un surplus des sucres photosynthétisés. Une symbiose extrêmement répandue, capitale pour le fonctionnement des écosystèmes végétaux terrestres.

Le dernier groupe majeur est celui des animaux, branché lui aussi sur les plantes pour son alimentation comme pour l'oxygène qu'elles produisent. Des éponges aux étoiles de mer, des ténias aux coquilles Saint-Jacques, des perce-oreilles aux mouettes, c'est celui dont nous faisons partie.

Un gigantesque réseau pour une immense réunion de famille.

Le calendrier du vivant

Mais une réunion de famille qui a demandé des milliers de millions d'années avant de prendre la forme que nous lui connaissons. Des chiffres abstraits, mais l'épaisseur de ce *Deep Time*, ou «Temps profond», a des messages cruciaux à nous apporter, alors que doit se tourner une page dans la relation entre l'humanité et la Terre. Pour mieux comprendre les 4,5 milliards d'années qui se sont écoulées depuis la formation de notre planète, on rapporte souvent cette histoire à une année, comme dans le calendrier ci-dessous :

1er janvier : naissance de la Terre
1er mars : émergence de la vie bactérienne
16 août : explosion des multicellulaires
20 novembre : premiers poissons
22 novembre : premières plantes terrestres
13 décembre : premiers mammifères
20 décembre : premières plantes à fleurs
31 décembre, 23 h 54 : *Homo sapiens*
31 décembre, 23 h 59' 59'' : révolution industrielle

Premier enseignement, la révolution industrielle, cette période destructive d'une ampleur rarement égalée, ne représente finalement qu'une seconde de l'année Terre. Une seconde particulièrement spectaculaire certes, comparable seulement aux cinq extinctions massives répertoriées, avec la particularité d'avoir été déclenchée par une seule espèce – la nôtre. Il reste que ce déchaînement qui peut vite nous paraître écrasant ne dure que depuis un temps infime comparé à celui du déploiement du vivant. Et pourrait s'apparenter, si nous y mettons du nôtre, à une seconde d'inattention, une parenthèse malheureuse à résorber, un tout petit temps de violence vis-à-vis de la toile dont nous sommes un fil et qui nous garde vivants, une intense et minuscule stase que nous pouvons choisir d'arrêter. Pour une nouvelle trajectoire, qui ramènera l'abondance à nos successeurs, qu'ils soient humains ou non.

Le second enseignement, c'est que l'immensité du temps d'expérimentation du vivant nous a richement dotés. Bien sûr, nous pourrions rester obstinément convaincus que seules les innovations technologiques et organisationnelles sorties de cerveaux humains peuvent nous apporter les solutions dont nous avons besoin. Mais nous pouvons aussi décider de sortir de cet isolement et nous rappeler que tous les jours, notre vie dépend de milliers d'autres espèces. Et que, comme nous, ces espèces sont l'aboutissement d'une somme astronomique d'essais-erreurs de l'évolution. Depuis l'apparition de nos ancêtres bactéries, il y a 3,8 milliards d'années, les innombrables espèces qui se sont côtoyées et succédé ont fait naître toutes sortes d'écosystèmes reliés dans la biosphère. Ce faisant, elles ont retenu toutes les recettes, tous les trucs technologiques, toutes les façons de s'organiser dont nous avons besoin pour retrouver le chemin de la compatibilité avec notre planète bleue et verte, recettes à la base du biomimétisme. Bonne nouvelle donc : pour franchir ce cap difficile, nous ne sommes ni dépourvus ni seuls. Il n'y a qu'à ouvrir les yeux sur les organismes vivants qui nous entourent, les observer, les écouter, nous émerveiller, réfléchir, comprendre, remettre en question, recombiner, concevoir et passer à l'action.

Naturel ou artificiel ?

Pouvoir nous reconsidérer en tant qu'espèce au sein de la grande toile de la biosphère peut amener à poser un autre regard sur une dichotomie qui ne nous facilite pas la vie, celle qui distingue le naturel de l'artificiel. Chez les personnes sensibles à l'impact des humains sur les autres espèces, les objets artificiels que nous produisons seraient les « méchants » à éliminer au profit des productions naturelles des autres espèces (même si nous connaissons tous des « produits naturels » qui témoignent du flou de la limite entre naturel et artificiel).

Point de départ, pour un nombre croissant de biologistes et naturalistes – dont Janine Benyus –, le constat que la capacité à produire des objets ne nous est pas réservée, mais se retrouve chez d'autres espèces animales : termitières, nids des oiseaux, rayons de cire des abeilles, barrages de castors… Par extension, nous pouvons requalifier nos propres productions comme objets « naturels », produits par une espèce naturelle – spéciale, certes, mais quand même, une espèce vivante parmi d'autres.

Ces objets sont, dans la plupart des cas, décisifs pour perpétuer l'espèce. Une toile d'araignée inefficace menacerait la survie de sa propriétaire, un rouge-gorge qui ferait mal son nid mettrait en danger sa descendance. « Mal faire » son nid ? Il pourrait s'agir d'une taille inappropriée, d'une solidité douteuse, d'un choix de matériau toxique trop rare, trop coûteux en énergie... Bref, une technique non durable.

Comme les nids des oiseaux ou les toiles d'araignée, nos constructions sont elles-mêmes soumises à la sélection naturelle et, par extension, les populations qui en dépendent. C'est l'exemple des colonies vikings qui avaient profité du redoux climatique de l'« optimum médiéval » pour s'installer au sud du Groenland, en y important leur économie d'élevage et d'agriculture. Un système qu'ils se sont obstinés à perpétuer alors que l'arrivée du petit âge glaciaire le rendait inopérant et a fini par les faire disparaître. Une parenthèse de quelques siècles, vécue aux côtés de la culture de pêche et de chasse des Inuits, bien plus souple et résiliente face aux variations du climat[6].

Il n'est pas difficile de percevoir la non-durabilité à court ou long terme des objets et technologies de notre temps, qu'ils reposent sur des matériaux non renouvelables, exigeants en énergie ou qu'ils libèrent une toxicité persistante en fin de vie. Alors souhaitons-nous être des Vikings ou des Inuits ? Dans mille ans, ces « objets naturels » que sont nos chaussures seront-elles en cuir ou en plastique ? Les téléphones portables, objets naturels de communication, les SUV, objets naturels de transport, survivront-ils à l'après-pétrole ?

Allons-nous fermer les yeux et nous accrocher à nos technologies déconnectées de la biosphère, à notre dépendance à ces énergies de stock que sont les combustibles fossiles, ou bien

Forme et matériaux convergents du nid de tisserin
et d'une habitation papoue traditionnelle,
compatibles avec la biosphère.

faire le choix collectif de remettre en question nos modes de vie et aller directement vers des modes de production « biocompatibles » ? Que nous le subissions ou que nous l'anticipions, l'évolution fera le tri et poussera inexorablement nos descendants à prendre davantage en compte le long terme.

4

La Terre, berceau du vivant

> « Il attendait son heure dans un plateau calcaire depuis que les mers paléozoïques avaient recouvert la région. Pour un atome enfermé dans un rocher, le temps ne passe pas. La délivrance vint le jour où une racine de chêne à gros glands se fraya un chemin dans une crevasse qu'elle se mit à fouiller. En l'éclair d'un siècle, la roche se désagrégea, et l'atome fut projeté dans le monde des choses vivantes. Il aida à la fabrication d'une fleur, qui devint un gland, qui engraissa un cerf, qui nourrit un Indien, tout cela en moins d'un an. »
>
> Aldo Leopold

Croître indéfiniment dans un monde fini n'a pas de sens. Débarrassé du terme « développement », la durabilité me convient mieux. Elle souligne la pérennité de la Terre, ce vaste ensemble qui nous garde vivants, nous tous, humains et autres espèces, depuis si longtemps. Qu'est-ce qui lui permet donc de rester ce support de la vie ? Quels sont les éléments fondamentaux ? Les flux qui les relient ?

Les flux surtout ! Comme tout naturaliste, je connais un peu ceux qui circulent dans les lieux que j'explore souvent, que ce soient les côtes bretonnes, ou les bois, bocages et marais des environs immédiats de Bruxelles. Disons que je peux me faire une idée grossière de certains flux, notamment du «qui mange qui». Près de chez moi, par exemple, j'ai vu mon premier triton alpestre… dans le bec d'un héron ; j'ai ramassé des noix adroitement ouvertes – et mangées – par des écureuils ; j'ai regardé les araignées nocturnes à l'affût des cloportes dans des trous de mur ; j'ai croisé des coccinelles brouteuses de champignon (si si, ça existe !) ; des fourmis éleveuses de pucerons noirs, eux-mêmes en train de sucer la sève des orties ; des abeilles solitaires en train de butiner des orchidées… La liste pourrait être beaucoup plus longue, bien sûr, et en même temps ne fait qu'effleurer la complexité de cette toile du vivant et de ses fils si denses (ma courte énumération englobe une vingtaine d'espèces sur les plus de quatre mille qui vivent à Bruxelles !).

Il n'est donc pas besoin d'aller dans les savanes africaines pour rencontrer les chaînes alimentaires. À la base sont les plantes, puis les herbivores, puis les prédateurs primaires, secondaires, etc. Alors que l'énergie accumulée par les uns se transmet à ceux qui les mangent*, d'autres se servent plus ou moins discrètement au passage – comme les parasites – ou exploitent l'énergie que contiennent encore les organismes à leur mort – ce sont les nécrophages et les décomposeurs. La fonction essentielle de ces derniers est de transformer des matériaux complexes en molécules simples qui sont ainsi remises à la disposition des producteurs primaires. Les décomposeurs ferment donc les boucles et créent l'économie circulaire en réseau que nous retrouvons dans tous les écosystèmes. Quel tissage incroyable ! À la fois si complexe et si autonome, puisqu'il n'a pas besoin d'une intelligence à gros cerveau comme la nôtre pour faire ce qu'il a à faire. Au

* En fait, seulement 10 % en moyenne à chaque étape, le reste se dissipant (surtout en chaleur).

contraire, ce réseau si résilient a tout à nous apprendre, et c'est bien là un des fondements du biomimétisme.

Janine Benyus et ses collègues parlent des *Life Operating Conditions*, les conditions de la vie. Ce sont les paramètres avec lesquels la vie a été obligée de composer. La plupart d'entre elles nous sont familières : la vie s'est développée en présence de chaleur et de lumière ; la vie s'est développée en présence d'eau ; la terre fixe des limites et des frontières ; la Terre est dans un état de non-équilibre dynamique ; la Terre est soumise à des processus cycliques ; la Terre est soumise à la gravité.

Le feu du Soleil

Pour nous Terriens, le feu c'est d'abord le Soleil, gigantesque, notre étoile pourvoyeuse de lumière et d'énergie. Une énergie fabuleuse, issue de la seule transformation par fusion de l'hydrogène en hélium. À notre échelle, une source infinie d'énergie, impossible à appréhender. Par rapport au total de l'énergie émise par le Soleil, celle qu'intercepte la Terre est dérisoire. Elle a pourtant suffi, depuis 4,5 milliards d'années, à mettre en mouvement et approvisionner en énergie tous les flux qui brassent la surface de notre planète.

Cet apport constant de lumière et de chaleur, ce prélèvement d'énergie électromagnétique permet aux êtres vivants de se perpétuer, de créer chaque jour l'ordre local dont ils ont besoin pour assurer leur pérennité, le temps d'une vie. Sans ce rayonnement, sans ce flux d'énergie, pas de vie.

Cette énergie fournit une chaleur inégalement répartie. Les différences d'exposition en fonction de la latitude sont le moteur du climat, qui tente en permanence, à travers vents et courants, de répartir équitablement l'énergie reçue et d'homogénéiser les températures autour du globe.

Elle fournit également une lumière, décisive. Cet apport

se concrétise via la *photosynthèse*, aujourd'hui à la base de l'immense majorité des réseaux trophiques tissés autour de la Terre.

Quand les bactéries sont apparues, elles ont dû se débrouiller avec le milieu d'alors, un brouet d'eau, de méthane, de gaz carbonique, d'ammoniaque... Assez « rapidement » – le moment précis est toujours débattu, aux alentours de 100 millions d'années plus tard – la photosynthèse surgit, probablement l'invention la plus révolutionnaire de l'évolution. Un groupe de bactéries que nous nommons les algues bleues – ou cyanobactéries – met au point un processus moléculaire permettant de combiner eau et gaz carbonique pour construire de la matière plus élaborée, en utilisant l'énergie des photons émis par le Soleil, donc la lumière ! Elles créent ainsi une porte d'entrée pour l'énergie du Soleil. En s'ouvrant progressivement, cette porte transforme radicalement la biosphère, même si le processus met un certain temps à s'imposer. Depuis 2,5 milliards d'années, la photosynthèse est devenue le mode dominant d'acquisition d'énergie de la biosphère.

Avant de recevoir un nouvel élan, il y a 500 millions d'années, quand, parmi les algues, descendantes multicellulaires des bactéries originelles, certaines parviennent enfin à sortir de l'eau. L'apparition des plantes terrestres augmente considérablement le nombre total de chloroplastes, ces « sous-cellules » (ou organites) vertes responsables de la photosynthèse, en s'additionnant aux chloroplastes marins déjà présents dans les algues. Comme le dit le microbiologiste et jardinier Jean-Claude Pechère, « une belle feuille verte contient environ un demi-million de chloroplastes par millimètre carré, autant de petites usines qui ronronnent au soleil[1] ».

Cette activité fournit les briques de matière de nos réseaux trophiques, en fixant chaque année 100 milliards de tonnes de gaz carbonique. Cette matière fournit la base, en énergie comme en matériaux, de tous les autres acteurs de la toile du vivant, qu'ils soient sauterelles, chouettes ou limaces. Chez tous ces organismes, l'extraction d'énergie – un peu du feu solaire – à partir de la matière fixée par les plantes et la photosynthèse se fera au sein d'autres « sous-cellules », les mitochondries, à travers une autre grande réaction chimique, la respiration. Le couplage de ces deux réactions est à la base de la circularité de l'économie du vivant. Et c'est ainsi que le flux solaire annuel introduit et maintient de l'ordre et de la complexité dans la matière à travers les milliards d'individus des millions d'espèces formant la biosphère (tout en étant limité à une certaine quantité de calories par an*).

Les oscillations du jeu des forces de gravitation entre le Soleil et la Terre, influant sur la position et l'inclinaison de l'axe de rotation de notre planète, ainsi que sur la forme de l'orbite, déterminent l'alternance des périodes glaciaires et interglaciaires. Cette succession de périodes chaudes ou froides fait varier la température moyenne de la Terre entre 10° (périodes glaciaires) et 15° (interglaciaire). Soit une différence de l'ordre de 5°, un chiffre comparable aux effets potentiels du changement climatique d'origine humaine d'ici 2100-2200, à la différence qu'il s'agirait de 5° supplémentaires.

Si nous pouvions regarder les glaciations depuis l'espace en accéléré, nous verrions une vague de glace continentale apparaître puis se retirer tous les cent mille ans, en y aspirant (via l'évaporation, puis les précipitations neigeuses) puis recrachant (via la fonte des glaciers) une partie de l'eau des océans. Un bouleversement pour les espèces et les écosystèmes

* Calories que nous allons convertir en joules (une calorie équivaut à 4,18 joules), l'unité internationale de l'énergie. Il y a 5 365 zettajoules (10^{21} joules, ZJ) d'énergie solaire qui arrivent sur Terre par an, ou 170 millions de milliards de joules par seconde. De cette quantité entrante, plus de 28 % sont immédiatement réfléchis dans l'espace, ce qui laisse quand même 3 850 ZJ à disposition de la biosphère.

terrestres*. La capacité à se relever de ces perturbations est désignée sous le nom de « résilience », une notion capitale qui représente la réponse du vivant au fait que la Terre soit *dans un état de non-équilibre dynamique*, où les changements du système sont à la fois permanents et imprévisibles.

Certaines éruptions volcaniques ont été tellement puissantes que les poussières projetées dans la haute atmosphère, en reflétant une partie du rayonnement solaire directement hors de l'atmosphère, ont fait baisser la température de façon significative. D'autres, encore plus actives et prolongées, ont finalement eu l'effet inverse : l'injection massive de gaz carbonique dans l'atmosphère a entraîné des extinctions massives**.

La dérive des continents, sous l'effet de la tectonique des plaques, a aussi des conséquences majeures. L'émergence de l'isthme de Panama, il y a 4,5 millions d'années, a non seulement réuni les deux Amériques, mais leurs faunes respectives, et a entraîné la disparition d'un bon nombre de mammifères sud-américains.

Le vivant n'avait donc pas trop le choix : sans les facultés d'adaptation nécessaires pour assurer la résilience des espèces qui le composent, il n'aurait pas pu se maintenir. En tant qu'espèce humaine, nous sommes donc les descendants d'une histoire vieille de plus de trois milliards d'année, continuellement perturbée, et donc les dépositaires, au même titre que

---

* Les moins mobiles sont régulièrement victimes de ce va-et-vient des glaciers, surtout si elles se retrouvent à un moment donné dos à la mer ! C'est notamment le cas de nombreuses espèces d'arbres ou de plantes qui, en reculant face à l'avancée des glaciers, se sont heurtées au mur de la Méditerranée avant de disparaître.

** L'extinction Permien-Trias (– 250 millions d'années), considérée comme la plus grave des cinq extinctions massives répertoriées, a tué près de 90 % des espèces marines. Elle est directement corrélée à l'épanchement des « trapps de Sibérie », immense amoncellement de basalte qui s'est écoulé pendant près d'un million d'années.

les autres espèces vivantes, de cette capacité d'adaptation collective. À l'aube du siècle dangereux que nous nous sommes nous-mêmes concocté, ce n'est pas une mauvaise nouvelle ! À condition de ne pas en abuser…

De la Terre-planète à la terre-humus

La Terre. *Terre-planète* d'abord, minuscule boule de matière stellaire refroidie sous nos pieds ; réceptacle d'une première « larme de pluie », et de tant d'autres depuis, jusqu'à l'apparition de la vie.

Mais la terre qui nous intéresse, c'est bien cette mince pellicule où le vivant s'est déployé. D'une certaine façon, ce sont les bactéries, championnes des conditions extrêmes, qui en fixent les limites, depuis les roches les plus profondes* où elles ont été détectées[2], jusqu'aux nuages** où certaines se retrouvent[3]. Tout le vivant se tisse entre ces deux limites. C'est là aussi que nous, espèce humaine, nous agitons ; c'est donc ici que la question de la durabilité de notre civilisation est posée.

James Lovelock, le père de la théorie Gaïa, a ainsi comparé notre planète aux arbres. À leurs troncs plus exactement, qui ne doivent leur solidité qu'à la préservation d'un tissu mort – le bois – occupant l'essentiel de leur centre, alors que la partie vivante se résume à une mince couche de cambium juste sous l'écorce. La vie ne se réduit-elle pas aussi à une mince pellicule de terre-humus grouillante d'organismes sur une vaste sphère de matière inerte ?

* Au moins jusqu'à 5 000 m de profondeur dans certains granits mais aussi dans certains basaltes des planchers océaniques.

** Les dernières études confirment l'existence d'un aéroplancton bactérien capable de se reproduire dans les nuages, au moins jusqu'à une altitude de 1 600 m.

C'est à partir des roches de notre Terre-planète que s'est développée la *terre-humus* – nos « sols », mélanges de minéraux, d'eau et de gaz, où la vie est la plus concentrée. Terre-humus, peau habillant ainsi ce que les géologues appellent justement la roche-mère. Terre-humus, matrice de toute vie, lieu d'échanges incessants, de brassage entre matière vivante, mourante et morte, point d'ancrage des fougères géantes du Carbonifère, réceptacle des cadavres de plésiosaures ou d'ammonites, support des eucalyptus géants d'Australie ou des vastes herbiers de posidonie en Méditerranée.

Terre-humus et Terre-planète, c'est la somme de ces deux terres qui nous empêche, éléphants, humains et cailloux, de partir flotter dans l'espace intersidéral[4], soulignant au passage cette autre condition de la vie : *la gravité*. À côté de celle du Soleil qui nous fait tourner autour de lui sans discontinuer, la gravité terrestre constitue une autre source d'énergie gratuite avec laquelle le vivant aura pu et dû compter. Avant que d'apprendre à jouer avec elle pour mieux s'insérer… Voyez comme les arbres en ont tenu compte pour bâtir leurs structures verticales, comme elle a modelé la forme des ailes du faucon pèlerin pour l'aider à mieux s'en affranchir, afin d'atteindre les plus grandes vitesses du vivant*[5] sans combustible fossile…

Les combustibles fossiles ! Charbon, pétrole ou gaz, ils sont tous produits de la photosynthèse. Depuis la nuit des temps, chaque plante en mourant libère son CO_2, via la chaîne des brouteurs, prédateurs et décomposeurs. Dans certains cas pourtant, l'histoire s'est déroulée autrement. C'est ainsi que l'essentiel du charbon s'est formé il y a plus de 300 millions d'années, avant que n'apparaissent les champignons capables de digérer la lignine** inventée par les fougères et autres prêles

* Soit 390 km/heure aux dernières nouvelles.

** Grâce à cette innovation, il n'y a plus de super-dépôts de charbon en formation…

géantes du Carbonifère[6]. Le pétrole, le plus souvent accompagné de gaz naturel, a eu besoin pour se former d'une accumulation et d'un enfouissement suffisamment rapide de plancton mort sur les fonds d'une mer ou d'un océan pour ne pas être digéré par les bactéries décomposeuses*[7].

C'est sur ces trois substances que repose intégralement notre civilisation du XXIe siècle, encore une fois oublieuse de cette finitude, pourtant condition de base de la vie. Au rythme où nous les consommons, cela finira comme le pot de chocolat à tartiner de mes enfants : quand il n'y en aura plus… il n'y en aura plus.

La rotation de la Terre autour de son axe produit en outre un cycle prévisible, le jour et la nuit, où chacun a appris à se retrouver. Certains papillons attendent la journée pour être actifs, et repérer les fleurs et leur nectar à la vue ; alors que les papillons de nuit se serviront davantage de leur odorat, échapperont aux prédateurs diurnes, tout en s'exposant aux chauves-souris insectivores et nocturnes.

Tout aussi prévisible et cyclique, l'alternance des saisons pose des contraintes bien différentes selon la latitude. Alors que les régions équatoriales n'y sont presque pas soumises, les régions tempérées connaissent des variations de température entre hiver et été supérieures aux variations jour-nuit. Dans les régions de haute latitude, pas trop de choix possible : s'exiler chaque année, comme les oies rieuses, les sternes arctiques et les baleines à bosse ; ou se débrouiller avec ses réserves, comme les lemmings, les saules nains de la toundra arctique, ou les manchots empereurs en Antarctique.

Les rythmes nycthéméraux ou saisonniers sont tous deux issus du grand métronome céleste de la danse de la Terre

* Les géologues estiment que la formation de 90 % du pétrole a été initiée à l'intérieur de six périodes favorables totalisant un peu moins d'un tiers du temps écoulé depuis les derniers 540 millions d'années.

autour de notre étoile. Ils illustrent cette autre condition fondamentale : *la Terre est soumise à des processus cycliques.*

L'air : le grand échangeur

L'air, ce fluide qui nous entoure, si pur que, enfant, nous croyions qu'il en était invisible, ce fluide que nous respirons, jour et nuit, que nous le voulions ou non. Il est indispensable à la vie, en tout cas à la nôtre, et à celle de l'immense majorité des organismes multicellulaires. Loin d'être pur, il est un mélange de gaz fluctuant au cours de l'histoire de notre planète, et qui fluctue encore aujourd'hui, avec ou sans influence humaine.

Plusieurs de ces gaz sont indissociables du vivant. Les sucres, les graisses et les protéines, nos briques de base, sont composés essentiellement de carbone, d'hydrogène, d'oxygène et d'azote – ils constituent 96 % du poids de n'importe quel organisme. Chacun, seul ou en association, participant au cycle incessant autour de la Terre, tour à tour matière vivante, roche, océan, avant de retrouver tôt ou tard sa forme gazeuse.

Gaz carbonique (CO_2) et méthane (CH_4) sont deux acteurs essentiels du cycle du carbone. De nos jours, seules des quantités infimes de ces deux gaz sont présentes dans l'atmosphère, tant le cycle du carbone s'est ingénié et s'ingénie encore à les sortir de l'atmosphère. À peine le vivant les a-t-il sécrétés qu'il les recapte ! Mais il y a quatre milliards d'années, le gaz carbonique dominait l'atmosphère primitive, issu des entrailles de la Terre à travers séismes et éruptions volcaniques, tandis que le méthane était au moins mille fois plus abondant qu'aujourd'hui.

C'est l'apparition de la vie (et donc des bactéries) qui va ensuite progressivement influencer la donne. Le vivant va lui-même en produire à son tour, via la respiration et la fermentation, tout en les consommant, et bientôt en les stockant sous d'autres formes, et ainsi les soustraire à l'atmosphère. Les deux flux auraient pu s'équilibrer, mais les deux gaz réunis ne comptent plus aujourd'hui que pour un peu plus de quatre cents molécules* par million de molécules de gaz atmosphérique (le méthane étant cent fois moins abondant que le gaz carbonique). En trois milliards d'années, le transfert du carbone de l'air vers d'autres réservoirs – croûte terrestre et océans – a donc été nettement plus important que sa réinjection depuis ces mêmes réservoirs vers l'atmosphère.

Pour le CO_2, c'est la photosynthèse qui va le transformer en molécules du vivant, bases de notre chimie personnelle. Qu'elles soient sucres, graisses, protéines ou acides nucléiques – la quatrième « brique de base », capitale pour la constitution de notre ADN –, celles-ci finissent normalement par être redécomposées en gaz carbonique, sauf dans le cas de la formation de combustibles fossiles dans les roches (charbon, pétrole, gaz naturel). Avant leur exploitation par les humains, ceux-ci concentraient trente fois plus de carbone que ce que contient l'atmosphère.

Un second mécanisme encore plus important a pompé le carbone hors de l'atmosphère : la précipitation du calcaire, essentiellement sous l'action des bactéries et du plancton marin. Le calcaire est issu d'une combinaison dans l'eau de calcium et de gaz carbonique dissous. Au cours des temps géologiques, sa formation au fond des océans a graduellement produit ce qui est de loin le plus gros réservoir de carbone à la surface de la Terre : les roches carbonatées. L'efficacité de ces réactions biochimiques a abouti à un stock de roches calcaires – les plus connues sont les craies ou les marbres – qui contiennent cinq mille fois plus de carbone que tous les combustibles fossiles combinés. Soit plus de 99 % de tout le carbone disponible à la surface du globe, entre êtres vivants, atmosphère, océans et croûte terrestre.

---

* Ce chiffre tient compte de nos rejets humains récents. Avant la révolution industrielle, il était à 280.

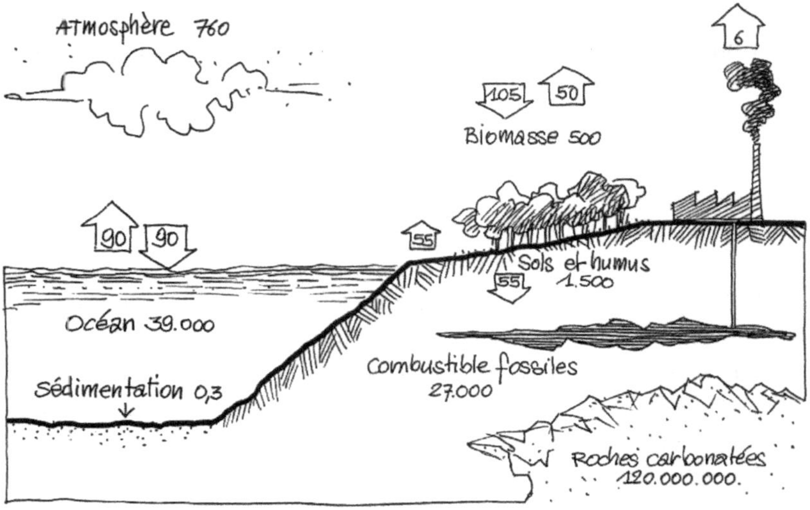

Le cycle du carbone, avec les principaux réservoirs (Gt de carbone) et les principaux flux (Gt de carbone par an). L'usine représente l'ensemble des émissions humaines à partir des combustibles fossiles.

Le méthane, comme le gaz carbonique, a connu une évolution générale à la baisse. En présence d'oxygène dans la haute atmosphère, il se change spontanément en gaz carbonique et en vapeur d'eau[8]. Aujourd'hui, une molécule de méthane libérée dans l'air qui ne serait pas captée par une bactérie méthanotrophe* a beaucoup de chance de « finir » en gaz carbonique. Qui lui-même, avant l'avènement de la révolution industrielle et de l'acidification des océans, avait de grandes chances de finir séquestré pour longtemps dans une roche carbonatée.

Mais qu'on ne s'y trompe pas, la petite portion de carbone résiduel – moins de 1 % donc – entre l'air (gaz carbonique et

* Comme leur nom l'indique, les bactéries méthanothrophes peuvent se contenter de méthane comme nourriture, qui leur fournira simultanément carbone et énergie.

méthane), les océans (les mêmes gaz, mais dissous) et les êtres vivants (toutes les molécules organiques) tourne toujours, et même plus vite que jamais ! Entre la photosynthèse qui fixe le carbone en plus grosses molécules, la respiration et la fermentation qui les remettent en phase gazeuse, le flux est incessant et les volumes sont énormes. En moyenne, les écosystèmes continentaux à eux seuls émettent chaque année, à travers la respiration des innombrables organismes qui les composent, mille fois plus de CO_2 que les éruptions volcaniques. Dans le même temps, la photosynthèse végétale en fixe une quantité équivalente.

Un double flux qui présente une ressemblance émouvante avec notre propre respiration. Lorsque nous inspirons de l'air dans nos poumons, nos globules rouges en extraient l'oxygène nécessaire pour la respiration de toutes nos cellules. L'air que nous expirons ensuite est donc enrichi en gaz carbonique. Chaque hémisphère, Sud et Nord, vit une alternance comparable en fonction des saisons. Pendant notre été, les forêts de l'hémisphère Nord sont au maximum de leur activité de photosynthèse, et en pompant le gaz carbonique plus vite qu'il n'est rejeté par la respiration, en font baisser la concentration dans l'air. En hiver par contre, la respiration reprend le dessus, et fait remonter la concentration en CO_2. Cette oscillation annuelle se retrouve dans l'hémisphère Sud, mais les saisons sont inversées*. À l'échelle de la planète, cette variation régulière du niveau de CO_2 illustre cette condition de la vie : *la Terre est soumise à des processus cycliques*. C'est aussi une magnifique signature de l'implication du vivant dans la dynamique de la physico-chimie de l'atmosphère (elle-même reliée à celle de la croûte terrestre ou des océans).

* L'amplitude de l'oscillation est plus faible dans l'hémisphère Sud, qui abrite beaucoup moins de continents et de forêts à la saisonnalité marquée.

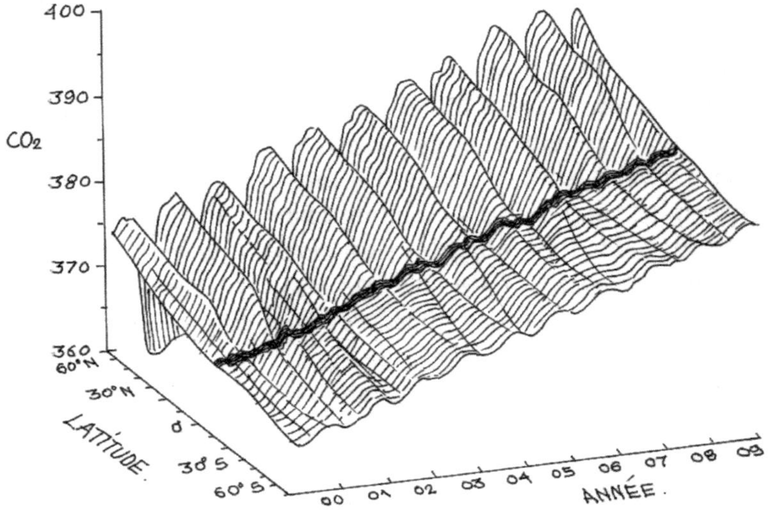

Oscillation saisonnière du CO_2 dans l'air des deux hémisphères.
La ligne noire représente l'équateur.

Autre gaz indissociable de la vie, l'oxygène (O_2) n'était présent qu'en toute petite quantité dans l'atmosphère primordiale. Lorsque les algues bleues – elles aussi des bactéries, rappelons-le – ont inventé la chlorophylle et la photosynthèse, elles ont non seulement permis au vivant d'engranger l'énergie du soleil, mais aussi de laisser échapper de l'oxygène. Ce qui a obligé les bactéries pour qui il était toxique à se réfugier là où il n'y en avait pas. Dans le même temps, d'autres bactéries transformaient la contrainte en opportunité en inventant la respiration, réaction consommant de l'oxygène, et produisant de l'énergie à partir des grandes molécules issues de… la photosynthèse. Le grand carrousel fixant d'un côté le carbone avec l'énergie du soleil via la photosynthèse des plantes et des algues bleues, le libérant de l'autre par la respiration de presque tous les organismes vivants, s'était mis en place.

C'est ainsi que sous l'action décisive du vivant, l'oxygène a fini par représenter un cinquième des molécules de l'air (d'aujourd'hui*). Un effet spectaculaire, à l'origine de l'hypothèse Gaïa, aujourd'hui rebaptisée géophysiologie.

Aux côtés de l'oxygène, l'azote est en fait le poids lourd de notre atmosphère en termes d'abondance : presque 80 %. Mais autant l'oxygène est attiré par tout ce qui passe à sa portée, autant les deux atomes qui forment une molécule d'azote sont pratiquement inséparables. Ce qui ne les empêche pas, une fois dissociés, de devenir le quatrième élément de la matière vivante, présent par exemple dans toutes les protéines.

L'intégration de l'azote dans les molécules du vivant doit passer par un tour de force énergétique bien particulier : réussir au moindre coût à séparer les deux atomes de la molécule, pour pouvoir l'assimiler. Une technique que seules les bactéries maîtrisent, décidément très douées pour transformer une réaction risquée en une manipulation en douceur – qu'elles opèrent seules, ou en symbiose avec les plantes légumineuses**. La fixation de l'azote atmosphérique sous forme solide possède une contrepartie qui permet son retour dans l'atmosphère : les molécules azotées les plus simples (couplées à de l'hydrogène ou de l'oxygène) issues de la décomposition des organismes peuvent être retransformées en azote gazeux par un groupe bien particulier... de bactéries***.

Si cette chimie complexe, ces boucles intriquées de flux, sont possibles, c'est grâce au brassage – horizontal et

* Très précisément à 21 %. Au Carbonifère, il y a 350 millions d'années, donc dans un passé pas trop lointain à l'échelle de la Terre, il est monté jusqu'à 35 %.

** Pendant que l'espèce humaine en est toujours à devoir utiliser l'énergie de combustion du gaz naturel pour y parvenir, avec un rendement énergétique médiocre...

*** Les « bactéries dénitrifiantes ».

vertical – de l'air autour de la Terre. On appelle ça le vent. Ensemble, vent et nuages sont responsables d'une part considérable de la redistribution de chaleur accumulée des régions équatoriales et tropicales, ou de froid en provenance des pôles, lissant ainsi les températures entre latitudes.

C'est d'ailleurs la température de l'air qui nous sert de référence lorsque nous parlons du temps – elle aussi âprement discutée dans le contexte du changement climatique (1, 2 ou 3 degrés de plus en moyenne d'ici la fin du siècle ?).

L'eau : planète bleue

L'eau. Qui goutte, suinte, coule, tourbillonne, transporte, s'avance et recule, ondule, gonfle, moutonne, déferle, gronde, s'apaise, s'étale, reflète, dépose, se fige, cristallise, s'immobilise, brille, rampe, craque, flotte, navigue, fond, se mélange, s'évapore, se condense, tombe du ciel, ruisselle, arrose, rafraîchit, réhydrate, désaltère, circule, baigne, constitue et s'échappe…

Quand nous avons enfin pu la voir de l'espace, c'est elle qui a transformé la Terre en planète bleue. Il y a quatre milliards d'années, quand elle s'est déposée en mince pellicule à la surface du globe, elle a offert l'abri, l'espace et les improbables caractéristiques chimiques nécessaires au vivant.

À grande échelle, elle ne représente qu'un peu plus de deux dix millièmes de la masse totale de la planète, mais que cette peau est riche ! Car c'est l'une des rares substances qui existe naturellement sur Terre sous ses trois états, gazeux, solide et surtout liquide.

La vapeur d'eau tout d'abord, la phase la plus discrète, la plus impalpable, qui pourtant nous pénètre presque à chaque inspiration. Grande transporteuse d'énergie autour du globe, elle contribue pour plus de la moitié à l'effet de serre naturel, aux côtés des nuages, du méthane et du gaz carbonique*. Sans ce cocktail, la température moyenne de l'atmosphère serait de – 18 °C, au lieu des + 15 °C de l'ère préindustrielle[9].

La vapeur d'eau transporte aussi... de l'eau** ! À l'échelle du globe, il s'en évapore seize milliards de litres à la seconde ! Soixante-quinze fois le débit de l'Amazone. Imaginez soixante-quinze fleuves géants d'eau purifiée montant vers le ciel... Un dixième du volume en provenance des océans retombe sur les continents et ce flux net représente quinze fois plus d'eau douce que le total mondial de l'irrigation des cultures.

La glace ensuite, la phase solide. L'eau a cette propriété exceptionnelle de se dilater quand elle gèle, ce qui la rend moins dense et plus légère que le liquide dont elle provient. Elle peut ainsi former une pellicule isolante qui évite à nos lacs, nos rivières et nos océans de geler complètement. Si elle était, comme nos autres matériaux, plus dense à l'état solide, toute l'eau gèlerait et rendrait la vie impossible.

Aujourd'hui, la glace concentre moins de 2 % de toute l'eau existante à la surface du globe (mais presque 70 % de l'eau douce***). Suffisamment quand même pour qu'en cas de fusion totale, le niveau des océans augmente de plus de 70 m. Plus des 9/10 de ce qu'on nomme la cryosphère (du grec *kryos*, glace) se concentre dans la calotte glaciaire qui coiffe le continent

* Respectivement 55 % pour la vapeur d'eau, 17 % pour les nuages et 28 % pour les autres gaz à effet de serre.

** Si, à chaque instant, il n'y en a dans l'atmosphère « que » 13 000 km^3 (donc un cube d'un kilomètre de côté !), soit à peine 0,001 % de toute l'eau présente à la surface de la Terre, le flux est considérable.

*** Soit un peu plus de 30 millions de km^3.

antarctique ; le dixième restant recouvre le Groenland, ne laissant que quelques miettes aux glaciers continentaux des grandes chaînes montagneuses comme l'Himalaya, les Andes, les Rocheuses ou les Alpes. Ces chiffres ne sont qu'une photo de la situation actuelle, typique d'une période interglaciaire. C'est ainsi qu'il y a moins de 20 000 ans, alors dans la partie la plus rigoureuse d'une période glaciaire, deux calottes de glace supplémentaires recouvraient le nord de l'Eurasie et de l'Amérique. L'accumulation de neige avait fait descendre le niveau de la mer de 120 m, avec une température moyenne d'à peine 6 °C de moins !

Le plus surprenant, c'est que l'essentiel de l'existence de notre planète se soit déroulé en l'absence totale de glace à la surface de la Terre. L'alternance entre périodes glaciaires et interglaciaires s'insère en fait dans ce qu'on appelle une ère glaciaire, caractérisée par une présence de glace permanente aux pôles. Celle qui nous concerne a débuté il y a 35 millions d'années, à la naissance de la calotte antarctique, et comprend par conséquent toute l'évolution de l'espèce humaine. Un épisode qui n'est jamais que le septième ou huitième* du genre au cours des 4,5 milliards d'années d'histoire de la planète bleue**.

La banquise, malgré son très faible volume, joue un rôle essentiel dans la dynamique climatique. Au contraire des

---

* Plus l'épisode est lointain et plus il est difficile à préciser…

** Et qui s'adoucirait avec le déploiement du vivant : lors des deux premières ères glaciaires, il y a respectivement 2,2 milliards et 650 millions d'années, la Terre serait passée par un état quasi-total de glaciation, avec une présence massive de glaciers même sous les tropiques. Ces épisodes du Temps profond, encore à comprendre en détails, et désignés par le terme de «Terre Boule de Neige», ont perturbé massivement les écosystèmes bactériens dominant les océans de l'époque (les continents étaient encore inhabités), et pourraient avoir préparé l'avènement des multicellulaires.

icebergs, parfois épais de plusieurs centaines de mètres, et issus de la rupture des glaciers continentaux avançant sur la mer, la banquise provient de la congélation de la surface des océans sur quelques mètres d'épaisseur. Chaque hiver, la banquise arctique, en moyenne 7 millions de km^2, s'étend jusqu'à plus que doubler et atteindre les différents continents qui bordent l'océan Arctique ; alors que de l'autre côté du globe, la banquise entourant le continent Antarctique passe de 18 à 3 millions de km^2 ; au cours des six mois suivants, c'est le contraire. Comme pour la fixation du gaz carbonique à l'échelle du globe, difficile ne pas songer au fonctionnement de nos organes lorsqu'on contemple ce processus planétaire en accéléré : le rythme lent de la prise puis de la déprise de la glace de mer pulse comme deux cœurs, de part et d'autre de l'équateur…

Cette pulsation de la banquise a deux conséquences sur le climat de la planète. Comme les calottes glaciaires, elle réfléchit le rayonnement solaire à l'échelle planétaire : nous connaissons tous la différence entre rester au soleil dans une voiture noire ou blanche*…

L'autre conséquence est au niveau des océans. Lors de sa congélation, l'eau de surface a tendance à larguer du sel, alourdissant les eaux et favorisant leur descente vers les profondeurs. C'est un moteur majeur de la circulation océanique générale. Dans un second temps, la fonte estivale de la banquise réinjecte de l'eau plus douce et moins dense, imprimant à nouveau un rythme et une cyclicité saisonnière à la puissance de cet effet sur l'hydrosphère.

Outre ses effets sur le climat, la formation et la fonte

* Le pourcentage du rayonnement réfléchi qualifie l'albédo. Dans le cas de la banquise, il oscille entre 40 et 80 % suivant la présence de neige fraîche. À comparer aux 5-10 % de l'océan (qui absorbe donc 90-95 % du rayonnement incident).

annuelles de la banquise impactent évidemment les organismes vivants qui lui sont associés. C'est notamment le cas pour la communauté d'algues unicellulaires dont l'essentiel de la croissance s'effectue entre les cristaux de glace de la banquise – les Anglais les ont baptisées *ice algae* – et qui profitent de cette zone de... calme pour se maintenir dans la lumière !

Reste l'hydrosphère, cette sphère fluide qui rassemble essentiellement l'eau des mers et des océans, mais aussi les eaux douces des lacs, fleuves et rivières, et même les eaux souterraines qui ouvrent des grottes dans le calcaire, s'infiltrent profondément dans les sédiments ou les roches pour former les nappes phréatiques. Toute l'eau liquide, sans oublier celle contenue par tous les êtres vivants.

Bien entendu, l'essentiel de l'eau liquide sur Terre*, ce sont les océans**. D'après les spécialistes de la biodiversité marine, ils abriteraient plus d'un million d'espèces d'organismes vivants, dont 275 000 sont déjà décrites. Toutes héritières d'un très long passé, puisque c'est dans cet habitat que le vivant a effectué l'essentiel de son évolution. La vie a été aquatique pendant l'essentiel de son histoire*** et il a fallu attendre les 500 derniers millions d'années pour qu'apparaissent les premiers écosystèmes continentaux dignes de ce nom.

Par « défaut », la vie sur Terre, c'est donc la vie en mer. Et quand ce n'est pas le cas, c'est grâce à la présence d'eau à l'intérieur de chacune de leurs cellules, comme autant

* Soit 97,2 % de l'eau totale.

** Recouvrant plus de 70 % de la surface de la planète, et profonds en moyenne de 3 800 m.

*** Quel que soit le lieu précis où les premières cellules bactériennes ont émergé, sur ou dans des argiles côtières, autour de sources hydrothermales profondes ou ailleurs en mer.

d'aquariums portatifs, que les organismes ont pu s'adapter à une existence à la fois terrestre et aérienne.

Berceau de l'évolution, les océans représentent aussi un gigantesque terrain de jeu pour les espèces planctoniques ou nageuses, une continuité liquide autour de la Terre, perpétuellement en mouvement. Un environnement par ailleurs hétérogène, que ce soit en termes d'acidité*, de température**, de salinité***, de turbidité ou de teneur en nutriments et gaz dissous****. Ces masses d'eau différentes peuvent ainsi se croiser, passer l'une au-dessus de l'autre en ne se mélangeant que très progressivement, que ce soit sur le plan horizontal, entre courants de surface, ou vertical, avec les eaux profondes, tout en transportant plus ou moins loin tout ce qu'elles contiennent – bactéries et virus*****, plancton végétal et animal, sédiments, azote, phosphore, fer, matière organique, gaz carbonique, oxygène[10]...

De la même manière que les vents, les courants redistribuent de la chaleur (ou du froid), et de façon bien plus importante : à volume égal et à température donnée, l'eau stocke quatre fois plus de calories****** que l'air et les volumes en circulation

* Avec un pH moyen légèrement alcalin de 8,2.

** Oscillant entre – 1,9 °C en Antarctique et 350 °C pour les sources hydrothermales les plus chaudes, avec une moyenne très stable de 2 à 4 °C en-dessous des 1 000 m.

*** Avec une moyenne de 35 g de sels par kg d'eau, plus élevée dans les mers semi-fermées à forte évaporation (mer Rouge), ou diluée par l'apport des grands fleuves (océan Arctique, mer Baltique).

**** Depuis les eaux de surface saturées en oxygène par l'activité du phytoplancton, aux eaux dénuées d'oxygène – anoxiques – devant les grands deltas ou aux profondeurs intermédiaires.

***** De 1 à 10 milliards de bactéries et de 10 à 100 milliards de virus (pour la plupart prédateurs de bactéries) par litre d'eau de mer !

****** Cela correspond à sa capacité thermique supérieure (l'énergie qu'il faut apporter à un corps pour augmenter sa température d'un degré). Celle de l'eau est donc quatre fois plus élevée que celle de l'air.

sont gigantesques*. Ces courants de surface sont connectés aux courants profonds (plus lents, mais répartis sur des volumes plus importants) par de véritables puits d'eau froide et salée coulant vers les fonds dans les régions polaires**, et via des subsidences d'eaux profondes chargées en nutriments, le plus souvent à proximité des continents***. L'ensemble forme un véritable tapis roulant**** à l'échelle de toute la planète, complexe, irrégulier, tourbillonnant, influençant sans cesse le climat par ses interactions avec l'atmosphère.

Se pose ici la question des effets de seuil. Quand nous envisageons des changements, comme ceux du climat, qu'ils soient naturels ou d'origine humaine, nous avons tendance à les voir comme des transitions progressives; hausses de température, avancées des glaciers ou changements de la ligne de côte nous paraissent être de douces variations progressives. Or, si ces phénomènes peuvent être essentiellement linéaires, ils peuvent déclencher des changements d'état beaucoup plus brutaux en franchissant certains seuils. Pour comprendre cette dynamique, imaginez une assiette poussée sur une table. Aussi constante que soit cette poussée, son effet ne sera pas le même une fois le seuil (de la table) franchi : non seulement elle sera passée par une discontinuité brutale, mais dans de nombreux cas, et certainement dans celui-ci, il sera impossible de revenir en arrière.

---

* Le courant circumpolaire antarctique charrie dans la couche d'eau supérieure 180 millions de tonnes d'eau par seconde, un débit 180 fois plus élevé que celui de tous les fleuves réunis. Un chiffre comparable avec le Gulf Stream : 140 MT/s.

** 15 millions de tonnes d'eau par seconde descendent par exemple vers les grands fonds de l'océan Arctique.

*** Et plus particulièrement sur leur façade ouest comme en Californie, au Pérou, au Chili, au Maroc ou en Namibie.

**** Désigné par les scientifiques sous le terme de circulation thermohaline.

Il en est de même pour la circulation océanique. Les courants qui la constituent ne sont pas permanents. S'ils paraissent immuables à l'échelle d'une vie humaine, une fois que nous plongeons dans le temps profond, c'est une autre histoire : les courants marins naissent, s'épanouissent et meurent, au gré de différents effets de seuil.

Lorsque la dernière glaciation a amorcé son déclin, elle a progressivement créé un énorme lac de fonte en aval de la calotte glaciaire surplombant l'Amérique du Nord. Quand il s'est brutalement vidé dans l'Atlantique, après la rupture d'un barrage de glace, la masse d'eau douce et froide ainsi libérée a dévié tout aussi brutalement le Gulf Stream. Coupée de son apport de chaleur, l'Europe occidentale a connu une nouvelle plongée des températures, une pause de plusieurs milliers d'années dans la sortie de glaciation qui menait à notre interglaciaire actuel. Interactions et non-équilibre dynamique, qui a dit que l'espèce terrestre que nous sommes n'est pas concernée par les océans ?

Comme pour les autres éléments, ces irrégularités dans le « rythme de vie » des océans se combinent avec des éléments cycliques, comme les marées, le rythme nycthéméral ou celui des saisons, et influencent de concert les organismes vivants. C'est ainsi que pendant leur saison de reproduction, une vague ininterrompue de tortues marines tourne pendant plusieurs semaines autour du monde à la hauteur des tropiques, sortant de l'eau île après île pour aller enterrer leurs œufs dans le sable chaud, en suivant la nuit dans sa course autour de la Terre… Par ailleurs, les variations de lumière et de température provoquent le plus souvent un pic de production et d'abondance de plancton à la belle saison, qui à son tour explique le comportement migratoire des organismes qui s'en nourrissent.

De même, c'est la hausse de la température en fin d'hiver qui décide les saumons du Pacifique à rejoindre les embouchures des grands fleuves, avant de remonter leur cours jusqu'à leur rivière natale, nourrissant au passage ours et goélands, tout en enrichissant les forêts environnantes de nutriments prélevés en mer par excréments interposés. Un lien supplémentaire entre la terre et l'eau, qui nous ramène à cette dernière partie de l'hydrosphère, les eaux douces liquides, dont nous dépendons étroitement en tant qu'espèce terrestre incapable de se satisfaire uniquement d'eau salée.

Au sein de ces eaux douces liquides – 1 % du total de l'eau –, la répartition est à nouveau surprenante. Le volume le plus faible est constitué des fleuves et rivières où les humains ont puisé leur eau pendant l'essentiel de leur histoire. Un volume aussi réduit qu'inégalement réparti : avec une moyenne de 200 000 tonnes à la seconde, le débit de l'Amazone est équivalent au total des dix fleuves suivants dans le classement !

On trouve cinq fois plus d'eau dans la litière du sol – l'humidité contenue dans le premier mètre, interface entre air, terre et eau – et dix fois plus dans les lacs, eux-mêmes très disparates : les grands et vieux lacs de faille que sont le Baïkal* en Sibérie, le Tanganyika et le Malawi en Afrique concentrent à eux trois 40 % du volume total des lacs.

De loin, le réservoir d'eau douce le plus important est celui des eaux souterraines et des nappes aquifères, qui contiennent presque sept cents fois plus d'eau que les lacs.

Ces chiffres ne quantifient pas tant des compartiments que des étapes du grand cycle que l'eau effectue en permanence autour du globe. L'eau est omniprésente, solvant magnifique des réactions chimiques qui nous animent et ainsi devenue indissociable du vivant, mais aussi eau fugace qui nous traverse sans cesse. Y avoir accès fait partie du quotidien de tous les organismes.

---

* Le plus profond avec 1 637 m.

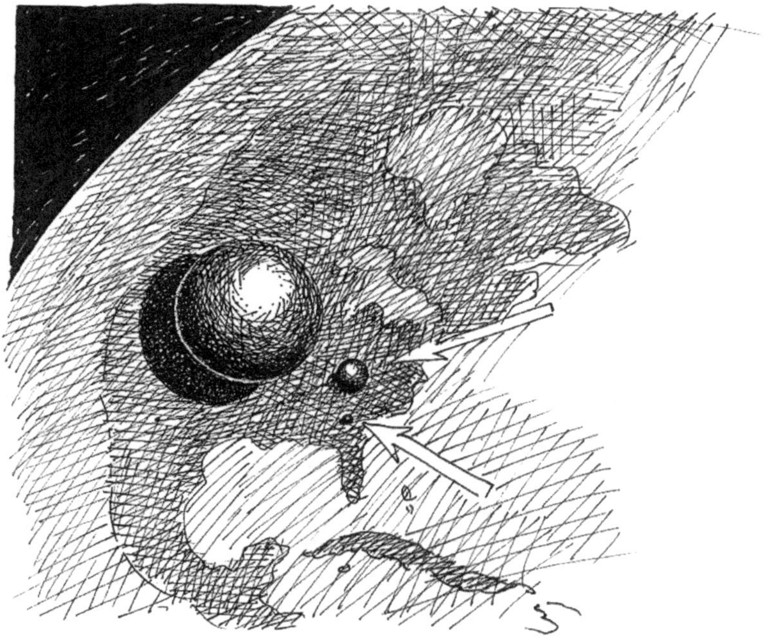

L'eau liquide sur Terre. Taille relative de la Terre, de l'eau de surface (océans surtout), de l'eau douce (surtout les glaces) et de l'eau douce disponible pour les êtres vivants.

5

Les Principes du Vivant

Ce n'est évidemment pas un hasard si, en introduction d'un livre encourageant nos retrouvailles avec les équilibres dynamiques de la biosphère, j'ai rappelé notre appartenance à la grande famille des organismes vivants et l'immense expérience accumulée par les millions d'espèces qui la constituent. C'est la combinaison entre ce temps profond et l'incroyable diversité de formes empruntées par le vivant qui a conduit à l'émergence de ces règles de fonctionnement, ces «Principes du Vivant» qui permettent à tous les habitants de notre planète d'être à la fois compatibles avec elle et entre eux.

Ces règles de fonctionnement ont accompagné les humains, inconsciemment d'abord, avant d'être plus ou moins comprises et appliquées par les différentes ethnies et civilisations, chacune dans son contexte géographique et culturel. L'agriculture à grande échelle, puis la révolution industrielle et son recours aux combustibles fossiles, en permettant à la fois une urbanisation et une certaine dissociation d'avec les éléments naturels, ont entraîné un abandon plus ou moins rapide de ces règles. La culture urbaine qui nous imprègne aujourd'hui a dû recourir aux biologistes pour les redécouvrir.

Les Principes du Vivant sont à la fois un code de conduite des êtres vivants, un outil de diagnostic puissant par rapport à la durabilité de toute innovation et une inépuisable source de créativité. Ces principes ont donné lieu à de multiples listes, hiérarchisées ou non.

Au départ, nous avions pensé utiliser uniquement la liste développée par Biomimicry 3.8 – l'organisation florissante créée par Janine Benyus –, largement améliorée par rapport à sa version initiale, publiée au dernier chapitre de son livre fondateur. Divisée en six blocs, de trois à quatre principes chacun, cette liste a été établie spécifiquement pour les biomiméticiens, pour constituer l'outil le plus pratique possible, tant pour les biologistes que pour les ingénieurs et designers.

Mais cette liste tirait son inspiration principale d'une autre, publiée dans un ouvrage de référence aux États-Unis dans l'enseignement de la biologie[1], qui diffère de celle de Biomimicry 3.8 précisément par le fait qu'elle n'a pas été établie pour le biomimétisme, mais pour décrire le fonctionnement du vivant à toutes les échelles, et qui conserve ainsi sa radicalité.

Les seize principes d'Hoagland & Dodson

1. La vie se développe du bas vers le haut

Par essence, le vivant se construit du petit vers le grand. Les premières cellules, nos chères bactéries omniprésentes, sont issues d'un assemblage de molécules, elles-mêmes produites par un assemblage d'atomes.

Un principe qui s'applique aussi aux matériaux produits par le vivant, qui, contrairement aux nôtres, sont le plus souvent sécrétés par auto-assemblage de petites unités. C'est le cas de la coquille des mollusques, qui, en agrégeant leurs cristaux de calcite, s'épargnent l'énergie nécessaire à couper, poncer ou ajuster un bloc de matière initiale jusqu'à la forme appropriée, comme nous le faisons d'habitude.

2. La vie s'assemble en chaînes

À l'échelle moléculaire, la chaîne est le motif le plus caractéristique du vivant. La plus emblématique est celle qui constitue notre ADN, soit toute l'information dont aura besoin la cellule initiale pour pouvoir construire un organisme dans toute sa complexité. En se basant sur seulement quatre molécules différentes – l'équivalent des « lettres » – elles-mêmes assemblées en « mots » de trois lettres, l'ADN va permettre de véhiculer une information précise, et de construire les autres chaînes que sont les protéines. Une partie de ces protéines assure un rôle de structure (ongles, fibres musculaires, etc.), une autre rassemble les milliers d'enzymes responsables de l'assemblage de toutes les molécules du vivant. Pour constituer ces protéines en chaînes, savamment enroulées en structures tridimensionnelles, il suffit d'un alphabet de base de vingt acides aminés. Cette danse d'informations entre deux types de chaînes – ADN et protéines – est à la base de la construction de tous les êtres vivants, depuis les bactéries jusqu'aux baleines.

3. La vie a besoin d'un dedans et d'un dehors

Pour le maintien de tout processus vivant, il est indispensable de délimiter et protéger son espace intérieur par rapport au monde extérieur. Une exigence plus ou moins stricte depuis la cellule définie par sa membrane, jusqu'à l'écorce de l'arbre (protection physique), en passant par le système immunitaire des insectes ou des mammifères (barrière informationnelle) ou les fourmis-soldats à l'entrée des fourmilières (délimitation des communautés).

4. La vie utilise peu de thèmes pour générer de multiples variations

Comme le disent Hoagland et Dodson, « à partir de quelques notes, la nature crée de nombreuses symphonies ». En témoigne la fabuleuse diversité née de la simple division cellulaire : cercles concentriques (les troncs d'arbre), spirales (les pommes de pin), ramifications (les vaisseaux sanguins), symétrie radiale (les roses) ou bilatérale (les visages). À partir d'un nombre de schémas et de règles restreint, toutes les formes du vivant sont générées, proches les unes des autres comme chez les 300 000 espèces décrites de scarabées, ou aussi divergentes que celles d'une méduse géante et d'un éléphant.

5. La vie s'organise grâce à l'information

L'information est la clé pour maintenir le vivant… en vie. L'équivalent des quinze encyclopédies codées par l'ADN de chaque cellule représente essentiellement le plan d'assemblage des milliers de protéines différentes, qui à leur tour maîtrisent aussi bien le maintien d'une température optimale, que la capacité à utiliser la nourriture ou à se défendre contre les agresseurs. Mais c'est aussi par la densité en information dans les matériaux que les ormeaux parviennent à synthétiser dans l'eau une coquille aussi solide que nos meilleures céramiques ou que les oiseaux produisent des plumes, modèles de résistance et de légèreté pour leur propulsion, en ayant recours à considérablement moins d'énergie que celle qu'il faut pour une pale d'hélicoptère en fibres de carbone…

6. La vie encourage la diversité en redistribuant l'information

Depuis son émergence, la vie a mis au point de puissants systèmes d'échanges d'information, d'abord par les injections croisées d'ADN entre bactéries, puis par la recombinaison massive des informations contenues dans les gènes des cellules «maternelle» et «paternelle» lors de la reproduction sexuée. Recréer un jeu de 70 000 cartes* à partir de deux permet de générer potentiellement un nombre astronomique de possibilités. Un crabe qui pond deux millions d'œufs, tous différents, c'est la contribution de la génétique à la biodiversité !

7. La vie crée à partir d'erreurs

Lorsqu'il y a erreur de copie et remplacement d'une lettre par une autre lors de la réplication de l'ADN, les protéines qui en sont issues sont elles-mêmes porteuses d'anomalies. Si la plupart du temps, ce dysfonctionnement est délétère, il arrive aussi que cette mutation favorise son propriétaire et soit ensuite transmise à se descendance. C'est le cas du pelage blanc de l'ours polaire, acquis par la mutation du gène codant par défaut pour les pigments bruns, et qui lui donne un avantage évident pour se camoufler.

Ces erreurs permettent à la nature d'introduire du hasard créatif – une stratégie d'ailleurs utilisée par certaines bactéries dont le taux de mutation augmente spectaculairement en cas de stress – et ouvre ainsi davantage de possibilités pour s'adapter au nouvel environnement[2].

---

* L'estimation maximale pour le génome humain.

8. La vie naît dans l'eau

L'ubiquité de l'eau est d'abord une condition de la vie, une donnée majeure de l'environnement dont le vivant a dû s'accommoder. L'eau possède toutes sortes de propriétés idéales pour assurer la plasticité des processus dont les organismes vivants tirent leur adaptabilité. Non seulement elle offre forme et flexibilité aux cellules, mais elle est aussi une substance idéale pour toutes sortes de réactions chimiques*. La capacité de ses molécules à former entre elles des liens labiles crée des « maillages dynamiques et éphémères[3] », qui lui permettent de rester liquide** et de dissoudre la plupart des molécules organiques***. Ce qui rend les rend à leur tour aisément disponibles pour les milliers de réactions biochimiques nécessaires au maintien en vie d'un organisme.

9. La vie se nourrit de sucre

Le rôle de la photosynthèse est double : elle permet d'« enfermer » l'énergie solaire dans les liaisons entre atomes de carbone, et elle constitue la voie royale vers la création de matière dans les écosystèmes. Les molécules de base ainsi formées sont des sucres ; le plus abondant d'entre eux est le glucose.

Ces sucres sont ensuite à la base des autres molécules simples du vivant, comme les acides aminés et les nucléotides,

---

* Techniquement, l'eau fournit notamment une infinie quantité d'ions d'hydrogène nécessaires à la conversion de l'énergie solaire en énergie chimique lors de la photosynthèse.

** ... alors que la plupart des substances composées de molécules de taille similaire demeurent à l'état de gaz.

*** Pas toutes ! Certaines se dissolvent plutôt dans les graisses, et notamment celles des membranes.

eux-mêmes à la base de toutes les molécules complexes qui nous composent. Du point de vue énergétique, ces sucres servent aussi de combustible pour la respiration de la plupart des espèces vivantes, plantes comprises, et permettent de libérer l'énergie nécessaire localement à n'importe quel endroit de l'organisme*. N'oublions pas que les combustibles fossiles sont eux-mêmes issus de la photosynthèse, étant au départ un assemblage de molécules de cellulose et autres sucres. Les moteurs de notre civilisation restent donc alimentés par des sucres transformés. Le message sous-jacent est clair : le vivant est branché directement sur l'énergie du Soleil, et les écosystèmes dans leur totalité se contentent de ce flux annuel pour prospérer…

10. La vie fonctionne par cycles

Presque tous les processus biologiques, y compris les plus complexes, fonctionnent en boucle. La circulation du sang, les rétroactions du système nerveux, les menstruations, la production et consommation d'énergie, les migrations, les cycles des saisons ou de vie et de mort sont des phénomènes qui reprennent là où ils finissent. Cette circularité leur permet de s'autoréguler et d'apprivoiser l'imprévu («l'information circule en boucle et opère les ajustements nécessaires tout au long des processus[4]»). En se combinant, ces systèmes moléculaires cycliques ont pu créer les boucles multi-niveaux de contrôle et de création qui ont permis l'émergence des organismes complexes, puis des écosystèmes.

---

* Grâce aux mitochondries présentes dans toutes les cellules.

11. La vie recycle tout ce qu'elle utilise

Un principe lié au précédent, également basé sur la versatilité de la chimie du vivant. Il peut se résumer par la faculté de la biodiversité à trouver tôt ou tard une solution – une opportunité – pour transformer le déchet produit par un organisme en matière première pour un autre. Une notion que nous avons presque totalement oubliée depuis notre entrée dans l'ère industrielle basée sur les combustibles fossiles*. Partout dans la nature, ce qui est absorbé équivaut à ce qui est rejeté.

Par ailleurs, lorsque nous regardons ce qui se passe au niveau des écosystèmes et de la biosphère dans son ensemble, « ces échanges interviennent d'une manière si fluide que la distinction entre produire et consommer, déchet et nourriture, finit par disparaître[5] ».

12. La vie perdure grâce aux rotations de matière

Les liens qui unissent les molécules du vivant sont labiles et donc rarement très durables. Pour éviter l'effondrement de ces structures éphémères, les organismes démantèlent en permanence les molécules qui les composent pour les remonter ensuite : « Chaque jour, 7 % de nos propres molécules sont recyclées, donc en moyenne 100 % en deux semaines. Ce qui fait qu'aucune molécule de notre système n'y demeure assez pour disparaître inopinément**. »

---

* Le pétrole est parfois utilisé comme illustration de l'imperfection du recyclage dans le vivant. Mais tout est une question de temps, puisque lorsqu'il finit par suinter naturellement, le pétrole est aisément décomposé et utilisé comme nutriment par des champignons ou des bactéries.

** Les structures les plus minéralisées comme les os ont un *turn-over*

Ce principe s'applique surtout aux matériaux «vivants» des organismes eux-mêmes. C'est plus rarement le cas au sein des «objets» fabriqués par les animaux, même si les fourmis rouges, les araignées ou les blaireaux renouvellent régulièrement les aiguilles de pin, la soie de leurs toiles et la litière végétale de leurs terriers.

13. La vie tend à optimiser plutôt qu'à maximiser

À l'échelle d'un organe, l'optimisation est souvent liée à la multifonctionnalité : si une feuille transforme une part moindre de la lumière qu'elle intercepte qu'un de nos panneaux solaires photovoltaïques, c'est parce que dans le même temps, elle investit aussi de l'énergie dans la régulation de son humidité, ou dans des mécanismes de défense face aux brouteurs.

Au niveau des écosystèmes, si toutes les graines essayaient de maximiser leur saison de croissance en germant le plus tôt possible, l'espèce concernée aurait bien du mal à supporter les variations interannuelles du climat. La présence des exemplaires moins productifs mais plus tardifs permet d'optimiser la survie de l'espèce tout en nourrissant la résilience de la population concernée.

14. La vie est opportuniste

Après la découverte d'un cerf mort, un naturaliste s'est intéressé à sa vitesse d'assimilation par l'écosystème environnant[6]. En quatre mois de visites régulières, il a pu noter

---

plus lent (à peu près 10 % par an), voire pas de *turn-over* du tout dans le cas de l'émail des dents.

l'installation successive et le cycle de vie de 130 espèces nécrophages différentes, en majorité des insectes. De même, l'examen de cadavres de baleines sur les fonds océaniques a permis la découverte de nouvelles espèces de vers marins se nourrissant exclusivement de la graisse de leurs os.

C'est probablement cette formidable aptitude de la Vie à exploiter chaque opportunité d'habitat ou de ressource qui explique son ubiquité, des glaciers de montagne au désert de Gobi, des nuages aux couches de roche profondes, des sources hydrothermales aux lacs isolés sous quatre kilomètres de glace en Antarctique. Les bactéries représentent toujours le nec plus ultra en la matière, préparant souvent la voie aux multicellulaires. C'est ainsi qu'on a récemment identifié les premières souches capables de métaboliser certains types de plastique du tristement célèbre amas*, au centre de l'océan Pacifique (le « Great Pacific Garbage Patch »)[7].

15. La vie est compétitive sur un socle de coopération

Ce principe marie deux stratégies apparemment contradictoires : chaque organisme agirait dans son propre intérêt, mais le monde vivant fonctionnerait grâce à la coopération. Dans les champs de la biologie et de l'écologie, les observations qui vont dans ce sens s'accumulent.

Par exemple, pour défendre son territoire vital, il est moins risqué pour un oiseau de chanter que de voler dans les plumes de son voisin, au risque d'y laisser les siennes. « Les êtres vivants sont centrés sur eux mais pas autodestructeurs[8]. » Par ailleurs lorsqu'une troupe de lions « prélève » les plus malades d'un troupeau de gnous, et favorise ainsi la reproduction des individus les

* Ces amas de débris se retrouvent dans tous les « gyres » océaniques, ces énormes tourbillons à l'échelle de centaines de kilomètres.

plus sains, il s'agit à la fois de compétition au niveau individuel et d'une forme de coopération au niveau collectif.

Poussée plus loin, une relation proie/prédateur finit souvent par se transformer en symbiose. Ce mécanisme a joué chez les bactéries dès l'apparition de la vie, et a conduit à la multicellularité. Selon le biologiste Lewis Thomas, la leçon à tirer est non pas « les gentils disparaissent en dernier », mais « les gentils durent plus longtemps[9] ».

16. La vie est interconnectée et interdépendante

Toutes les espèces d'un écosystème forment une véritable toile de vie (et de mort), qu'elles soient prédatrices, hôtes ou partenaires. Que l'une de ces espèces acquière une nouvelle stratégie, et c'est tout l'écosystème qui réagira et s'adaptera. Les biologistes appellent ça la coévolution.

À l'échelle de la biosphère, les écosystèmes sont également connectés entre eux. Les forêts fluviales nourrissent sans cesse les habitants des estuaires, avant que les produits de l'activité biologique qui en résulte n'approvisionnent les habitants de la « colonne d'eau », puis ceux des fonds abyssaux. Et la prochaine fois que l'un de vos amis s'interroge sur l'importance de la biodiversité pour son entreprise de logiciels ou sa compagnie d'assurance, rappelez-lui qu'il ne pourrait respirer longtemps sur cette planète sans une présence massive de plantes terrestres et de plancton végétal.

Un seizième principe en guise d'apothéose : le négliger, voire l'ignorer comme nous le faisons de plus en plus à l'échelle de notre civilisation est sans doute notre erreur collective la plus risquée pour sa survie à moyen terme*.

* J'ai longuement hésité entre court et long terme... je laisse au lecteur le soin de se faire son opinion.

Les *Life's Principles* de Biomimicry 3.8

Le point de départ de la liste développée au fil des années par Biomimicry 3.8 est que « la vie crée les conditions favorables à la vie ». Elle apporte des nuances, des reformulations plus appliquées, une déclinaison en sous-principes plus précis, de même qu'une expérience née du contact avec ingénieurs et designers. Sans surprise, il est souvent assez simple de tracer les liens entre les deux listes. En attendant leur illustration par les exemples biomimétiques présentés dans la troisième partie.

Évoluer pour survivre

Copier les stratégies qui fonctionnent
Intégrer l'inattendu
Réorganiser les informations

Utiliser efficacement les ressources

Utiliser un design multifonctionnel
Utiliser des procédés économes en énergie
Recycler tous les matériaux
Adapter la forme à la fonction

S'adapter aux changements de conditions

Préserver l'équilibre par auto-régénération
Renforcer la résilience par la variation, les duplications, la décentralisation
Inclure la diversité

Unir développement et croissance

Combiner composants modulaires et emboîtés
Construire de la base vers le haut («bottom-up»)
S'auto-organiser

Être branché sur son milieu et réactif

Utiliser une énergie et des matériaux facilement accessibles
Cultiver les relations de coopération
Investir dans les processus cycliques
Utiliser les boucles de rétroaction

Utiliser une chimie respectueuse du vivant

Construire à bon escient en utilisant peu d'éléments
Décomposer les produits en éléments inoffensifs
Pratiquer la chimie dans l'eau

DEUXIÈME PARTIE

Les quatre chocs

Les hommes peuvent-ils redevenir compatibles avec leur biosphère ?

« Je suis l'Océan,
Je suis l'Eau,
Je suis la plus grande partie de cette planète,
Je l'ai façonnée.

Chaque courant, chaque nuage et
    chaque goutte de pluie,
tous finissent par me revenir
D'une façon ou d'une autre,
    chaque être vivant ici a besoin de moi,
Je suis la source, je suis ce dont ils émergent

Les humains ? Ils ne sont pas différents…
Je ne leur dois rien.
Je donne,
Ils prennent,
Mais je peux toujours le leur reprendre.
C'est juste ainsi qu'il en a toujours été.
Ce n'est pas leur planète de toute façon,
ça ne l'a jamais été, ça ne le sera jamais.

Mais les humains…
Ils prennent plus que leur part,
Ils m'empoisonnent,
Puis ils s'attendent à ce que je les nourrisse,

Eh bien ça ne fonctionne pas comme ça.
Si les humains veulent exister dans la Nature
avec moi,
Et en même temps ne pas tenir compte de moi,
Je suggère qu'ils écoutent attentivement,
je ne me répéterai pas :

Si la nature n'est pas gardée en bonne santé,
Les humains ne survivront pas,
c'est aussi simple que ça.
Moi, avec ou sans les humains,
c'est le cadet de mes soucis.

Je suis l'Océan.
J'ai recouvert entièrement cette planète un jour,
Et je peux toujours la recouvrir à nouveau.

C'est tout ce que j'ai à dire[1]. »

6

Antarctique et changement climatique

22 janvier 2007, péninsule Antarctique, deux heures du matin. Avec d'autres insomniaques, je suis sur le pont du Polarstern, *notre cher brise-glaces. Il n'y a pas un souffle de vent, la lumière est exceptionnelle. Impossible de rentrer se coucher... Le bateau ronronne doucement, décrivant un maillage systématique à l'intérieur d'une immense baie, cartographiant au sonar des fonds inconnus. À l'arrière-plan, la côte blanche et noire, le relief montagneux de la péninsule Antarctique. Quelques lambeaux de banquise. Des icebergs magnifiques dans la lumière rasante, alternant les jaunes, les roses, les mauves, les bleus, avec le mélange de douceur et d'intensité que peut offrir le jour éternel des hautes latitudes. Un de ces moments de beauté pure, suspendus dans le temps, un spectacle antarctique comme les autres. Ou presque : ce spectacle-là, nous n'aurions pas dû y avoir accès.*

Il y a presque un mois que le navire allemand a appareillé du Cap, tout au sud de l'Afrique. Près de quatre semaines de navigation dans l'océan Austral, passant des albatros aux manchots, des eaux bleues aux eaux grises, des premiers icebergs à la banquise. Un équipage de quarante marins pour quarante chercheurs – la plupart biologistes – qui étudient le *benthos*, c'est-à-dire la faune et la flore des fonds marins, par opposition à celle qui vit plus haut, en suspension dans l'océan, dans la « colonne d'eau » comme on dit, où l'on retrouve essentiellement les poissons et le plancton. Le benthos par contre, c'est d'abord une multitude d'espèces immobiles, dites « sessiles » car fixées sur les fonds. Végétales – les algues – quand la surface n'est pas trop loin, et qu'il y a assez de lumière pour qu'elles puissent croître. Animales, comme les éponges ou les coraux, et d'autres, connues seulement des biologistes marins, comme les bryozoaires, les ascidies ou les brachiopodes. En l'absence d'algues et de lumière, elles dépendent toutes de ce qui se passe plus haut, dans la colonne d'eau. Là où le krill est le roi du plancton, qui nourrit, attire et concentre calmars et poissons prédateurs, manchots, pétrels plongeurs, otaries, léopards de mer et baleines. Là d'où tourbillonnent vers le fond cadavres, mues et excréments de tous ces organismes, du plus petit crustacé copépode au rare rorqual bleu (plus connu sous le nom de baleine bleue), fournissant une pluie continue de matière organique. C'est l'été, la lumière permet au phytoplancton et à la vie de fleurir. Cette pluie est attendue par toute la communauté de filtreurs du benthos, leurs « doigts » tendus vers la surface pour essayer de ne rien perdre de cette manne céleste.

Toutes ces espèces composent, dans leur étonnante diversité de formes et de structure, une jungle incroyable, brillamment colorée malgré une absence presque totale de lumière. Une forêt miniature (rarement plus de deux mètres de haut), d'une complexité comparable à celle des récifs coralliens, mais bien moins étudiée que son équivalent tropical, vu l'éloignement et les conditions. Comme toute forêt, elle offre une quantité d'opportunités énormes, de « niches » disent les écologues, pour les espèces mobiles : d'autres filtreurs, mais aussi des brouteurs, des prédateurs, des prédateurs de filtreurs et des prédateurs de prédateurs. Leurs noms font rêver : anémones de mer orangées, pycnogonides dégingandés, étoiles de mer pourpres, cloportes géants, holothuries*, crevettes… C'est aussi le paradis des amphipodes, le groupe de crustacés que j'ai étudié pendant ma thèse, plus de 530 espèces répertoriées autour du continent[1]. Une forêt qui surprend par son exubérance quand nous la découvrons sur le moniteur de la salle de contrôle, 400 m plus haut que le robot téléguidé qui filme ces images. Une forêt qui recouvre souvent les fonds de façon intégrale, sans rien laisser voir de la vase ou des rochers. Du moins quand elle a pu pousser sans être dérangée.

Au fond des eaux froides antarctiques, obscures presque six mois par an, tout se passe si lentement ! Peu de ressources en hiver, et une température proche de 0 °C à longueur d'année – pour des animaux « à sang froid » (« ectothermes » pour les intimes) –, la croissance est le plus souvent poussive, en tout cas comparativement à ce que nous avons l'habitude de voir en eaux tempérées ou chaudes. Avant l'arrivée des chalutiers, les seules perturbations provenaient des icebergs qui, poussés par vents et courants, labouraient les fonds jusqu'à une profondeur de 300 m (dans le cas de certains gigantesques icebergs tabulaires). Vous vous souvenez, les 7/8 immergés ?

Un phénomène peu étudié avant les campagnes systématiques menées par le *Polarstern* en mer de Weddell. Le résultat de plus de vingt ans de recherches corrobore la comparaison avec les forêts : la saignée laissée sur le fond par le passage de la masse de glace est rapidement envahie par des espèces pionnières. Qui laissent ensuite graduellement la place à d'autres. Jusqu'au retour progressif de la communauté « normale »… plusieurs siècles plus tard. Vingt années de recherches, à comparer les différents stades de récupération de la « forêt » des fonds, comme si les icebergs-bulldozers

* Ou « concombres de mer ».

avaient joué le rôle d'incendies. Et toujours cette capacité des communautés vivantes à rebondir, cette fameuse résilience.

Cette fois, nous sommes là pour une autre raison. Pour mes collègues biologistes, le point de mire de cette expédition, c'est le changement climatique. Plus précisément, les effets du changement climatique sur la faune des fonds. Loin des régions les plus impliquées dans les émissions de gaz à effet de serre. Mais pas assez loin, finalement. Même l'Antarctique – le plus grand congélateur de la planète – en montre les premiers signes, surtout en péninsule…

Jusque dans les années 1980, peu d'entre nous avaient déjà vu une carte complète de l'Antarctique. Le plus souvent, il apparaissait comme une ligne de côte un peu chaotique, tout en longueur, dans le bas des cartes du monde. Quand le trou d'ozone a été détecté au-dessus du continent, la carte complète a surgi dans les journaux. Centré sur le pôle Sud, le plus souvent avec les extrémités de l'Amérique du Sud et de l'Afrique disposées d'ouest en est, en haut de la carte, le grand continent blanc ressemble à une tête d'éléphant.

À droite, c'est l'Antarctique de l'Est, la plus formidable masse de glace actuelle ; si elle fondait, le niveau des mers s'élèverait de 50 m.

Si les oreilles d'un éléphant lui permettent (entre autres !) d'évacuer son trop-plein de chaleur, la calotte de glace et sa blancheur immaculée jouent un rôle similaire, en renvoyant directement dans l'espace la quasi-intégralité du rayonnement solaire (quand c'est la saison). Le froid est tel – 92 °C au-dessous de 0, le record vient d'être battu – que la neige ne fond pratiquement jamais et s'y accumule depuis des millions d'années : l'épaisseur de glace peut atteindre quatre kilomètres. L'Antarctique de l'Est, bastion du froid, les signes du changement climatique y sont encore ténus…

La situation est bien différente en Antarctique de l'Ouest,

à gauche sur la carte. D'abord parce que le volume de glace est plus réduit. Proche de celui du Groenland, il ne pourrait contribuer « que » de six mètres à la hausse du niveau des océans en cas de fonte totale. Mais la probabilité que cela se produise est plus forte. Car une bonne partie de la glace, à la différence de l'Est, repose sur un socle rocheux, à une altitude inférieure au niveau de la mer. Du coup, en plus du réchauffement de l'air, la masse de glace est minée par celui de l'eau de l'océan Austral. Avec des conséquences visibles : une accélération considérable du débit de certains glaciers (jusqu'à dix fois plus rapide). Même accélération pour le « vêlage » des icebergs qui se détachent de son extrémité flottant sur la mer d'Amundsen.

Mais ce n'est pas tout. Retour à la carte. En haut à gauche, ne dirait-on pas que l'« éléphantarctique » tend une trompe en direction de l'Amérique du Sud, le continent le moins éloigné ? Voilà la péninsule Antarctique, la zone la plus sensible au changement climatique du sixième continent. Et même la zone la plus sensible de notre planète puisque, en cinquante ans, la température moyenne de l'air s'y est élevée de près de 3°, presque dix fois plus vite que sur le reste de la planète. Le plus inquiétant vient encore des glaciers, particulièrement de ce qu'on appelle les *shelves*, ces plates-formes de glace. En péninsule, comme ailleurs dans les régions polaires, les températures permettent aux glaciers de descendre naturellement jusqu'à l'océan sans fondre. Du coup, ils vont s'étaler en flottant sur la mer, formant d'immenses plates-formes de glace de milliers de kilomètres carrés : ce sont les *ice-shelves*. Sous l'action des vagues, des icebergs vont ensuite se détacher de ces plates-formes à un rythme plus ou moins régulier. Jusque-là rien d'anormal, la formation des icebergs est une étape du cycle de l'eau.

Le problème, c'est que ce tapis roulant connectant glaciers, plates-formes et icebergs est en train de se dérégler. La hausse de température n'est pas restée sans conséquences. Dès 1995, la plate-forme connue sous le nom de Larsen A s'est désintégrée, faisant disparaître 1 500 km² en un été. Un premier signal, mais qui à l'époque restait difficile à interpréter : ne pouvait-il s'agir de la manifestation d'un cycle naturel ? Deuxième coup de semonce, sept ans plus tard, quand la plate-forme Larsen B, située un peu plus au sud, s'est effondrée à son tour, suite au réchauffement continu de la péninsule Antarctique. Sous l'œil des satellites, et des rares bateaux du secteur, 3 200 km² sont partis en lambeaux, formant en quelques jours un gigantesque champ d'icebergs.

Comme pour Larsen A, la dislocation de l'ice-shelf a rétabli une gigantesque zone d'eau libre. Depuis des milliers d'années, jusqu'à ce mois fatidique, l'océan sous-jacent avait été coupé de la surface par une couche de glace de plusieurs centaines de mètres. Du coup, presque du jour au lendemain, la disparition de ce couvercle a ramené la lumière.

Or, c'est bien la force du vivant, toujours à l'affût de nouvelles opportunités, avec le retour de la lumière, ce fut rapidement aussi celui du phytoplancton, des copépodes et du krill, puis des manchots, des phoques crabiers et même de la plus petite et de la plus abondante des baleines, le petit rorqual. En fait, la totalité de la chaîne alimentaire de la colonne d'eau s'est remise en place. La vie était-elle donc absente auparavant ? Non, mais beaucoup plus discrète. La faune des fonds, au lieu de bénéficier d'une vigoureuse saison des pluies (planctonique) pendant les six mois d'été, ne pouvait subsister que grâce aux rares brumes, aux gouttelettes minuscules de matière organique apportées par les courants, qui parvenaient à dériver sous la glace depuis les zones adjacentes aux plates-formes. Une faune extrêmement appauvrie, comme l'avaient montré les rares récoltes effectuées à travers des trous obtenus après de fastidieux forages dans la glace.

Retour de la vie et disparitions silencieuses

Voilà donc ce qui motivait notre équipe de biologistes : ils allaient pouvoir explorer en profondeur une zone complétement inaccessible jusqu'alors, caractériser en détails la faune de ces micro-déserts marins, avec un arsenal complet de méthodes et d'engins de récolte, et pouvoir étudier la bascule d'écosystèmes qui risquait de s'y produire, en passant brutalement d'un régime de « sécheresse » presque permanente à une « mousson » régulière, en termes de pluie de ressources venues de la surface. Cerise sur le gâteau, en étudiant aussi les eaux libérées cinq ans plus tôt par la disparition de Larsen A, ils allaient pouvoir se rendre compte du rythme auquel s'effectuait cette bascule en comparant les deux zones.

Menées tambour battant – les journées de recherche sont chères en Antarctique – les récoltes ont vite livré des résultats. En ce qui concerne la faune des « micro-déserts », pas de déception, elle était toujours là. Sous Larsen B, ou plutôt à l'emplacement au-dessus duquel le shelf s'étendait trois ans plus tôt, les chercheurs ont retrouvé les « Anciens ». Ces animaux incroyables capables de survivre avec si peu. Rares et dispersés, vu la pauvreté initiale en ressources de cette zone, autrefois coupée de l'abondance apportée par la lumière. Par 200 m de fond*, qu'ils soient concombres, étoiles ou lis de mer, ces anciens-là ont surpris nos anciens à nous. Biologistes et naturalistes chevronnés, ils ont retrouvé avec surprise des « jumeaux » de certaines espèces qu'ils ne connaissaient que dans les abysses. Soit 2 000 m plus bas, au moins, là où la lumière de la surface ne descend jamais, à une profondeur telle qu'il ne reste pratiquement plus rien de nutritif dans la

* Une profondeur normale pour le plateau continental antarctique, enfoncé par le poids de la calotte glaciaire.

pluie de plancton*. Sous les shelves, la faune abyssale avait trouvé des conditions de pauvreté similaires.

Mais la bascule était bien en cours. Toujours lente, vu les températures, mais déjà si rapide à l'échelle de l'évolution biologique. Sous Larsen B, les images du ROV (Remotely Operated Vehicle, le robot télécommandé) montraient de vastes surfaces de vase entre ces rares espèces abyssales de grande taille. Pourtant, il suffisait de regarder un peu plus attentivement pour apercevoir aussi des centaines de petites spirales blanches, coquilles frêles abritant des vers spiralés amateurs de « fluff » (ces amas de matière organique tombée depuis la surface). Clairement, l'exubérance de la productivité estivale était de retour, ainsi que, sur les fonds, ceux qui savaient en tirer profit. Une impression confirmée ensuite à Larsen A, témoin de la même bascule sept ans plus tôt. Là, le retour était encore plus évident, avec une cohorte d'espèces pionnières en pleine explosion, ascidies ou éponges, les mêmes que nos biologistes connaissaient dans les premiers stades de recolonisation des cicatrices laissées par le passage des icebergs. Une illustration de la résilience du vivant, certes, mais qui allait cette fois conduire à la disparition de la communauté précédente, les anciens économes, surgis des abysses, à peine découverts…

Étranges sentiments. En quelques jours, nous étions passés de l'excitation de leur découverte, ces ancêtres, au deuil qu'il allait falloir en faire. Oh bien sûr, il y a encore d'autres shelves, autour de l'Antarctique Est, le plus résistant, pour leur servir de refuges. Et bien sûr, le changement climatique a des conséquences tellement plus graves que la disparition de quelques concombres de mer, inconnus d'une écrasante majorité de l'humanité, et qui plus est, « inutiles »…

* Parce que déjà consommé en cours de route par les organismes de la colonne d'eau, poissons, mollusques, etc., et bactéries !

Comme pour le plastique des plages de l'île du Roi-George, presque vingt ans plus tôt, c'était une nouvelle illustration, implacable, de l'interdépendance des espèces. C'est bien aussi parce que je prends ma voiture pour passer mes vacances dans ma chère presqu'île bretonne que ce délicat lis de mer couleur safran, caché des hommes sous sa plate-forme de glace au fin fond du monde, risque de disparaître. Une perte sans doute symbolique. Mais symbolique de tellement d'autres. Avons-nous vraiment envie de perdre les ours polaires, et d'offrir un monde à nos petits-enfants où ils n'existeraient plus que dans les zoos ou les reportages de National Geographic ?

Il est deux heures du matin. Avec d'autres insomniaques, je suis sur le pont du Polarstern, *notre cher brise-glaces. En train de savourer un de ces moments de beauté suspendus dans le temps, un spectacle antarctique comme les autres. Ou presque : cette baie extraordinaire, elle n'aurait pas dû être navigable. Sans le changement climatique que nos pays ont provoqué, une couche de 200 m de glace se trouverait encore sous nos pieds. Malaise dans la lumière polaire.*

7

Mille ans d'avance

De toutes les crises environnementales dont nous sommes à l'origine, le changement climatique est sans doute la plus inquiétante à l'échelle de la planète, et celle qui nous interroge le plus profondément dans notre façon de vivre. Sa cause, l'accroissement exceptionnel des quantités de gaz à effet de serre dans l'atmosphère, trouve ses origines dans notre utilisation massive des combustibles fossiles (charbon, pétrole et gaz, par ordre chronologique d'apparition*), l'augmentation tout aussi massive de l'élevage de ruminants, générateurs de méthane, et la déforestation (à hauteur de 10 %). Conséquences : fréquence accrue des phénomènes météorologiques extrêmes, hausse de la température moyenne, élévation du niveau des mers, déplacements des zones propices à l'agriculture, acidification des océans, migrations massives de population, famines... Une litanie de plus en plus entêtante, affinée rapport après rapport par l'IPCC, ou GIEC en français (Groupe intergouvernemental pour l'étude du climat), l'instance internationale créée par les Nations unies[1].

Dans ce contexte, le biomimétisme n'est pas une fin en soi, mais un outil au service de la *compatibilité avec la biosphère*. Le changement climatique est sans doute le principal défi qui

* Mais pas de « disparition ». Le charbon reste numéro 1 en quantités consommées et en CO_2 émis, et risque de le rester encore longtemps.

se pose à nous, espèce humaine, pour rester en phase avec les autres espèces.

Le premier réflexe du biologiste est de poser un rapport au temps, ce paramètre clé du changement climatique. Dans le vivant, l'échelle de temps n'est pas la même selon les espèces. Certaines bactéries se divisent toutes les vingt minutes quand les conditions sont favorables ; une génération d'humains équivaut approximativement à vingt-cinq ans ; mais d'autres organismes ou écosystèmes sont moins... pressés. Certaines mousses arctiques recouvertes par la dernière avancée des neiges éternelles lors du « petit âge glaciaire » (du début du XIVe siècle à la fin du XIXe) se sont remises à pousser, à peine libérées de leur gangue de glace par le réchauffement du climat. Les communautés benthiques antarctiques peuvent mettre mille ans à se stabiliser après une perturbation. Quelques espèces d'éponges atteindraient ainsi l'âge respectable de onze mille ans...

Alors prenons du recul (et de l'avance). Au lieu de regarder ce qui nous arrivera – ce que nous ferons arriver – d'ici la fin du siècle, allons bien au-delà : que risque-t-il de se produire dans les mille ans à venir ? Le graphique suivant illustrant ce travail prospectif est extrait du rapport 2001 du GIEC.

La première courbe (celle du bas) indique le niveau des émissions de gaz à effet de serre. Il s'agit bien d'une hypothèse – pas d'une prévision – qui postule un pic de nos émissions aux alentours de 2050. Un pic bien hypothétique quand on constate que le protocole de Kyoto n'a entraîné aucune réduction globale des émissions et que la conférence 2009 sur le climat, à Copenhague (en attendant celle de Paris fin 2015), s'est soldée par de vagues promesses et a mis fin à la dynamique provoquée (notamment) par le film d'Al Gore en 2006 : l'Australie (pour pouvoir vendre son charbon), le Canada (pour justifier ses investissements dans les sables bitumineux) et le Japon (qui a dû repasser massivement aux combustibles fossiles pour son

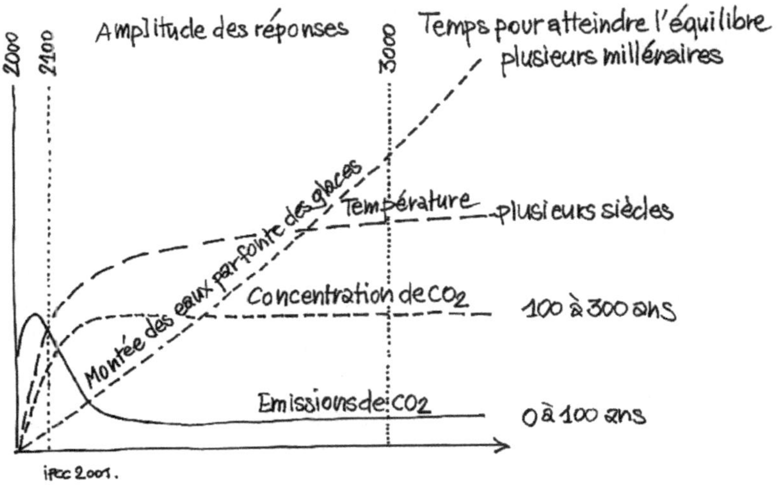

Inertie du changement climatique : que se passera-t-il si nous diminuons nos émissions à partir de 2050 ?

électricité après la catastrophe de Fukushima) ont tous revus leurs objectifs à la baisse.

Par ailleurs, les émissions des pays émergents comme la Chine, l'Inde, le Brésil et l'Afrique du Sud sont en pleine expansion. Et nous serions mal placés pour leur faire la leçon, puisque les émissions moyennes par Européen restent supérieures à celles mesurées en Asie, alors même que nous leur avons sous-traité une partie de nos émissions à travers le commerce international (20 % des émissions de la Chine sont issus de produits destinés à l'exportation). Dans le même temps les États-Unis sont passés au gaz de schiste par souci d'économie et de plus grande indépendance énergétique, tout en espérant émettre moins de gaz à effet de serre par unité d'électricité produite (plusieurs recherches concluent au contraire, et ont été compilées récemment en une synthèse solide[2], dénoncée bien sûr par les lobbies gaziers), en le substituant au charbon dans leurs centrales électriques… mais en continuant à vendre leur charbon à la Chine ! Pour rappel encore, entre la parution du premier rapport du GIEC en 1990 et 2010, les émissions ont augmenté de 35 %[3]. Et après 2012, 2013 a battu à son tour le record des émissions de gaz carbonique d'origine anthropique[4]. Enfin, le niveau des émissions actuel suit le scénario le plus pessimiste du même premier rapport, sur les cinq proposés.

Bref, il faut pas mal d'optimisme pour espérer une décrue des émissions dès 2050. Imaginons donc que, grâce à un effort collectif planétaire, grâce à un virage rapide vers une économie décarbonée, les émissions atteignent leur sommet à la moitié de ce siècle, dans trente-cinq ans, puis décroissent rapidement pour s'immobiliser sur un plateau juste au-dessus de zéro.

Que nous disent alors les trois autres courbes ? La courbe inférieure est celle de la concentration de gaz carbonique. Mauvaise surprise : si les émissions de CO_2 diminuaient à partir de la moitié du XXIe siècle, la concentration dans l'atmosphère augmenterait encore et n'amorcerait son déclin qu'entre cent et trois cents ans plus tard. Et cette décrue ne serait que très progressive, presque un plateau, légèrement orienté vers le bas. Pourquoi un tel décalage ?

L'inertie des océans

Deux raisons principales. La plus connue, c'est le temps de séjour du gaz carbonique dans l'atmosphère, une centaine d'années en moyenne. Mais la plus importante est liée à cet acteur majeur du climat qu'est l'océan. Entre fixation biologique par croissance du phytoplancton et dissolution chimique dans l'eau, l'océan capte presque la moitié des émissions d'origine anthropique. Ce sont les eaux de surface qui se chargent en CO_2 (ce qui les acidifie au passage), puisqu'elles sont en contact avec l'atmosphère. Mais la circulation océanique générale, parfois surnommée « tapis roulant », assure un renouvellement régulier entre eaux de surface et eaux profondes. C'est d'ailleurs précisément dans les régions polaires que se situent les zones de plongée des eaux superficielles vers les abysses (principalement au large du Groenland et autour de l'Antarctique). Pour ces eaux, où la concentration en gaz carbonique est plus forte, commence alors un périple de plusieurs centaines d'années (mille ans en moyenne) avant qu'elles ne reviennent à la surface. D'où la mauvaise surprise : retrouvant une atmosphère désormais moins chargée en gaz à effet de serre, ces eaux « anciennes » vont spontanément relâcher leurs gaz dissous et ainsi ralentir considérablement la diminution de leur concentration dans l'air ambiant.

Une mauvaise surprise à relativiser. Sans cette formidable capacité de « puits de carbone » des océans, la concentration de gaz à effet de serre aurait augmenté deux fois plus vite depuis le début de la révolution industrielle.

Un effet tampon qu'on retrouve avec la courbe suivante, celle de l'évolution de la température… en pire ! Nous savons tous qu'il faut beaucoup plus de temps pour chauffer à 100° une casserole d'eau qu'une casserole d'air. Autrement dit, un litre d'eau à 100° contient beaucoup plus d'énergie qu'un litre d'air, c'est la « capacité calorifique ». Du coup, le décalage entre l'air et l'eau pour la température va être encore plus important que pour la concentration en gaz carbonique : c'est ainsi que la hausse de température est absorbée par les océans à hauteur de 90 % !

Un chiffre considérable qui explique la forme de notre courbe. Dans un premier temps, la hausse de température dans l'atmosphère va connaître un ralentissement une fois les émissions calmées. Mais elle ne diminuera que bien au-delà de l'an 3000, entretenue à la fois par la baisse trop lente de la concentration en gaz à effet de serre et par le déstockage, cette fois en calories, des eaux « anciennes », quand elles reviendront en surface.

Autre conséquence de cette capacité des océans à stocker la chaleur : toutes les discussions actuelles sur l'augmentation de la température de l'atmosphère ne se concentrent en fait que sur 10 % du phénomène puisque les eaux liquides absorbent 90 % de la chaleur supplémentaire. Et comme la circulation océanique n'est pas parfaitement régulière (cf. notamment les bascules dans le Pacifique connues sous les noms *El Niño* et *La Niña*), l'absorption de calories par les océans peut varier elle aussi pendant plusieurs années. La prochaine fois que vous lirez un article climato-sceptique prétendant que le réchauffement s'est arrêté, pensez donc à vérifier ce qu'il dit des océans...

La dernière courbe fait le lien entre océans et glace. Une droite en fait, à la trajectoire inquiétante. Elle décrit la montée des eaux suite à la fonte des glaces, qui s'apparente en fait à un transfert entre deux réservoirs du cycle de l'eau, à un réajustement dû à la température, au passage de (toute ?) l'eau solide – la glace – vers sa phase liquide. Cette courbe démontre surtout la forte inertie de la fonte des calottes polaires, une fois enclenchée. Nous le savons grâce aux archives « historiques » (ou plutôt préhistoriques)* : lorsqu'une calotte polaire commence à fondre, elle peut atteindre un point de non-retour au-delà duquel elle va fondre complètement, quelle que soit l'évolution des gaz à effet de serre ou de la température ambiante.

* Déduites notamment de l'étude des bulles de gaz et autres particules contenues dans les carottes de glace, mais aussi des arbres, des coraux, des concrétions calcaires souterraines, des sédiments marins ou lacustres, etc.

Seuils et points de non-retour

La question est donc de savoir si nous allons réussir à nous maintenir en deçà. Car la fonte, elle, a déjà commencé, au moins au Groenland et en Antarctique de l'Ouest. Si ces deux calottes devaient aller au bout du processus, cela représenterait une hauteur d'eau supplémentaire d'environ quinze mètres, le long des côtes du monde entier.

Quelle est la température moyenne limite et combien de temps doit-elle se maintenir pour lancer ces deux calottes vers une disparition irréversible ? Le problème reste largement débattu, et le consensus scientifique risque d'arriver trop tard – certains, dont James Hansen*, disent que nous sommes probablement déjà au-delà du seuil. Tandis que nous débattons, gaz carbonique et calories continuent de s'accumuler dans l'atmosphère et les océans, sans le moindre signe d'essoufflement.

Autre question sans réponse évidente : à quel rythme le niveau des mers va-t-il augmenter ? Ce rythme lui-même est-il constant ? Là encore, difficile d'obtenir un consensus – la plus grande inconnue demeurant l'évolution de nos émissions. Une chose est sûre : comme pour les océans, l'inertie des calottes polaires est garante de mauvaises et de bonnes nouvelles. La fonte peut devenir irréversible à l'échelle humaine, mais a peu de chances de devenir cataclysmique. Nous avons tous à peu près la notion du temps qu'il faut à une boîte de glace vanille de deux litres pour fondre totalement dans une pièce à 20 °C. En comparaison, dans le cas de l'Antarctique de l'Est,

* James Hansen, climatologue américain, est un des premiers chercheurs à avoir lancé l'alerte sur le changement climatique, et reste aujourd'hui très engagé sur le front de l'arrêt des combustibles fossiles. Il a longtemps dirigé l'institut Goddard d'études spatiales de la NASA.

la température ne deviendra que très graduellement positive au-dessus de la boîte. Une boîte de plusieurs milliers de kilomètres autour du pôle Sud, et d'une profondeur moyenne de près de deux kilomètres... Selon nos archives préhistoriques, une des hausses naturelles les plus spectaculaires, lors de la fin de la dernière glaciation, il y a un peu mois de quinze mille ans, a fait monter le niveau des océans de vingt mètres en cinq cents ans, soit quatre mètres par siècle[5].

Quel que soit le rythme de hausse, quelle que soit la hauteur finalement atteinte – avec un maximum possible de 70 m, dans des milliers d'années –, il n'en reste pas moins que la moitié de la population humaine vit dans une bande côtière de 150 km de largeur. Il va donc falloir s'adapter à ce grignotage progressif – 3 mm par an aujourd'hui. Si nous nous accrochons à nos villes, nous pouvons multiplier les barrages ; mais au prix de quelles énergies – fossile ou renouvelable –, de quelles ressources, de quelles technologies ? Et combien de mètres d'océan sommes-nous prêts à laisser s'accumuler derrière une digue, en tant qu'habitants d'une ville côtière ?

L'autre possibilité est de nous souvenir que nous sommes une espèce vivante, que la capacité à nous *adapter* est une de nos caractéristiques intrinsèques. Par exemple, en créant des villes flottantes, en travaillant avec d'autres espèces comme les huîtres et les moules, au moins aussi douées que nous pour fixer les sédiments et participer au rehaussement des lignes de côte, ou encore en abandonnant certaines terres qui ne peuvent être protégées indéfiniment. Ce ne sont que quelques pistes, déjà à l'étude ou en cours de réalisation à New York, en Hollande ou en Angleterre. Bien d'autres restent à ouvrir et expérimenter. Biomimétisme et biologistes marins pourront certainement y contribuer.

Cette nécessaire adaptation de nos côtes illustre le premier des deux grands enseignements de ce graphique : *nous sommes entrés dans le temps des changements.* Le changement climatique n'est plus une menace hypothétique. C'est un fait. La toile de fond de notre civilisation, en même temps qu'un des principaux défis qui se posent à nous. Il nous faut admettre que ni notre génération ni celles de nos enfants, petits-enfants ou arrière-petits-enfants ne connaîtront un climat stable, une température moyenne stable, une ligne de côte stable.

Nous y sommes. La question n'est plus de choisir entre adaptation et *mitigation* (le terme anglo-saxon pour la baisse maîtrisée de nos émissions). Nous devons désormais les combiner. C'est le deuxième enseignement de ce graphique : *le temps est à l'urgence.* Ces constats, cette projection, ont quelque chose de décourageant ; puisqu'il est « trop tard », pourquoi se casser la tête à émettre moins ? Parce qu'il est tout aussi évident que plus le pic des émissions sera tardif, plus les pentes des autres courbes s'accentueront avant de se stabiliser sur des plateaux plus élevés. Plus la hauteur du pic sera élevée, plus grande sera la « chance » que nous franchissions les effets de seuil conduisant à la fusion totale des différentes calottes glaciaires.

Le véritable défi posé par *notre* changement climatique, c'est d'abord sa *vitesse.* Les écosystèmes et les espèces plus anciennes dont nous dépendons ont déjà traversé de nombreuses variations climatiques avec l'alternance des périodes glaciaires et interglaciaires, au mouvement de va-et-vient des glaciers sur l'Europe, chaque fois accompagné d'un déplacement similaire des forêts… À ce rythme-là, elles pouvaient suivre. Le rythme que nous sommes en train de leur imposer, pour les siècles à venir, sera beaucoup plus exigeant. Il faudra sans doute leur donner un coup de pouce pour leurs « migrations ». Alors ne corsons pas l'affaire en continuant à émettre comme des inconscients.

Mais n'oublions pas que ceux pour qui la vitesse du changement sera le plus problématique… c'est nous ! Nous et nos modes de vie, nos villes, notre économie…

Et que dire de notre agriculture ? Par définition, l'évolution du climat se traduira pour chaque terroir par une nouvelle combinaison, souvent inédite et en évolution constante, entre le sol, la météo locale et les espèces et variétés les plus propices à la culture. Les siècles prochains exigeront une agronomie agile, capable d'observer et de s'ajuster constamment à l'évolution des conditions locales. Un maximum de diversité sera forcément bienvenu pour accompagner cette transition. Quelle surprise, comme quelques autres espèces animales, nous avons besoin de manger…

8

Le pic du pétrole

L'évolution rapide du climat que nous imposons à tous les écosystèmes, dans cette ère que nous sommes obligés d'appeler l'Anthropocène, représente l'agression la plus globale et la plus radicale de notre espèce à l'encontre du réseau de relations dont elle dépend. Et puisque la cause première en est l'utilisation massive des combustibles fossiles, il est temps de considérer plus en détails la relation qui nous lie aujourd'hui en tant qu'espèce au charbon, au pétrole et au gaz (mais aussi à l'énergie en général).

Alors que nous avons conscience que la meilleure chose à faire pour le climat est d'apprendre à nous passer de ces substances, alors qu'il est de plus en plus coûteux de nous en procurer dans le contexte d'un pic pétrolier souvent annoncé, jamais assumé*, nos économies n'ont globalement de cesse de soutenir le « toujours plus » : de forages, de montagnes ou de forêts rasées (voire les deux) pour en faire des mines à ciel ouvert, d'eaux polluées par le *fracking* ou les sables bitumineux, de risques pour notre santé et celle des écosystèmes. Le tout à grand renfort de subsides, pour tenter de prolonger

* Je parle ici du pic du pétrole conventionnel, qui représente plus de 80 % de l'ensemble de la production pétrolière.

la vie d'un système condamné et condamnant l'environnement, notre berceau.

Charbon, pétrole et gaz

Bien sûr, dans le catalogue des combustibles fossiles, le pétrole n'est que le deuxième de la liste. Avant lui, c'est le charbon qui a assuré le décollage de notre civilisation thermo-industrielle, cette véritable rupture quantitative en termes d'approvisionnement énergétique. Jusque-là, quand nous, espèce humaine, avions besoin d'énergie, nous faisions appel à une source issue plus ou moins directement du flux solaire récent. Le bois, produit de la photosynthèse, et plus tard le charbon de bois qui a lancé la métallurgie, avaient stocké l'énergie du Soleil sur au plus quelques centaines d'années de vie des arbres. Les débuts de l'industrialisation ont également été soutenus par l'énergie d'évaporation – le Soleil, encore lui –, transformée en gravité s'exerçant sur la pluie et la neige, pour devenir force du courant dans les rivières. Cette puissance hydraulique, toujours branchée sur notre étoile, a été apprivoisée pour les meuneries, les scieries, les papeteries, les forges, qui ont initié le mouvement vers les manufactures, puis les usines modernes. Le vent, produit des différences de température, et donc presque du Soleil immédiat, s'est ajouté pour soutenir cette première révolution industrielle dans les zones éloignées des cours d'eau.

Le charbon, par contre, a été le premier à remettre à notre disposition du rayonnement solaire ancien. Et même très ancien, puisque la majorité des gisements se sont formés lors de la colonisation explosive de la Terre par les plantes, il y a plus de 300 millions d'années. Depuis lors, les champignons décomposeurs ont appris à digérer les molécules les plus coriaces inventées par les plantes, comme les lignines, et le charbon ne se forme plus que dans des circonstances très particulières. Aussi abondant soit-il par rapport au pétrole et au gaz, le charbon est donc bien une substance dont les réserves sont limitées. Il fut le déclencheur de notre plus énorme sursaut de consommation énergétique par habitant (sauvant au passage les forêts européennes – en surexploitation croissante au XIXe siècle[1]) et reste aujourd'hui la source d'énergie primaire la plus utilisée[2]. Il possède également les réserves connues les plus importantes de carbone fossile*... si nous souhaitons continuer à détruire notre civilisation[3].

Un demi-siècle après l'essor du charbon, le pétrole est venu ajouter (et non substituer) sa contribution à cette goinfrerie énergétique, suivi par le gaz naturel. De quoi offrir à chacun d'entre nous l'équivalent de quatre cents « esclaves énergétiques[4] ». Comme si, dans les pays développés, nous disposions vingt-quatre heures sur vingt-quatre de la force physique développée par quatre cents personnes. Un des chiffres peut-être les plus importants de notre époque[5].

Si le charbon est synonyme de locomotive à vapeur et de chemin de fer dans nos imaginaires, le pétrole est indissociable du moteur à combustion interne, lui-même nécessaire à l'essor de deux symboles de notre modernité : l'automobile individuelle et l'avion. Depuis, notre appétit de transport et de vitesse n'a fait que croître et reste presque totalement dépendant du pétrole. Pour le biologiste, le pétrole est ce qui nous a fait muter d'espèce opportuniste en une *espèce spécialisée*, et ce en moins d'un siècle !

Alors que les soldats de Napoléon ont traversé l'Europe

---

* Par rapport au pétrole et au gaz... si nous oublions les hydrates de méthane. Le volume de ces derniers est estimé à environ dix fois les réserves de gaz naturel, dont à peu près un dixième pourrait être récupérable et transformé en CO_2 une fois brûlé ; les autres 9/10 constituent une bombe à retardement potentielle, si jamais la hausse de température due au changement climatique les atteignait...

sans même connaître l'existence de « l'huile de roche », nous en sommes désormais complètement dépendants – du moins partout où le mode de vie occidental s'est répandu (soit plus de la moitié de l'humanité !). Faites l'exercice, passez en revue les objets qui vous entourent ; en ce qui me concerne, entre mes vêtements, la chaise, la table, le micro-ordinateur, le téléphone portable, la lampe de bureau, les livres, le mug ou l'étui à lunettes, c'est très simple : aucun de ces objets n'a pu être fabriqué et/ou transporté jusqu'ici – les deux la plupart du temps – sans pétrole.

Plus inquiétant, les aliments qui me nourrissent et constituent sous forme de molécules variées les cellules de ma peau, de mon système nerveux, de mon cœur ou de mes tripes, reposent majoritairement sur le recours à l'or noir. Car l'agriculture industrielle qui remplit nos estomacs occidentaux est complétement shootée aux combustibles fossiles. En commençant par les champs eux-mêmes : la mécanisation, les engrais de synthèse, les pesticides et l'irrigation n'existent que par le pétrole*[6]. Même chose au long de la « chaîne de valeurs » qui permet aux plantes cultivées et aux animaux élevés de parvenir jusqu'à nos assiettes, puisque les intrants fossiles sont nécessaires, directement ou indirectement, à toutes les étapes : les très nombreux transports, le conditionnement, le stockage, la commercialisation, la gestion des déchets. En fin de course, le gaspillage de cette ressource limitée est gigantesque : il faut dix calories fossiles pour produire… une calorie de nourriture**[7].

C'est bien simple, il n'y a que les plantes sauvages comestibles et les quelques légumes du potager qui échappent à cette

---

* Avec en plus une forte consommation de gaz naturel pour produire les engrais azotés : 2,3 tonnes de CO_2 par tonne d'azote (N).

** En fait de nos jours, il y a deux catégories d'êtres vivants qui se nourrissent de pétrole : certaines bactéries spécialisées, là où le pétrole suinte naturellement ; et les humains…

dictature poisseuse. Il va être grand temps de redevenir créatif en la matière. La bonne nouvelle, c'est que les écosystèmes vont pouvoir nous y aider : cela fait quand même quelque temps qu'ils prospèrent sans pétrole, sans engrais, sans pesticide et sans irrigation. Les organismes vivants, branchés uniquement sur l'énergie de flux du soleil, ont appris à se répartir entre des millions d'espèces la quantité annuelle disponible, selon le Principe du Vivant qui consiste à *faire appel à des procédés économes en énergie*. C'est la piste empruntée par la permaculture.

Les « trois fossiles » sont également devenus indispensables à notre habitat et nos bâtiments, après des milliers d'années passés sans eux. La majorité de nos matériaux de construction passent tôt ou tard dans leur cycle de fabrication par de (très) hautes températures, extrêmement gourmandes en énergie. C'est le cas de l'acier, du verre, des briques ou du ciment. Ce qui signifie qu'il faudra un jour nous en passer, en tout cas diminuer considérablement leur consommation. Par ailleurs, nos lieux de vie ont besoin d'être chauffés, ou refroidis, et l'abondance des combustibles fossiles nous a fait perdre nos bonnes habitudes en termes de choix d'exposition (au vent comme au soleil) ou d'isolation thermique.

Nous en arrivons à un autre symbole de la modernité, indissociable de nos modes de vie civilisés : l'électricité, vecteur énergétique si simple à utiliser une fois qu'il est déployé, omniprésent dans nos vies, et chaque année davantage. Pour les transports (personnes, marchandises) ou la circulation des fluides vitaux de nos économies (eau, gaz, capitaux, informations). Sans électricité, pas de web, pas de transactions financières instantanées et déconnectées du réel, pas d'ascenseurs, pas de téléréalité, pas de téléphones portables, pas de consoles de jeu, pas de sonar, pas de drones, pas de pompes gardant l'eau de mer hors du métro new-yorkais, pas de bornes publicitaires à écran plat consommant autant qu'un ménage... Or, d'une façon ou d'une autre, toute cette électricité repose sur les combustibles fossiles.

C'est évident pour les centrales au charbon*, au gaz naturel ou, plus rarement, au fuel[8]. Mais aussi pour le quatrième combustible fossile condamné à disparaître (pour d'autres raisons), le nucléaire – pour raffiner le minerai d'uranium, construire et entretenir les centrales. Rien que pour les générateurs de secours permettant de garder le contrôle d'un réacteur éteint en urgence, nous n'avons prévu jusqu'ici que des groupes électrogènes**.

Heureusement, il y a les énergies renouvelables ? Mais les barrages hydro-électriques sont des monstres de béton, qui fonctionnent grâce à des turbines en céramique, des câblages en cuivre... Matériaux qui ont tous besoin de combustibles fossiles pour voir le jour. Les éoliennes combinent elles aussi acier, béton et cuivre, en y ajoutant quelques métaux rares comme le dysprosium et le néodyme, et de la fibre de carbone... tous tributaires des procédés de synthèse à haute température gourmands en intrants fossiles. Le solaire à concentration ou les panneaux photovoltaïques actuels ne font pas exception***, ni le géothermique, ni la bio-méthanisation, ni le marémoteur...

Que reste-t-il qui ne dépende pas de ces fichus combustibles fossiles ? Aujourd'hui pas grand-chose. Ce qui rend la consultation des modèles mis au point par les autres espèces d'autant plus urgente, pour apprendre à utiliser le moins possible

---

* Qui assurent toujours la plus grande proportion de la production d'électricité au niveau mondial, 40 % en 2013.

** Fonctionnant le plus souvent au diesel, issu du pétrole. Une certaine proportion des relais pour la téléphonie mobile, isolés en rase campagne, en tirent aussi leur électricité.

*** Nous y reviendrons dans le chapitre 13.

de matériaux non renouvelables afin de devenir les maîtres du recyclage (le vrai, pas celui qui disperse 50 % de matière en route…). Si nous voulons vraiment sortir de cette addiction, il est temps de nous y mettre ! Car la spécialisation est une stratégie risquée chez les espèces vivantes. Elle paie tant que la ressource concernée est stable et abondante. Mais que celle-ci vienne à manquer et le risque d'extinction est exacerbé ; en témoignent en Europe la disparition de plusieurs papillons dont les chenilles sont spécialisées sur une plante, elle-même confinée à des habitats sous pression. À l'opposé on trouve les espèces opportunistes, capables de passer d'une ressource à l'autre en fonction des disponibilités du lieu ou du moment : les renards des villes et des champs, les goélands de nos côtes et de nos décharges, les mésanges insectivores et décapsuleuses de bouteilles de lait*, les grillons mangeurs de mégots du métro… Tous appliquent une maxime bien connue, variante empreinte de bon sens du volet « diversification » des principes du Vivant : ne pas mettre tous ses œufs dans le même panier. Un conseil élémentaire que nous ferions bien de reconsidérer…

Regards de biologiste sur le pic

La forme classique qu'on donne au pic pétrolier est la fameuse courbe en cloche de Hubbert, le géologue américain qui l'a mis en évidence dès les années 1970 aux États-Unis. Sur une échelle de temps classique, comme vous pouvez le voir page suivante, cette courbe démarre en douceur autour de 1865, date du premier puits foré au Texas. Cent cinquante ans plus tard, la production culmine autour de 80 millions de barils par

* Un comportement apparu en Angleterre d'abord, du temps des bouteilles de lait déposées par le livreur sur les seuils de porte. Les mésanges se « contentaient » de la crème…

jour. L'année du pic, toujours débattue, n'a que peu d'importance, les spécialistes s'accordant à dire qu'il ressemble(-ra) à un «plateau ondulant» avant que la décrue ne s'amorce. Ayant ainsi consommé à peu près 50 % du pétrole existant, cela nous laisserait-il donc du temps pour anticiper? Un espoir qu'il faut doublement tempérer.

D'abord, au départ de cette courbe, nous étions environ un milliard de Terriens pour nous partager le gâteau. Aujourd'hui, nous dépassons les sept milliards. Le partage risque de devenir difficile pour les plus gourmands.

Plus ennuyeux, mais tellement logique : le pétrole déjà extrait était celui qui demandait le moins d'efforts. Avec le pétrole affleurant ou sous pression, il pouvait suffire que le forage atteigne un gisement pour que jaillisse le précieux liquide. Ces temps-là sont révolus. Les nouveaux gisements sont plus petits, moins accessibles, plus demandeurs en énergie... C'est là qu'intervient une mesure de rendement cruciale : le taux de retour énergétique (TRE, ou EROI en anglais pour Energy Return On Investment). Ce paramètre – inventé d'abord par un biologiste[9] – mesure le *rapport entre la quantité d'énergie utilisable par rapport à celle dépensée pour l'obtenir.*

Par exemple, si pour l'équivalent d'un baril investi (pour l'équipement, le pompage, le raffinage, etc.) vous pouvez en extraire 35, le TRE est de 35 et cela vaut largement la peine d'un point de vue énergétique. Plus vous vous rapprochez de 1 (avec par exemple un TRE de 3 pour les sables bitumineux, ou de 1,3 pour l'éthanol de maïs), plus l'investissement est discutable. Quand vous passez en dessous de 1 (ce peut être le cas de certains agro-carburants), l'opération devient injustifiée, d'un point de vue énergétique en tout cas*.

* La même opération pourrait garder un intérêt, si elle permet par exemple de fournir de l'emploi. Mais son but affiché ne peut plus être énergétique...

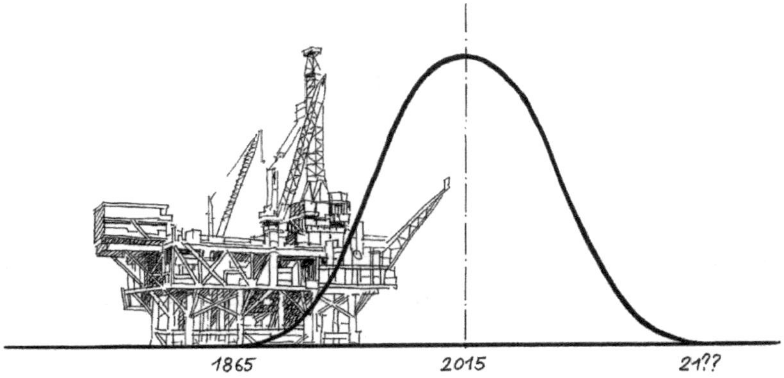

Ce qu'observent les spécialistes, c'est que pour le pétrole, le TRE s'effondre. S'il était de 100 sur les fameux gisements sous pression de départ (1 baril investi, 100 extraits), la moyenne mondiale est tombée à 18*. Plus inquiétant, les pétroliers ont commencé (et nous aussi, à travers nos banques et nos pleins d'essence) à investir dans des ressources et des approches dont le taux de retour énergétique est bien plus bas, comme les pétroles de schiste et les sables bitumineux pour lesquels le TRE descend entre 4 et 1,2. Nous nous approchons donc du seuil où il faudra investir l'équivalent énergétique d'un baril de pétrole pour produire un seul baril de pétrole[10]. Ce seuil d'arrêt dépend des technologies employées et peut donc encore bouger. Mais ce qui est sûr, c'est que nous ne pourrons pas compter sur l'intégralité des 50 % restants.

Ceci ne nous donne pas plus d'indications sur « la fin du pétrole », ce jour fantasmatique où serait extraite la dernière goutte... À l'échelle géologique, si on remonte 65 millions d'années en arrière, à l'époque de la « disparition des dinosaures »,

* Sachant que nombre des gigantesques gisements découverts entre 1940 et 1960 en Arabie Saoudite produisent encore, avec un TRE très intéressant. Mais pour combien de temps ?

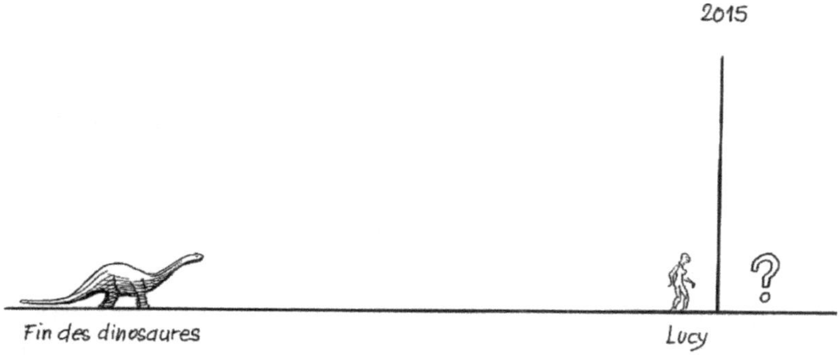

Deux versions temporelles du pic du pétrole

l'histoire du pétrole reste incomplète puisqu'elle n'inclut même pas les périodes qui ont vu la formation des carburants fossiles. Et voilà qu'après des centaines de millions d'années d'accumulation, nous les brûlons en l'espace d'un flash géologique. Une débauche de lumière et de chaleur… et puis plus rien ! Ce pétrole, si précieux, si riche en propriétés pratiques, la minuscule élite temporelle que nous sommes s'est arrogé son usage exclusif, non seulement sans tenir compte des dommages collatéraux – dont le changement climatique ou la pollution aux plastiques – mais sans se soucier non plus d'en laisser à ses descendants.

Difficile de trouver meilleure illustration d'un développement… non durable. Dans le cas du pétrole, c'est assez simple, il aura fallu deux mille sept cents années d'accumulation géologique des substances d'origine pour produire la quantité que nous utilisons collectivement… en une journée ! Quoi qu'il en soit, nous sommes prévenus : les combustibles fossiles ne sont pas là pour très longtemps. Dans le meilleur des cas, nous parvenons à nous en écarter très rapidement, afin de tenter de rendre le changement climatique le moins douloureux possible. Dans le pire, nous continuons à tirer sur la corde jusqu'au bout, jusqu'à ce que la gabegie s'arrête faute de combustible. Avec en prime des nappes phréatiques polluées pour des milliers d'années (merci les gaz de schiste), des forêts rasées sur des milliers d'hectares (merci les sables bitumineux), des montagnes éventrées (merci le charbon), des fonds océaniques souillés (merci le pétrole off-shore) et bien sûr un climat complètement déstabilisé (merci à tous !).

Face à un tel constat, la préparation d'une société post-carbone semblerait un objectif, disons, rationnel. Pourtant, ni vingt-cinq années de rapports du GIEC ni les plus récents rapports alarmistes de l'Agence internationale de l'énergie n'ont suffi à mettre une révolution énergétique en route. Au contraire, le secteur des combustibles fossiles reste massivement subventionné par les États, en particulier les plus développés.

En 2011, une coalition originale réunissant environnementalistes et experts en finance – la Carbon Tracker Initiative – a encore simplifié la lecture du lien entre changement climatique et combustibles fossiles. Partant du consensus (mou) de la conférence de Copenhague de 2009 où les principaux gouvernements s'engageaient à prendre des mesures pour ne pas dépasser une hausse de plus de 2 °C de la température moyenne, elle a calculé, en se basant sur les derniers travaux du GIEC, que cette hausse correspondait à un volume d'émission de CO_2 de *545 gigatonnes*. Cela signifie que de toutes les réserves de charbon, pétrole et gaz déclarées, soit l'équivalent de *2 795 gigatonnes*, 80 % devraient demeurer dans le sol. 80 % ! Ce qui implique aussi que si ce lien était assumé politiquement, la valeur en Bourse des *majors* du pétrole pourrait littéralement s'évaporer, puisque tellement liée précisément à l'estimation de ces réserves, avec les conséquences financières globales que cela entraînerait sans anticipation…

Non, décidément, nos décideurs ne sont pas encore sérieux. Dans le cas contraire, ils auraient déjà imposé deux mesures triviales successives aux géants des combustibles fossiles : l'arrêt programmé de la prospection (si 80 % des réserves connues doivent rester dans le sol, à quoi bon en chercher de nouvelles ?) ; et ensuite, l'arrêt de l'extraction elle-même. Ce qui laisserait le temps aux industriels de préparer leur reconversion, afin de pouvoir à terme mettre à disposition l'intelligence de leurs milliers d'ingénieurs... dans une autre direction ! En attendant, 2013 et 2014 ont été les deux années records en termes d'émissions fossiles sur Terre...

La sortie du pétrole et des autres combustibles fossiles semble être le grand chantier collectif de ce siècle. Le biomimétisme, qui par définition inclut l'art de vivre sans combustibles fossiles, en consommant un minimum d'énergie, ne peut être que d'un secours précieux. C'est de la multiplication des expérimentations qu'émergera la « vie sans pétrole » (à commencer par l'agriculture). En n'oubliant pas que *la vie s'organise de bas en haut* (n'attendons pas nos gouvernements pour agir) et que *la vie cultive les relations de coopération* (les mêmes qui sont utilisées pour des opérations aussi complexes qu'un forage off-shore).

Et comme si ce n'était pas assez, il faudra y ajouter une difficulté supplémentaire...

9

Le pic des métaux

Le travail des métaux s'est toujours fait par chauffage, à plusieurs centaines de degrés. Jusqu'à l'irruption des combustibles fossiles, cet art difficile – utiliser l'énergie du soleil contenue dans le charbon de bois pour façonner les métaux – a longtemps conféré un rôle sacré à ceux qui le maîtrisaient. Les objets métalliques étaient alors rares, et réservés à des usages bien spécifiques, signant souvent un rang social élevé : armes, bijoux, récipients de cérémonie... Si l'usage du fer s'est ensuite graduellement démocratisé, comme en atteste l'image d'Épinal du forgeron ou du maréchal-ferrant dans chaque village, il a fallu l'utilisation massive du charbon d'origine fossile pour que les métaux envahissent définitivement notre quotidien. Une révolution industrielle plus tard, non seulement la disponibilité de l'énergie est remise en question, mais également celle de la matière première !

Du côté de la consommation annuelle, pour la majorité des métaux, elle continue à progresser au niveau mondial, avec la croissance de pays comme l'Inde et la Chine. C'est vrai pour les métaux les plus utilisés (fer, aluminium), comme pour des métaux moins connus, comme ceux de l'électronique et l'informatique. Bref c'est une tendance qui risque de s'aggraver[1].

On pourrait se dire que les méthodes d'extraction sont susceptibles d'évoluer, rendant exploitables de nouveaux gisements ? En pratique, cette efficacité augmente moins vite que ne diminue la teneur en métal des minerais. Comme pour le pétrole ou le charbon, on a commencé par les gisements les plus riches, les plus accessibles, les moins chers à exploiter. Et plus les métaux sont dilués ou profondément enfouis, plus il faut dépenser d'énergie fossile pour les extraire et les purifier. Parallèlement, il faut de plus en plus d'infrastructures métalliques pour accéder aux combustibles fossiles – pétroles offshore ou huiles de schiste. Un vrai cercle vicieux qui relie le pic des métaux au pic du pétrole et pousse les coûts vers le haut.

Trois exemples : le fer, le cuivre, et le... le quoi ?!

En 2009, la revue *Science & Vie* publiait une liste émanant du US Geological Survey (peu suspect de partialité pessimiste), donnant une estimation du nombre d'années d'exploitation possible pour une trentaine de métaux*. J'en ai retenu trois.

Le fer est le métal le plus abondant et le plus utilisé en volume. Or, au rythme actuel, nous en aurions pour quatre-vingts ans, soit l'équivalent de trois générations. Ce qui laisse un peu de temps. À comparer quand même aux plus de deux cents générations écoulées depuis l'entrée de notre espèce dans l'âge du fer...

Ce n'est donc pas parce qu'un élément est abondant que la civilisation industrielle n'arrive pas à l'épuiser. Les biologistes sont bien placés pour le savoir, eux qui ont assisté en quelques dizaines d'années à l'extermination totale du pigeon migrateur (*Ectopistes migratorius*), l'oiseau historiquement

* Ces estimations étaient forcément... des estimations, donc susceptibles d'être revues. Elles dépendaient de plusieurs paramètres, eux-mêmes flottants : méthodes d'extraction, consommation annuelle et cours du métal.

le plus abondant des États-Unis (au moins trois milliards d'individus). Du temps où leurs vols migratoires tapissaient le ciel pendant des heures, voire des jours, l'espèce paraissait invulnérable. Et pourtant en 1914 mourait Martha, sa dernière représentante, au zoo de Cincinnati…

Pour le cuivre, il ne resterait que trente ans de réserves*[2]. Indissociable de la fée Électricité, l'utilisation de ce métal continue elle aussi d'augmenter à grande vitesse. Le cuivre est représentatif de deux types d'utilisation des métaux, avec des implications bien différentes pour la durabilité. Dans le premier cas, le plus simple, il est utilisé pur et donc aisément recyclable**[3] ; c'est le cuivre qu'on trouve dans les milliers de kilomètres de câbles qui relient les éoliennes off-shore aux réseaux électriques continentaux (un exemple qui illustre au passage les contraintes posées par une croissance rapide de la part du vent dans le mix énergétique décarboné du futur).

Autre cas de figure : le cuivre est mélangé avec d'autres métaux pour produire des alliages, ou bien il est utilisé en toute petite quantité sous des formes nettement plus difficiles ou coûteuses à recycler. C'est ainsi qu'en 2006, un téléphone portable contenait en moyenne 16 grammes de cuivre, et un ordinateur portable 700 grammes. Soit 184 000 tonnes au total pour l'année 2006***[4] ! Pour un recyclage aussi aléatoire – qui n'a pas de téléphone au fond d'un tiroir ou un ordinateur dans son garage ? – qu'inefficace (bien loin des 100 % en tout cas). Conséquence de la miniaturisation et du fractionnement des

* La moitié du cuivre extrait par l'humanité l'a été au cours des dernières vingt-cinq années.

** Chiffre encourageant : 35 % de l'utilisation annuelle de cuivre provient du recyclage au niveau mondial.

*** Respectivement 16 000 tonnes pour le milliard de téléphones et 168 000 pour les 240 millions d'ordinateurs produits en 2006.

métaux en électronique, la quantité d'énergie nécessaire pour les redissocier est très importante. Dans le cas du cuivre, ça ne va pas s'arranger avec l'explosion des radio-étiquettes RFID (les « puces »), en remplacement des codes-barres*.

Terbium et terres rares

Derniers des trois éléments sélectionnés, le terbium est aussi celui dont l'épuisement est le plus proche. Métal mal connu puisque son utilisation n'a pris de l'ampleur que dans les années 1990, il n'aurait que douze ans de réserves. Le terbium fait partie des éléments regroupés sous le terme de « terres rares ». En fait, si ces éléments ne sont pas tous nécessairement si rares en termes de volume disponible dans la croûte terrestre, leur problème principal – ou plutôt le nôtre – c'est qu'ils y sont très dilués.

Une terre rare, on devrait l'utiliser avec parcimonie. Surtout si elle s'avère utile pour une technologie servant le « développement durable ». Le terbium entre notamment dans la composition des lampes fluorescentes à basse consommation**, certains types de piles à combustible***, et surtout dans les aimants permanents d'éoliennes. Il entre aussi dans une des techniques les plus répandues pour l'éclairage des écrans de téléphone portable**** ! Imaginez la compétition…

---

* Ces étiquettes-marqueurs associent une puce électronique et une antenne miniaturisée, afin de fournir un identifiant et éventuellement des données complémentaires, une fois activées par la radio-fréquence émise par un lecteur.

** Ces LFC pour lampes fluorescentes compactes sont maintenant en perte de vitesse au profit des LEDs.

*** Spécifiquement des piles à combustible fonctionnant à des hautes températures.

**** Ainsi que dans le fonctionnement du vibreur.

Comment a-t-on pu en arriver là ? Sans doute parce que nous, les ingénieurs de l'ère industrielle, continuons à oublier la finitude de la Terre, en termes d'extraction des matières qui la composent ; en termes de ce qu'elle peut recevoir en retour, sous forme de déchets.

Pour le terbium, ceux qui ont mis au point la technique de l'éclairage trichromatique* recherchaient une économie d'énergie pour l'utilisateur. Ils sont sans doute allés fouiller dans leur « boîte de chimie » et ce qu'ils ont mis au point fonctionnait parfaitement. Localement en tout cas. À leur décharge, il était difficile d'imaginer la croissance exponentielle inédite de l'objet auquel la technologie était destinée. Mais en ce qui concerne ceux qui l'ont intégrée, pourquoi n'ont-ils pas vu le problème plus tôt ? « Parce que ce n'est pas leur boulot de penser à ça ; ils devaient juste trouver la meilleure technologie répondant au cahier des charges », me répondent mes amis ingénieurs. En gros, ce n'était pas à eux de s'enquérir de la disponibilité à long terme du terbium ; ni de ses conditions d'extraction ; ni de sa recyclabilité. Mais alors de qui est-ce la responsabilité ? Où sont les entreprises dont les ingénieurs sont conscients de leur interdépendance avec la Terre ?

Il est souvent trop tard pour sortir des mécanismes de blocage technologique. Une fois les investissements industriels consentis, les mines ouvertes, les chaînes de production lancées, les marchés inondés, les clients satisfaits, comment faire marche arrière ? Sans doute nous contenterons-nous une fois encore d'attendre le mur pour tenter une substitution de l'élément manquant. Pour le remplacer par un autre, encore disponible. Jusqu'à ce que le tableau de Mendeleïev lui-même nous

* Associé à l'europium et à l'yttrium, deux autres terres rares, pratiquement tout aussi coûteuses et limitées.

rappelle qu'il n'est pas infini et s'arrête – sur Terre – à l'élément 98.

Au-delà du terbium, les spécialistes du pic des métaux pointent d'autres questions épineuses. L'un d'entre eux, André Diederen de TNO Defence, revient en détails sur la question des énergies renouvelables, déjà bien dépendantes des combustibles fossiles. Dans une simulation qui a marqué les esprits, il a modélisé les besoins en métaux rares d'une transition énergétique rapide (d'ici 2030) vers une économie décarbonée[5]. Ce scénario, publié par la revue *Scientific American*, postulait la construction de près de 4 millions d'éoliennes, nécessitant 3 millions de tonnes de néodyme, une autre terre rare, dont la production annuelle est de... 18 000 tonnes. Mêmes chiffres à donner le tournis en ce qui concerne le solaire photovoltaïque : pour arriver au nombre de panneaux solaires prévus dans le scénario, nous devions être capables de concentrer dans les vingt années suivantes, au rythme actuel d'extraction, 425 années de production de ruthénium, 830 d'indium*, 900 de gallium ou 1 700 ans de tellure. Voilà des culs-de-sac qu'il va bien falloir anticiper.

Dans cette optique, Diederen propose trois pistes : le recyclage d'un maximum de métaux, les plus rares en tête, tout en ayant conscience du coût énergétique de cette opération, surtout si l'on tente d'augmenter le taux de récupération. Alors que, comme le note Philippe Bihouix, autre spécialiste de la fin des métaux, atteindre 100 % de recyclabilité est par définition impossible, en particulier pour les usages dits « dispersifs », où les métaux s'échappent de toute façon de l'objet dont ils font partie, comme « des textiles, des céramiques, des peintures, des enduits, des vernis, des chaussures, des matériaux

* Entre-temps devenu un matériau de base de tous les... *touch screen* du monde !

composites, des verres[6]... » En sachant que l'irruption des nano-technologies ne fait qu'augmenter cette tendance, de la nano-électronique à l'addition croissante de nano-particules métalliques dans les produits cosmétiques.

La deuxième piste, c'est la substitution des métaux les plus rares par d'autres éléments beaucoup plus abondants, et souvent moins toxiques, même si moins performants. C'est ce que le chercheur appelle les « éléments de l'espoir » et il s'agit précisément des éléments employés par les organismes vivants.

Dans le cas où ces substitutions sont impossibles, il convient de réserver les éléments concernés à leurs usages les plus cruciaux. Le chercheur hollandais conclut par un appel général à ce qu'il nomme la *managed austerity*, qui renvoie à la « sobriété volontaire » chère à Pierre Rabhi : « L'introduction d'une austérité maîtrisée est nécessaire pour nous convaincre tous de vivre avec moins. » Trois recommandations à mener de front, trois Principes du Vivant !

10

Crise de la biodiversité et algues invisibles

> « La biodiversité n'est pas une somme d'espèces, mais une somme d'*interactions* entre organismes, parfois même au sein d'une même espèce. »
>
> Jacques Weber

Changement climatique, pic du pétrole, pic des métaux, trois crises simultanées qui ne laissent rien présager de très réjouissant pour les jeunes générations. Il faut y ajouter la sixième crise d'extinction massive[1], par référence aux cinq autres survenues au cours des dernières 540 millions d'années, depuis que les écosystèmes terrestres ont véritablement émergé sur les continents.

Cette crise résulte d'une conjonction de facteurs d'origine humaine* : destruction des habitats, surexploitation des ressources naturelles, pollutions, introductions d'espèces exotiques envahissantes et changement climatique[2]. Une crise largement documentée[3], qui affecte toute la toile du vivant, nous les humains et toutes les autres espèces. Une crise qui

* Pablo Solon, ancien ambassadeur de la Bolivie à l'ONU, a fait remarquer que la sixième extinction n'était pas tant le fait d'une espèce, nous, que d'un système économique.

me touche particulièrement en tant que membre de la grande famille des naturalistes, biologistes et autres biomiméticiens. Comme mon collègue et complice Emmanuel Delannoye[4] l'a écrit, chaque espèce qui disparaît, c'est une bibliothèque et une source d'inspiration qui partent en fumée.

Depuis que les premiers organismes vivants sont apparus, il y a toujours eu des espèces qui ont disparu : les spécialistes de la biodiversité estiment que sur les 4 milliards d'espèces qui se sont croisées sur Terre, 99 % sont éteintes[5]. Mais le taux d'extinction actuel serait quand même mille fois plus élevé[6] que le taux d'extinction naturelle et jusqu'à un tiers des espèces terrestres (par opposition aux espèces marines) pourrait déjà disparaître d'ici 2050. Des chiffres qui reposent toutefois sur une incertitude de taille, puisque neuf dixièmes des espèces vivant sur la planète seraient encore inconnus de la science ! Bonne nouvelle cependant : il existe désormais un site, Encyclopedy of Life[7], qui compile la liste des espèces décrites dans les milliers de publications dispersées autour du monde (même leur nombre précis, autour de deux millions, n'est pas connu). Edward Wilson, spécialiste des fourmis, et père du terme « biodiversité », a été à l'initiative de ce travail immense qui prendra encore des années. Une bonne nouvelle à tempérer néanmoins, puisque les taxonomistes, ce groupe de biologistes dont le rôle est précisément la description et la classification des espèces, sont eux-mêmes une espèce menacée…

L'étendue de notre ignorance, cet autre aspect souvent méconnu de la biodiversité, justifie à son tour cette reconnexion avec la biosphère qu'encourage le biomimétisme (on peut s'interroger au passage sur le peu d'efforts que nous faisons pour mettre un nom sur nos voisins de palier, histoire de pouvoir apprendre un vivre ensemble élémentaire…).

Il est vrai que les espèces qui restent à découvrir sont les plus petites et les plus discrètes. Il y a davantage d'espèces de bactéries que d'éléphants qui ont échappé à l'œil des biologistes, même si la génétique a pu conduire à quelques surprises. Une petite dizaine de nouvelles espèces de cétacés, baleines comprises, a été décrite au cours des vingt dernières années, alors que de nouvelles grenouilles ou orchidées sont décrites chaque mois (sans parler des dizaines d'insectes !). Le groupe de crustacés – les amphipodes – que j'étudiais dans mes jeunes années en Antarctique a continué à offrir une moyenne de 10 % d'espèces inconnues à chaque expédition*.

Mais petit ne rime pas forcément avec insignifiant. Si vous allez prélever une cuillère à café de sol sous la plante la plus proche, une analyse fouillée de sa flore bactérienne produirait… entre 90 et 95 % d'espèces nouvelles pour la science. Toutes avec leur rôle, connu ou pas, dans le maintien de la vitalité de ce mince écosystème dont nous dépendons étroitement, ne fût-ce que pour nous nourrir.

L'algue invisible

Autre exemple, venu cette fois de l'océan, avec une des plus petites bactéries photosynthétiques – une algue bleue, donc – répertoriées à ce jour, et baptisée *Prochlorococcus*. C'est précisément sa taille minuscule – moins d'un micron de diamètre, soit un millième de millimètre – qui l'a longtemps fait passer à travers les mailles des filets des planctonologistes. Elle n'a ainsi été décrite qu'au début des années 1990[8].

Sa taille lui procure un rapport surface/volume très élevé qui facilite considérablement son approvisionnement en nutriments – plus de surface d'entrée, moins de volume à entretenir – et lui permet de vivre dans des eaux nettement plus pauvres que ses cousines plus volumineuses. Résultat : elle

* Entre 1988 et 2006 en ce qui me concerne, y compris dans des zones géographiques déjà largement échantillonnées…

pullule dans les eaux de surface – jusqu'à 200 m – de tous les océans, entre l'équateur et 40° de latitude nord ou sud. À raison de vingt mille cellules... par goutte d'eau de mer ! Ce qui en fait tout simplement l'organisme le plus abondant de la planète.

La découverte de cette micro-algue a créé une onde de choc dans la communauté des biologistes. Son incroyable abondance lui confère une importance considérable dans la photosynthèse : aussi bien pour fixer le carbone[9] que pour produire de l'oxygène. *Prochlorococcus*, encore inconnu des chercheurs en 1985, est responsable de la moitié de la photosynthèse marine[10]. Dit autrement, une molécule sur cinq d'oxygène que nous – copépodes, truffes, paramécies, pommiers ou humains – respirons a été exhalée par une de ces minuscules sphères translucides.

Vu nos connaissances, disons, éparses, sommes-nous réellement en pleine crise d'extinction massive ? Techniquement non, puisque ces crises sont définies comme des événements rapides – à l'échelle de millénaires quand même – conduisant à la disparition d'au moins 75 % de toutes les espèces du globe[11]. Mais si les espèces recensées sur les fameuses listes rouges de l'Union internationale pour la conservation de la nature[12] devaient disparaître dans le siècle à venir, nous n'atteindrions que 50 %. Ceci dit, puisque la vie s'apparente à un immense réseau, un gigantesque filet connectant toutes les espèces entre elles, combien de mailles pouvons-nous défaire avant que le filet ne se décompose, et que des dysfonctionnements majeurs n'apparaissent, notamment en ce qui concerne les fameux services rendus par les écosystèmes ?

Cascades alimentaires et extinctions

S'il y a bien un domaine qui continue d'approfondir la question de l'interdépendance, c'est celui de l'écologie. Plusieurs notions ont ainsi émergé au cours des dernières décennies, qui mettent en évidence le lien entre la disparition d'une espèce et celle d'une ou plusieurs autres[13].

Les disparitions d'espèce peuvent se propager le long des « cascades alimentaires » (*trophic cascades* en anglais), l'extinction d'une espèce pouvant provoquer la coextinction des prédateurs, des parasites et autres symbiotes, en particulier les plus spécialisés[14]. Le biologiste Lee Harper cite le cas d'une espèce d'oiseaux fourmiliers* des forêts du Panama, se nourrissant essentiellement des insectes affolés par le passage des colonnes de fourmis-soldats, et qui ont disparu localement après l'extinction desdites fourmis[15].

Les écologues parlent aussi d'« extinction fonctionnelle », lorsqu'une espèce voit sa population trop réduite pour assumer son rôle dans le fonctionnement de l'écosystème, provoquant la disparition d'autres espèces alors qu'elle n'a elle-même pas encore disparu[16]. Ce mécanisme est notamment à l'œuvre autour de certaines espèces dites « clés de voûte », qui ont des effets disproportionnés sur leur écosystème comparativement à leurs effectifs[17]. Des chercheurs ont ainsi détricoté une histoire fascinante de baleines**[18], une histoire entre mer et terre pour mieux sentir la Toile de la Vie.

Les baleines, plus grands vertébrés que la Terre ait connus, se nourrissent généralement de petits crustacés, puisque la proie

---

* De la famille des passereaux des Thamnophilidae, très représentée en Amérique du Sud et absente d'Europe.

** Et racontée avec forces détails dans le *Guardian* par Georges Monbiot dans une des chroniques engagées dont il a le secret et qui a servi d'inspiration aux paragraphes suivants.

que recherche le plus grand nombre d'espèces de baleines, le krill antarctique, s'apparente à une crevette, d'une taille variant entre 4 et 7 cm. Du coup, dans les années 1970, suite à la disparition de près de 90 % des baleines bleues, rorquals communs, rorquals boréals et autres baleines à bosse de l'océan Austral, les chercheurs avaient prédit une augmentation rapide des populations de krill. Or il n'en fut rien. Au contraire, le krill a même plutôt décliné. Pourquoi ? En partie parce que le krill, objet des convoitises de tant d'espèces (et donc espèce clé elle-même*), a vu la diminution des baleines compensée par l'augmentation d'un autre prédateur, les otaries (elles-mêmes se relevant de leur surexploitation). Par ailleurs, le krill a besoin de banquise pour se reproduire, et suite au réchauffement climatique, de nombreuses régions qui lui étaient autrefois propices ont vu se réduire le nombre de mois de couverture de glace, tandis que les eaux se réchauffaient et s'acidifiaient.

Plus récemment, une explication complémentaire a été avancée, puis vérifiée, selon laquelle les baleines contribuaient aussi au maintien des populations de leurs proies. Le krill a tendance à fixer dans ses muscles, et donc à maintenir dans la colonne d'eau, les nutriments du phytoplancton (ou plancton végétal) dont il se nourrit, mais les baleines font plus fort. En venant déféquer à la surface, là où la lumière est à son maximum, elles ramènent ces nutriments directement aux organismes qui en ont besoin… le phytoplancton. C'est ce qu'a démontré une étude australienne où la croissance du plancton a été directement corrélée à la quantité d'« engrais de baleine bleue » appliquée[19].

Une démonstration confirmée par une étude similaire dans l'Atlantique Nord, cette fois par rapport à l'effet conjugué des

* Parmi les autres prédateurs plus ou moins spécialisés sur le krill, des poissons, des calamars, plusieurs espèces de manchots, de pétrels, le phoque crabier, le léopard de mer, etc.

phoques et des baleines (avant qu'ils ne soient chassés !). Ensemble, ils fixaient trois fois plus d'azote dans les eaux de surface que celui qui se diluait passivement depuis l'atmosphère[20]. Les scientifiques, qui ont longtemps attribué le déclin mondial du phytoplancton au seul changement climatique, constatent que cette diminution est plus forte dans les zones où la chasse a décimé ces sources majeures d'azote, phosphore, fer et autres oligo-éléments essentiels ramenés des profondeurs, que sont pinnipèdes* et cétacés.

Par ailleurs, en fertilisant et accélérant la production de micro-algues à la surface de tous les océans du globe (et donc au passage les zillions de *Prochlorococcus*), les baleines renforcent aussi la pompe à carbone océanique : car une part importante des unicellulaires végétaux non broutés par le zooplancton finissent par atterrir au fond des océans, y séquestrant ainsi des quantités importantes de carbone. Une raison supplémentaire pour se réjouir du rebond de plusieurs populations de baleines depuis l'abandon progressif de leur chasse[21].

À l'inverse, la surexploitation des baleines dans le Pacifique Nord, en privant les orques de leur ressource principale, a obligé ces prédateurs surdoués à se retourner vers les phoques et les otaries, puis vers les loutres de mer. Ces dernières contrôlaient les oursins, grands brouteurs des forêts sous-marines de « kelp », ces algues immenses qui tapissent la côte de la Californie à l'Alaska. Quand ces algues disparaissent, c'est autant de gaz carbonique qui n'est pas absorbé**[22].

Dernière « anecdote » : les baleines californiennes peuvent jouer un rôle dans la vie d'espèces terrestres. Avec la diminution de leurs échouages, les condors de Californie, privés

* Nom de la famille des phoques, otaries, morses et autres éléphants de mer.

** Dans le papier qui en fait état, les chercheurs ont été jusqu'à quantifier en dollars la quantité de CO_2 fixée par les algues... quand elles sont là !

d'une de leurs ressources essentielles, se sont rabattus sur des carcasses d'animaux terrestres, parfois truffées du plomb des chasseurs ; la population de condors s'est lentement intoxiquée et a failli disparaître[23].

Alors, jusqu'où les agressions que nous exerçons sur nos écosystèmes menacent-ils leur existence ? Dans certains cas, l'impact est clair : le ruban goudronné d'une route ou la dalle de ciment d'un parking sont ce qui se rapproche le plus d'un désert en termes de diversité biologique. Heureusement, la proportion de surface appauvrie diminue très vite dès qu'on s'éloigne des villes, qui représentent un nouveau type d'écosystème en elles-mêmes*. À une autre échelle, il ne faudra, au rythme actuel, que quelques décennies pour que la masse de plastique dans les océans excède celle de tous les poissons réunis**[24]. Clairement, nos assauts sur les écosystèmes dont nous dépendons sont loin de se calmer...

La vie elle-même serait-elle menacée ? En tant que biologiste, comme la plupart de mes confrères, je ne peux pas me sentir complètement inquiet. Après cinq crises majeures, elle surmontera vraisemblablement la sixième ; songeons à ces bactéries qui vivent à toute lenteur dans les roches, à plusieurs kilomètres de profondeur. Pour les faire disparaître, il faudrait déjà les atteindre. C'est là où le slogan « Sauvons la Planète » peut prêter à sourire. D'abord parce qu'il semble nous distinguer du reste de

* Le plus souvent avec une biodiversité encore élevée, même si des espèces introduites désormais présentes autour du monde remplacent une partie des espèces originelles. Un phénomène récemment reconnu, et portant le doux nom de... « Mcdonaldisation ».

** Plus précisément, la publication d'origine donne le chiffre de 250 millions de tonnes de plastique pour 2025, à comparer aux 800 millions de tonnes de poissons, toutes espèces confondues. Mais la production de plastique suit une courbe de croissance exponentielle alors que le poisson continue à décroître.

la biosphère. Mais surtout parce que si nous ne pouvons pas nous passer d'écosystèmes en bonne santé autour de nous, comme les Mayas ou les Pascuans l'ont expérimenté en leur temps, la majorité des autres espèces peut parfaitement vivre sans nous.

La vie vivra, donc. Et nous, les *Homo sapiens* pas si sapiens que ça ? Même en cas d'effondrement majeur de notre espèce – que je ne souhaite évidemment pas ! –, notre complète extinction est peu probable. Si 99 % de l'humanité venait à disparaître brutalement, il resterait quand même 70 millions d'êtres humains. Les hommes n'étaient que deux fois plus nombreux, il y a sept mille ans[25], alors que l'émergence de l'agriculture produisait ses premiers effets sur la croissance démographique. Évidemment, notre civilisation ne serait plus la même (mais ça, c'est une autre histoire[26]...). Sans compter que, si un tel épisode devait se produire, toute résiliente qu'elle soit, la biosphère y perdrait beaucoup d'autres acteurs. Nous sommes dans un monde où les tigres de papier, faisant la promotion de l'essence ou des boîtes de céréales, sont des milliers de fois plus nombreux que les tigres réels (3 200 à l'état sauvage en 2010) ; dans un monde qui a réduit la population de girafes de 40 % en quinze ans, n'en laissant plus survivre que 80 000, soit autant que la population humaine de Namur, Auxerre ou Lucerne. Voulons-nous un monde sans tigre et sans girafe ? Pouvez-vous imaginer lire un livre d'images à votre petite-fille en lui disant : « Quand il y avait des baleines... » ?

Au final, le plus menacé, ce serait surtout notre mode de vie à quatre cents « esclaves énergétiques » par personne. Y renoncer permettrait à nos descendants de relâcher la pression sur les espèces qui leur permettent de respirer, de boire, de se nourrir et de s'émerveiller. Le biomimétisme peut nous y aider. En changeant notre regard sur ce qui est possible (et l'a été depuis des milliards d'années), et en nous proposant des solutions très concrètes, si seulement nous nous donnons la peine de regarder, sentir, écouter, interroger, rêver et agir.

TROISIÈME PARTIE

Le biomimétisme, source d'inspirations

« L'architecte du futur construira en imitant la nature, parce que c'est la plus rationnelle, durable et économique des méthodes[1]. »

Antoni Gaudí

Retour en septembre 2003, au Schumacher College. Le séminaire n'est pas fini, Janine Benyus doit encore nous livrer une clé de son approche, son *aspect systémique*. Dans sa recherche de durabilité, le biomimétisme façon *biomimicry* classe les innovations inspirées du vivant en trois niveaux : celles qui relèvent de la forme, celles qui relèvent des matériaux et des procédés, et enfin le biomimétisme écosystémique. Ces trois niveaux peuvent être vus comme autant d'étapes successives vers la durabilité – en tant que *compatibilité avec la biosphère* – et sont donc complémentaires.

Les trois niveaux du biomimétisme

Le biomimétisme de forme consiste à améliorer les performances environnementales d'une technologie par un travail sur la forme, inspiré du vivant. C'est le niveau le plus simple, celui qui demande le moins de remises en question. Du coup, c'est aussi le plus répandu dans les applications existantes. Il trouve son application à différentes échelles, visible (TGV, éoliennes, hydroliennes...) ou microscopique, voire nanoscopique, pour améliorer les performances de certaines surfaces.

Il rejoint là le biomimétisme des matériaux et des procédés. Ce deuxième niveau est éclectique : ciments, composés électroniques, textiles, prothèses médicales… Pratiquement tous nos objets sont composés de matériaux susceptibles d'être améliorés par une approche biomimétique, que ce soit en termes d'énergie consommée pour les produire, de provenance, de toxicité, de recyclabilité. Appliqué aux matériaux, ce biomimétisme semble avoir un impact potentiel supérieur à celui des formes. Mais s'inspirer de la chimie des matériaux du vivant est autrement plus complexe, d'autant que les matériaux biomimétiques constituent souvent des innovations de rupture, qui nécessitent un renouvellement important des infrastructures industrielles : fabriquer des céramiques comme le font les coquillages ou de la fibre de verre comme le font les éponges exigerait d'inventer de drôles de machines…

Quant au biomimétisme écosystémique, il s'inspire non pas des « trucs » technologiques de différentes espèces, mais des relations entre elles, celles qui permettent aux écosystèmes qui en émergent d'être à la fois durables et adaptables, qu'ils soient forêts, marais ou récifs coralliens. Il puise aussi son organisation dans les Principes du Vivant, en complément des principes relatifs à la matière et à l'énergie, et donne ainsi sa cohérence à l'ensemble. C'est un aspect moins technique mais qui exige des changements de mentalité importants.

Plus complexe, le biomimétisme écosystémique s'applique à des échelles spatiales et temporelles plus élevées (réseau d'entreprises, villes, voire pays). Il encourage à la coopération au sein de notre espèce, mais invite aussi à collaborer avec les autres (bio-utilisation, bio-assistance). Plus encore que les deux niveaux précédents, il nous ramène ultimement à notre interdépendance avec le reste de la biosphère.

Les trois niveaux du biomimétrisme chez le balbuzard pêcheur : les microformes des barbes et barbules ; la nature de la plume ; le nid de l’oiseau dans son écosystème.

11

S'inspirer des formes, ne plus aller à contre-courant

C'est la recherche de durabilité qui fait la spécificité du biomimétisme proposé par Janine Benyus, par rapport à ce que propose la simple « bio-inspiration ». Le Velcro, un des exemples les plus emblématiques du biomimétisme, n'en est en fait pas un à proprement parler. Si la forme des crochets est bien directement dérivée de l'observation et de l'imitation des poils du fruit de la bardane (bio-inspiration), l'objectif de son inventeur n'était pas de préserver l'environnement. Pour bon nombre de ses applications, il est d'ailleurs probable que l'empreinte écologique ait augmenté. Par exemple, dans son utilisation pour les chaussures, il a remplacé des lacets en fibre végétale par une structure à base de plastiques issus de la pétrochimie, difficiles à recycler. Soulignons au passage qu'il n'est pas toujours facile de quantifier cette différence d'impact environnemental.

Le biomimétisme de forme est aussi régulièrement confondu avec le biomorphisme. C'est à nouveau l'objectif qui distingue les approches. Dans le cas du biomorphisme, c'est une recherche esthétique qui préside souvent à la démarche d'imitation. Illustrations en architecture avec cet immeuble de Shanghai en forme de chien, ou avec le stade national de Pékin, inspiré d'un nid d'oiseau. Encore une fois, la distinction n'est pas toujours évidente, d'autant moins qu'on peut vouloir concilier les deux. La structure métallique de la serre de Crystal Palace à Londres, une des plus grandes construites au XIXe siècle, est ainsi directement calquée sur les nervures de la feuille d'un nénuphar géant d'Amazonie : effet esthétique garanti, mais aussi économie de matière. De même, les torsades (et les branches) des colonnes de la Sagrada Familia, la cathédrale de Gaudí à Barcelone, ont permis d'utiliser moins de pierres, tout en rehaussant la sensation de forêt. Biomorphisme et biomimétisme sont donc compatibles.

Le TGV martin-pêcheur

La technologie des trains à grande vitesse a pris son essor pour concurrencer les avions sur les distances courtes (de l'ordre de à 500 à 1 000 km). Elle est née au Japon, avec le premier Shinkansen déployé commercialement dès 1964, avant d'inspirer la France et son premier TGV en 1981, puis l'Allemagne avec l'ICE en 1991. Les Japonais sont ceux qui ont testé le plus de designs différents pour perfectionner la pénétration des trains dans l'air. Un design en particulier a laissé son empreinte dans l'imaginaire du biomimétisme, c'est celui de la « Série 500 » des Shinkansen, spécialement conçue pour la ligne Osaka-Fukuoka, la plus chargée en tunnels de l'archipel. Son histoire est exemplaire.

La conception de ce train résume une des deux démarches-types du design biomimétique, celle que Janine Benyus et Dayna Baumeister, les pionnières américaines de Biomimicry 3.8, nomment « *from design to biology* », du design vers la biologie. C'est le cas où des ingénieurs, partant d'un problème à résoudre, se tournent vers les organismes vivants pour s'inspirer d'une de leurs solutions.

Ici, le problème était qu'à chaque entrée dans un tunnel à plus de 300 km/h, le bouchon d'air brutalement comprimé provoquait un bang à la sortie, source de bruit pour les riverains, de vibrations et d'usure pour le train et d'une hausse subite de l'énergie consommée. Il se trouve que l'homme à qui le problème a été confié était aussi ornithologue à ses heures...

Ingénieur et naturaliste, Eiji Nakatsu a eu le réflexe, biomimétique par excellence, de se poser *la* question qui allait initier tout le processus : existait-il dans le monde vivant un organisme qui avait rencontré le même problème que son train? Et si oui, comment l'avait-il résolu? Surgit alors dans son esprit la flèche bleue du martin-pêcheur...

Une solution intuitive que l'ingénieur japonais a ensuite passée au crible de sa rationalité, en appliquant ce qui deviendrait un jour la seconde étape de cette méthode de conception : « biologiser la question* ». Autrement dit, il a traduit en termes biologiques le défi posé, soit la difficulté du train à passer brutalement d'un milieu rempli d'un fluide peu dense – l'air ambiant – à un autre, beaucoup plus dense – l'air compressé à l'avant du train une fois dans le tunnel. Le martin-pêcheur rencontre la même difficulté : pour se nourrir de poissons, après un piqué dans les airs (milieu fluide peu dense), il doit fendre la surface de l'eau (milieu fluide beaucoup plus dense) sans la troubler (pour ne pas perdre sa proie de vue et ne pas l'alerter).

Nakatsu a donc analysé le bec du martin-pêcheur et l'a confronté aux modélisations théoriques des ingénieurs, avant d'expérimenter en maquette cette forme de « nez » pour les trains. Tous les tests ont confirmé que la forme du bec du martin-pêcheur était la plus efficace, surclassant les autres dessins avec une marge confortable. Des maquettes, on est passé aux prototypes puis aux tests réels sur voies. Résultat : forte réduction de la détonation post-tunnel et réduction générale du bruit. En dehors de l'avant-train, l'équipe d'Eiji Nakatsu fit appel à d'autres oiseaux pour réduire le bruit généré par les pantographes (la structure sur le train lui permettant de rester

* L'expression est de Biomimicry 3.8.

en contact avec la ligne électrique). En s'inspirant des hiboux, connus pour leurs vols nocturnes silencieux, les ingénieurs ont repris le principe de génération de micro-vortex par les plumes pour concevoir des « dentelures » qui amortissaient les sons.

L'autre enseignement de cette histoire, typique des débuts du biomimétisme, c'est qu'en essayant de diminuer la pollution sonore, les concepteurs parvinrent aussi à réduire la consommation d'énergie. Le design de la Série 500 a conduit à une baisse de 30 % de résistance à l'air et de 13 % en consommation énergétique par rapport à son prédécesseur. Or à la fin des années 1990, charbon, pétrole et gaz représentaient près des deux tiers du « mix électrique » japonais grâce à des centrales thermiques avec une efficacité énergétique moyenne de l'ordre de 30 %. En combinant ces trois chiffres, on obtient une baisse de 25 % de la quantité de CO_2 émise par kilomètre parcouru. Presque sans le vouloir, les ingénieurs japonais étaient passés d'un schéma de bio-inspiration classique (s'inspirer du vivant pour résoudre un problème technologique) à un exemple de biomimétisme véritable (s'inspirer du vivant pour être plus durable). Ou comment regarder et comprendre un oiseau peut contribuer à la lutte contre le changement climatique.

Eiji Nakatsu a d'ailleurs rendu hommage à son mentor, Seiichi Yajima, qui lui avait enseigné une phrase issue d'un manuel de design aéronautique : « Un arbre, un brin d'herbe, un oiseau ou un poisson, tous peuvent être des professeurs exceptionnels et éternels. »

Mis en service en 1997 (neuf mois avant la signature du protocole de Kyoto), les trains de la Série 500 ont pris leur retraite en 2010. Surpassés par un nouveau design qui, malgré son surnom de « bec de canard » (mais appelé officiellement *Aero Double-Wing*), semble ne rien devoir aux oiseaux. L'inspiration du vivant n'a pourtant pas complètement disparu, puisque c'est grâce à un logiciel d'« algorithmes évolutionnaires » issu de l'industrie aéronautique que le nouveau nez du N700 a été conçu. Or ces logiciels, comme leur nom l'indique, s'inspirent directement dans leur fonctionnement de la démarche d'essais-erreurs et de sélection de la théorie de l'évolution.

L'éolienne-baleine

Ce second exemple de biomimétisme de forme, toujours à grande échelle, illustre la démarche inverse de l'approche *design to biology*. Ici, on est dans un cas de *biology to design* (de la biologie vers le design). En effet, c'est à partir de ses observations sur un organisme vivant – la baleine à bosse – qu'un biologiste s'est dit qu'il y avait là matière à transfert vers des technologies humaines. L'histoire démarre à Boston avec un grain de sérendipité, ce hasard heureux qui fait que Frank Fish* (le bien nommé), lors d'un passage dans une galerie d'art, détecte ce qu'il croit être une erreur sur une sculpture de baleine à bosse[1]. Celle-ci exhibe une série de tubercules sur le bord d'attaque de ses nageoires pectorales. Une disposition absurde selon ce spécialiste de la biomécanique et de la morphologie fonctionnelle. Du point de vue de la dynamique des fluides, les bords d'attaque lisses sont les plus hydrodynamiques. Connaissant la précision du sculpteur, la galeriste revient rapidement avec une photo de baleine à bosse : les tubercules sont bien là.

Frank Fish, ça le rend fou (selon ses propres termes) : à quoi peuvent donc bien servir ces protubérances ? Il demande alors au Smithsonian Institute de pouvoir disposer d'une véritable nageoire pectorale, qu'il finit par obtenir lorsqu'une baleine à bosse s'échoue sur une plage du New Jersey. La dissection confirme l'intuition de l'Américain, révélant un profil similaire

* Chercheur au Liquid Life Laboratory de la faculté de biologie de l'université de West Chester en Pennsylvanie.

à celui d'une aile (d'oiseau... ou d'avion), mais à quoi correspondent ces tubérosités ? Il lui faut produire un moulage, et grâce au soutien du physicien Laurens Howle et ses collègues de la Navy, il le soumet à une batterie de tests en soufflerie. Les résultats sont surprenants : comparée à une nageoire similaire sans protubérances, celle de la baleine à bosse a une traînée réduite de 32 %, pour une augmentation de portance de 8 % ! Par ailleurs, la baleine peut se permettre un angle d'attaque pratiquement double de celui d'une nageoire lisse, avant que ne survienne le phénomène de décrochage bien connu des pilotes d'avion, lorsque l'air au-dessus de l'aile (ou l'eau au-dessus de la nageoire) se « détache », faisant immédiatement dégringoler la portance (et tomber l'avion). C'est ce qui explique l'étonnante manœuvrabilité de la baleine à bosse, tout en lui permettant de diminuer ses dépenses énergétiques de façon significative.

Face à ces résultats, le biologiste et le physicien ont vite déduit l'intérêt d'une « technologie des tubercules » en termes d'énergie pour les domaines techniques concernés, que ce soit dans l'eau ou dans l'air. Ils commencent par s'interroger sur le potentiel d'amélioration des ailes d'avion ou des gouvernails de bateaux et de sous-marins. Mais c'est dans le domaine des éoliennes qu'ils se lancent finalement, suite à la suggestion de Stephen Dewar, de Toronto, un ancien journaliste spécialisé dans les sujets environnementaux. Ils déposent des brevets, créent une start-up, WhalePower, et un programme d'expérimentation en collaboration avec l'Institut de l'énergie éolienne du Canada, qui leur permet de tester les tubercules en situation réelle, en modifiant les pales d'une éolienne existante (dont le rendement énergétique est donc connu). À nouveau, les résultats sont concluants ! Non seulement l'éolienne démarre à une vitesse de vent nettement inférieure*, mais à sa vitesse de croi-

* Tout en produisant la même quantité de courant avec un vent de 5 m/s par rapport à l'éolienne sans tubercules à 8 m/s.

sière, elle produit le double de courant[2]. Par ailleurs, grâce à la résistance au décrochage des pales, elle s'avère beaucoup moins sensible aux changements de vitesse du vent, responsables des vibrations et de l'usure des éoliennes traditionnelles.

Pourtant, sept ans après cette expérience, les « éoliennes baleines » en sont toujours au stade prototype. C'est là un autre enseignement de cette histoire (que nous retrouverons dans d'autres cas de biomimétisme) : souvent, la trouvaille scientifique, puis sa traduction technologique, ne suffisent pas, même avec un gain environnemental évident, pour transformer l'essai en succès commercial. D'où viennent les blocages ? Du côté économique. Comme l'explique Stephen Dewar, « même si WhalePower prouve que le design de ses pales est meilleur, cela n'assure pas pour autant son succès. Les fabricants d'éoliennes arrivent à peine à suivre la demande pour les produits existants, pas de réelle motivation donc pour modifier drastiquement leur design, en tout cas pas encore. Par conséquent, pas non plus d'incitation forte du côté des banques à prêter de l'argent pour des projets de fermes éoliennes dotées des nouvelles pales. Dans l'industrie éolienne, tant que vous n'avez pas un millier de turbines déjà déployées, personne ne prendra le temps de considérer votre avancée technologique[3] ». Frank Fish enfonce le clou : « Le gros problème, c'est l'importance des investissements en capital, en particulier pour les très grandes éoliennes[4]. » Du coup, le duo a étudié un procédé permettant d'adapter les pales des éoliennes existantes, sans devoir les construire de toutes pièces. Piste abandonnée à son tour : une telle modification entraînerait la perte de la garantie offerte par le constructeur initial. Trop risqué pour les opérateurs.

WhalePower cible désormais d'autres marchés : les turbines hydroélectriques (pour les rivières ou les courants marins*[5]) et les ventilateurs de refroidissement pour ordinateurs. Ces

* Un premier prototype a été testé avec succès par l'US Navy.

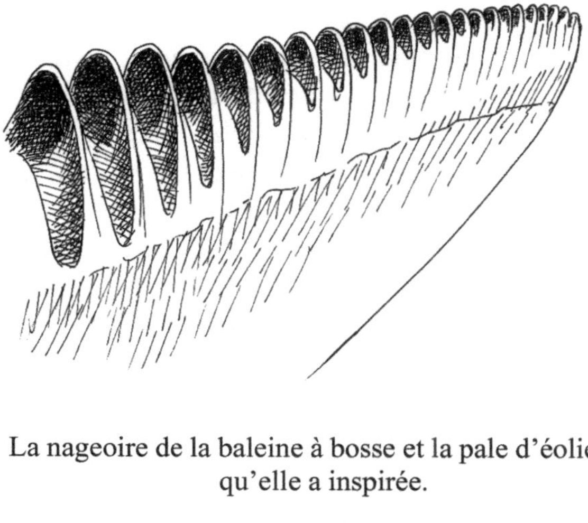

La nageoire de la baleine à bosse et la pale d'éolienne qu'elle a inspirée.

derniers seraient responsables de 3 % de la consommation d'électricité aux États-Unis et représentent donc un potentiel considérable d'économie d'énergie[6]. Ils semblent toutefois buter sur les mêmes verrouillages que pour les éoliennes, comme le montrent les difficultés rencontrées par Jay Harman, autre star du biomimétisme de forme. À travers Pax Scientific, l'entreprise qu'il a fondée en 2003, il a proposé à General Electrics un autre design biomimétique, basé sur la spirale, mais sans succès jusqu'ici[7].

Ce verrouillage économique est renforcé par des prix de l'énergie et de l'électricité toujours trop bas : la prise en compte dans le prix facturé du coût environnemental des modes de production accélérerait la transition vers les énergies renouvelables. Rappelons au passage qu'en 2010, l'Agence internationale de l'énergie a calculé que, dans le monde, les soutiens publics aux combustibles fossiles s'élevaient à 400 milliards de dollars[8]. Six fois plus que ceux accordés aux renouvelables. Des priorités à revoir ?

De la même façon, une équipe de chercheurs allemands, inspirée par les travaux de notre biologiste, a testé avec succès l'adjonction de micro-pastilles de caoutchouc sur le bord d'attaque des pales du rotor d'un hélicoptère. De l'aveu de l'équipe elle-même, transformer l'essai en réussite commerciale n'est pas garanti, vu la complexité et la longueur du processus d'homologation exigé par les autorités responsables de la sécurité aéronautique.

La trouvaille de Frank Fish, quant à elle, a trouvé une application puisque la compagnie Envira-North commercialise depuis plusieurs années les ventilateurs industriels Altra-Air, qui grâce à la *tubercle technology*, entraînent une économie de matériaux pour le fabricant (moins de pales) et de 20 % de consommation électrique pour l'utilisateur.

L'hydrolienne-raie manta

Pour ce troisième exemple de macro-forme, retour à la première approche, celle du « design à la biologie ». Comme les deux autres, elle nous vient des organismes aquatiques, mais des trois, c'est l'histoire la moins connue, car la plus récente. Une histoire qui est aussi celle d'un inventeur.

Jean-Baptiste Drevet est tombé dans la marmite quand il était petit. Son père était déjà « inventeur autodidacte indépendant ». Tout en étant technicien dans une entreprise, il avait construit de ses mains la première télévision du quartier, composant par composant, grâce à un cours par correspondance ! C'est dans son sillage que son troisième enfant fait ses études d'ingénieur aux Arts et Métiers, pour « pouvoir inventer des choses ».

Jean-Baptiste est de ces enfants qui démontent et remontent tous les objets qui leur tombent entre les mains. Il aime aussi expérimenter : il construit des fusées, son frère les fait décoller. Plus tard viendront les équations et la modélisation, mais dans sa jeunesse il éprouve d'abord le plaisir de la matière. Le fait de vivre à la campagne lui permet d'être en contact étroit avec la nature, cultivant des tomates, construisant des nichoirs à bourdons, faisant des expériences sur les fourmis, ah ! les insectes... Une formation idéale pour établir plus tard des passerelles entre l'inerte et le vivant.

Adulte, sa première invention est déjà inspirée du vivant. Dans les années 1990, il réalise une valve à clapet pour soigner les personnes atteintes d'hydrocéphalie, avec un mécanisme directement bio-inspiré de celui de la veine du cou, qui permet de maintenir la pression dans le cerveau. Une innovation déjà dans le champ de la dynamique des fluides.

Car les inventions pour lesquelles nous l'avons interviewé sont toutes deux liées aux liquides. La première est une pompe, qui met mécaniquement des fluides en mouvement.

La seconde, destinée à produire de l'électricité dans les océans ou les rivières, fait exactement l'inverse : elle tire un mouvement mécanique de celui d'un fluide. Mais les deux innovations partent de la même observation : dans les milieux aquatiques, un des moyens de propulsion les plus efficaces et les plus répandus, c'est l'ondulation.

Son réflexe de fortifier ses intuitions par la comparaison avec le vivant va l'amener à concevoir une pompe révolutionnaire, qui utilise les avantages des membranes ondulantes. Imaginez un cylindre de quelques centimètres de hauteur. À l'intérieur, un disque de caoutchouc, percé d'un trou rond en son centre, et plus épais en périphérie : c'est la membrane, au profil similaire à celui d'un poisson. Le mouvement du disque est assuré par l'oscillation verticale d'un anneau actuateur, disposé contre la paroi interne du cylindre, donc en périphérie. Cette oscillation rapide provoque une ondulation qui se propage vers le centre. Le liquide entre depuis la périphérie et repart à travers l'axe creux, depuis le centre de la membrane.

Cette pompe AMS n'est donc ni rotative, ni péristaltique (pression sur un tube souple), ni à piston. Par contre, sa membrane ondulante n'a pu voir son potentiel exploité que grâce à la couche de complexité supplémentaire du pilotage électronique et de la modulation du moteur. Techniquement, ce sont les actuateurs et leurs mouvements très rapides qui ont demandé le plus d'investissement : quatre ans de travail acharné en simulation numérique, avec le concours d'autres chercheurs et thésards*.

À la sortie, toute une série d'atouts. Sa puissance d'abord, le double d'une turbine de même volume. C'est aussi la seule

* Avec notamment la participation du centre de recherches de l'université de Compiègne, d'un ancien ingénieur des Arts et Métiers devenu programmateur de haut vol.

pompe qui puisse facilement accélérer ou décélérer, alors que les pompes classiques ont un débit optimal bien précis, et perdent en efficacité dès qu'elles s'en éloignent*.

Cette pompe est également « atraumatique » : elle permet de transporter des liquides « fragiles » ou contenant des solides en suspension, ainsi que des poudres, des granulés et même des mousses. La membrane remplaçant les pales d'une turbine permet une réduction substantielle de ce qu'on appelle les « forces de cisaillement ».

La pompe AMS nécessite deux fois moins de pièces qu'une pompe classique, ce qui réduit d'autant son coût. De plus, l'absence de pièce métallique en contact avec le produit ouvre son utilisation à des produits corrosifs. Enfin, l'absence de frottements entre les pièces – la membrane étant en « lévitation » entre les bobines – permet de proposer une garantie de dix ans sur certains modèles. De toute façon, en cas de panne, la membrane biomimétique, une de ses pièces maîtresses, est facile à remplacer**.

Toutes ces qualités lui ont ouvert des débouchés aussi divers que la santé (pompes à assistance cardiaque), l'électronique (transport de puces de silicium pour Saint-Gobain), la biochimie, la biopharmaceutique, le traitement des eaux (pour éviter les bris de pompes dus aux « comètes » de déchets agglomérés), les machines à laver, la circulation des carburants dans les avions, l'industrie nucléaire (pour le démantèlement de réacteurs pour Areva***), et même le transport de gaz.

---

* Ici l'efficacité reste constante sur un gradient de débit, en jouant sur la fréquence du mouvement d'oscillation. Le tout en pouvant jouer à la milliseconde près sur les cycles d'accélération et décélération.

** L'élastomère de la pompe est recyclable à 100 %, sans *downcycling*, ce qui faisait partie du cahier des charges.

*** Concept de tête de pompe branchée sur un sac, qui permet de simplement évacuer la pompe et le sac, sans devoir nettoyer tout un circuit.

Bref, un succès largement suffisant pour créer, en 2005, une société dédiée à son développement[9].

Mais Jean-Baptiste Drevet ne s'arrête pas en si bon chemin. Puisque sa membrane ondulante permet de mettre des fluides en mouvement, elle doit être également capable du transfert inverse : produire un mouvement mécanique à partir de celui d'un fluide. Avec une application « évidente » : la production d'électricité à partir des courants marins, un secteur encore naissant, mais au potentiel à long terme assez vertigineux. Le défi est double : apporter une innovation de rupture, dans un secteur qui l'est déjà !

La source d'inspiration n'a pas changé. Comme il le dit en boutade, « les poissons à hélice sont rares ! » ; tous ondulent pour s'appuyer sur l'eau et les raies en sont sans doute la meilleure illustration*. Cette fois encore, le principe est assez simple : ancrer une grande membrane face à un courant marin. En fait, cette membrane élastique doit posséder une forme « de référence », et ce sont les divergences par rapport à cette forme, par le passage de l'eau, qui permettent de capter l'énergie manifestée par le mouvement d'ondulation, transformée ensuite en courant électrique grâce à des convertisseurs. Baptisé « EEL », le concept est plus simple à énoncer qu'à réaliser. Notre inventeur commence donc par tester son intuition en modèle réduit, un prototype destiné à « mettre de l'ordre dans ses idées », auquel il n'hésite pas à sacrifier la moitié de la cuisine de son appartement !

Ce premier bassin – transparent – permet le lancement du processus de simulation numérique, avec le support d'une thèse à l'Ifremer, l'Institut français de recherche pour l'exploitation de la mer[10], une étape nécessaire pour le développement du pilotage fin de la membrane. Car ce sont les convertisseurs

---

* Il y reviendra d'ailleurs plus tard, en quête d'enseignements supplémentaires pour les conditions limites.

électromagnétiques qui représentent la partie la plus complexe de la conception de EEL, la vitesse de fonctionnement de ces alternateurs étant exceptionnellement basse, plus basse encore que celle des hydroliennes à turbine « classiques ». D'autant que, comme pour la pompe, le système est à pas variable, ce qui lui permet de s'adapter en continu à la vitesse du courant.

Le résultat est prometteur, et représente bien une innovation de rupture, cumulant les avantages. En termes d'efficacité tout d'abord, puisque EEL travaille avec une surface de captage de l'énergie beaucoup plus importante par rapport à la taille des machines, évoluant dans les trois dimensions, au lieu des deux utilisées par les hydroliennes à turbine. Par volume occupé, l'efficacité serait multipliée par trois ! Sans compter la différence de poids de l'installation, et donc de coût d'investissement : 18 tonnes pour la membrane, à comparer aux 220 tonnes d'une hydrolienne classique.

Par ailleurs, comme la pompe, EEL est indifférent aux objets de passage, et par sa structure même, déjà peu sensible aux sédiments. Les matériaux de la membrane ont aussi été sélectionnés pour leur longévité, et donc la fiabilité des investissements : une armature en fibres de carbone, recouverte d'une peau extérieure anti-fouling*, à base de caoutchouc naturel.

Un soin équivalent a été apporté aux alternateurs, qui n'exigent pas de matériaux particuliers : cuivre, acier, aimants, tous faciles à recycler, en l'absence d'alliages complexes.

Mais EEL possède encore d'autres qualités qui peuvent révolutionner la carte des sites favorables à l'exploitation des courants marins. D'abord parce qu'elle peut être installée sur

---

* Le matériau de la peau, garanti vingt-cinq ans, a été conçu pour conserver ses propriétés anti-fouling au fur et à mesure de son usure, ce qui évite le recours à un revêtement sensible à l'abrasion (et donc provisoire) et potentiellement toxique.

des zones moins profondes : vingt mètres de colonne d'eau au-dessus de la membrane lui suffisent*, contre quarante-cinq pour les hydroliennes à turbine. Ce qui augmente considérablement les surfaces concernées lorsque les fonds sont peu inclinés, comme dans la Manche ou la mer du Nord. Un gain économique aussi : en étant plus près de la côte, EEL peut davantage profiter des courants de marée (la membrane tourne sur son axe pour rester face aux courants), les longueurs de câble électrique sont réduites et l'entretien est facilité. Plus encore, la membrane se met à onduler dès que la vitesse du fluide passe 0,5 m par seconde (1,8 km/h), et l'hydrolienne atteint toute son efficacité avec une vitesse de courant de 2 m par seconde (7,2 km/h), moitié moins que pour les hydroliennes classiques.

Cette capacité à fonctionner avec des courants faibles multiplierait les surfaces favorables par cinq ou six en France, et jusqu'à dix dans d'autres parties du monde. Elle permettrait aussi de fonctionner dans d'autres situations. EEL offre ainsi de nouvelles possibilités aux usines de désalinisation, très gourmandes en énergie, aux pays insulaires, comme les Maldives, qui produisent l'essentiel de leur électricité à partir de fuel, ou à l'industrie aquacole. Des coquilles Saint-Jacques du Royaume-Uni aux saumons du Chili, certaines fermes à poisson dépensent 25 000 dollars par mois en carburant (soit 65 % des coûts de fonctionnement) pour les énormes compresseurs et leurs kilomètres de tuyaux destinés à oxygéner les bassins et amener la nourriture aux poissons. D'autres applications encore sont envisagées : en rivière ou à l'arrière des voiliers, comme hydro-générateurs tractés.

EEL a aussi fait partie des cinq projets retenus en 2012 – le seul sans turbine – lors d'un appel à projets sud-africain

* Soit un peu plus de 30 m en tout, puisque l'engin culmine à 11 m au-dessus du fond.

pour le Courant des Aiguilles, dans l'océan Indien. Un homme d'affaires se dit prêt à en installer une là-bas dès que le prototype à taille réelle aura fait ses preuves. Car il reste encore des étapes à franchir. Après le prototype de départ – au vingt-cinquième de la taille réelle –, un modèle de trois mètres sur trois, protégé par deux brevets, est en train d'être testé en bassin à Boulogne, dans le Pas-de-Calais. Ce sera ensuite un modèle de sept mètres sur sept, qui sera déployé en conditions réelles en 2016, près d'une épave où la navigation n'est pas autorisée. Un pas de plus avant d'arriver aux tentatives les plus ambitieuses, soit seize mètres sur seize pour une puissance d'un mégawatt. La société chargée du développement commercial de l'hydrolienne, EEL Energy*, a été créée. Elle a lancé avec l'Ifremer une nouvelle étude, destinée cette fois à anticiper et quantifier les effets de sillage et d'interaction** entre machines disposées à proximité les unes des autres, en vue du développement des futurs parcs d'hydroliennes[11].

Sans compter que certaines technologies développées grâce au projet EEL devraient ouvrir d'autres marchés, comme le secteur émergent de l'houlomoteur : des bouées qui montent et descendent en comprimant de l'eau, avec « toute une usine à gaz » de canalisations. Une adaptation des convertisseurs de mouvements lents pourrait conduire à une importante simplification de ces systèmes.

Une saga – encore inachevée – qui n'aura pas été de tout repos. Comme Frank Fish, Stephen Dewar et Jay Harman

* Avec comme partenaires principaux l'Ifremer, l'Ademe (qui a financé une thèse), les sociétés Hutchinson (pour la membrane), Baron, Keepmotion & Aboard (pour le support et les convertisseurs).

** Suivant leur disposition, les éoliennes comme les hydroliennes peuvent soit se gêner l'une l'autre, soit au contraire renforcer leur efficacité.

avant lui, notre inventeur a pu constater que les innovations de rupture ne sont pas faciles à faire financer par les banques. Dans les deux cas, le processus a été long et complexe, en particulier pour la modélisation. Pour la pompe AMS, il aura fallu l'entrée en jeu de grosses entreprises comme Saint-Gobain ou Areva pour y arriver.

Pour EEL, il aura bénéficié d'une aide publique, à travers l'Ifremer, l'Ademe et Oseo (entreprise semi-publique soutenant l'innovation) et d'une aide privée grâce à l'implication de *business angels* spécialisés dans les technologies de l'efficience énergétique.

La forme à l'échelle microscopique

Martin-pêcheur, baleine à bosse, raie manta, trois macroformes à la portée de notre regard, faciles à appréhender et aisément transposables. Mais les organismes vivants déploient aussi leurs formes à toute petite échelle, d'une façon tout aussi inspirante pour ceux qui cherchent à innover. À l'échelle microscopique, les applications biomimétiques font le plus souvent appel aux technologies de pointe, ce qui explique à la fois l'intérêt qu'elles continuent de susciter, mais aussi pourquoi certaines bonnes idées en restent au stade expérimental. En fait ce biomimétisme de micro et nano-forme, par ses exigences techniques, s'apparente souvent à un biomimétisme de matériaux, mais souvent sans l'attention particulière accordée à l'impact environnemental des matériaux. Du coup, si les exemples qui suivent sont impressionnants en termes de performance, ils le sont moins du point de vue durabilité. Et quand je dis durabilité, je pense à l'attention portée à un maximum de Principes du Vivant.

La mouche et le scarabée

La première histoire nous vient de l'œil d'un moucheron. Elle illustre au passage que même les espèces disparues peuvent nous servir de modèles, puisque le spécimen qui a attiré l'attention du chercheur anglais Andrew Parker était emprisonné dans de l'ambre (résine de pin fossilisée) depuis 45 millions d'années[12] ! La particularité de cet insecte était de posséder des yeux inhabituellement sombres, ne reflétant pratiquement pas la lumière. En reproduisant les stries antireflets des yeux à facettes de ces diptères, le chercheur a mis au point un film plastique. Destiné aux panneaux solaires photovoltaïques, il devait augmenter de 10 % la part de lumière captée (puisque non réfléchie). Mais la piste a été abandonnée : si elle était relancée, il serait intéressant d'en profiter pour rajouter d'autres Principes du Vivant au cahier des charges, notamment en termes de toxicité et de recyclabilité.

Ce même biologiste est à l'origine d'une autre histoire, particulièrement élégante. Elle tire son inspiration d'un scarabée du désert du Namib, en Afrique australe. Afin de pouvoir disposer de suffisamment d'eau, ce coléoptère se place au lever du jour au sommet des dunes, face aux vents marins, dressé sur ses pattes pour mieux capter les fines gouttelettes des brouillards côtiers. Pour accroître l'efficacité de cette adaptation comportementale, le *Stenocara* a développé sur sa surface extérieure – sa cuticule – une combinaison de bosses hydrophiles (attirant l'eau) et de creux hydrophobes (la repoussant). Il canalise ainsi rapidement l'eau récoltée pour la conduire par simple gravité jusqu'à sa bouche.

La compréhension fine de ce mécanisme par Andrew Parker, publiée en 2001, semblait promise à des applications rapides[13]. Pour augmenter, par exemple, le rendement des dispositifs récolteurs d'eau utilisés dans les zones désertiques exposées à des vents humides, comme au Chili : un projet de développement a été lancé avec la firme QinetiQ. Là encore, il s'agissait de développer un film de plastique reproduisant les caractéristiques physiques observées. Mais là encore, la tentative a fait long feu.

La peau du requin

Les requins les plus rapides, aboutissement de 400 millions d'année d'évolution « technologique », sont capables d'atteindre des vitesses de pointe de 70 km/h. Pour ce faire, ils ont développé sur leur peau un revêtement remarquable de minuscules denticules, élégamment sculptées. Grâce à cette forme particulière, des mini-vortex se créent le long de leur peau, ce qui leur permet d'éviter la formation de plus gros tourbillons freinant leur progression et réduit ainsi l'effet de traînée.

Un dispositif inspiré de cette structure a d'abord été expérimenté sur un bateau à voiles de compétition en 1987*, puis quelques années plus tard sous la forme d'un film de vinyle sur des avions à réaction. La traînée est ainsi réduite de 8 %. La section « Énergies renouvelables » de la société 3M l'a également testé pour améliorer les performances des pales d'éoliennes.

Autre développement, côté allemand, fruit d'une collaboration entre la Lufthansa, Airbus et le Fraunhofer Institute for Manufacturing Technology and Advanced Materials**. Après l'application d'une laque en spray, un moule en silicone est

* Le bateau *Star & Stripes* est resté célèbre pour avoir gagné l'America Cup face aux Australiens. La micro-structure de sa coque avait été développée par un laboratoire de… la NASA.

** Dans le cadre du programme pudiquement intitulé « Clean Sky », un partenariat public-privé entre la Commission européenne et l'industrie aéronautique destiné à diminuer les impacts environnementaux des avions commerciaux.

appliqué sur la surface pour obtenir la forme souhaitée, avant de fixer le tout grâce à un traitement UV. La Lufthansa espère obtenir une baisse d'émission de CO_2 de l'ordre de… 1 %. Mais c'est une économie notable à l'échelle d'une telle compagnie.

L'histoire ne s'arrête pas là, puisque Anthony Brennan, professeur à l'université de Floride, a également montré que les microstructures de la peau de requin avaient des propriétés d'antifouling – une application du principe de multifonctionnalité si répandu dans le monde vivant. En collaboration avec la Navy, il a démontré que la forme particulière des denticules empêchait l'installation des algues et autres organismes qui freinent et alourdissent la plupart des navires. Une étude plus poussée a mis en évidence que même les bactéries étaient repoussées par cette nano-forme ; d'où une série d'applications médicales pour cette technologie « Sharklet » développée par l'entreprise du même nom[14]. Son usage principal, c'est la protection des surfaces dans les hôpitaux, depuis les murs jusqu'aux poignées de porte, en réduisant l'adhérence, la survie et le transfert des bactéries. L'avantage considérable de cette approche est qu'elle se contente de gêner l'installation des microbes (avec une efficacité de 85 à 100 % selon l'espèce[15]), sans chercher à les tuer par l'emploi d'antibiotiques. Un progrès notable à l'heure où l'OMS a signalé la résistance des bactéries comme une des menaces les plus graves pour la santé publique (à commencer par les hôpitaux).

L'effet lotus

C'est un des exemples les plus « anciens » (tout est relatif) et les plus emblématiques de ce type de biomimétisme. Il vient confirmer qu'il n'y a pas que les animaux qui ont développé des formes et des microstructures de surface intéressantes. Je vous recommande vivement l'expérience la prochaine fois que vous visitez un jardin botanique tant elle est spectaculaire : laissez couler des gouttes d'eau sur une feuille de lotus (le symbole bouddhiste de la pureté s'élevant au-dessus de la fange) et admirez… L'effet dit de « super-hydrophobicité » de la cuticule expulse littéralement les gouttes, laissant la feuille parfaitement sèche en une fraction de seconde. C'est le chercheur allemand Wilhelm Barthlott qui, grâce à l'utilisation des premiers microscopes à balayage électronique, a expliqué le mécanisme, avant d'en devenir le chantre.

La technique du lotus – et de ses nombreux congénères – consiste à combiner un revêtement chimiquement hydrophobe (comme une huile ou une cire) avec une microrugosité* de surface qui empêche les gouttelettes de s'étaler, en les forçant à rester sphériques[16]. De ce fait, en dévalant le long de la feuille, les gouttes d'eau vont aussi agglomérer et emporter les poussières, donnant naissance au fameux effet autonettoyant.

Depuis sa découverte à la fin des années 1980, et grâce à des procédés de fabrication variés, l'effet lotus a été reproduit avec succès sous forme de peinture, de tissu, de plastique, de verre, d'acier et de tuiles[17]. Il a trouvé son utilisation la plus spectaculaire dans les nombreuses déclinaisons de peintures extérieures, mises originellement sur le marché par la firme Sto.

L'argument environnemental en faveur de tels produits est que le recours à un revêtement autonettoyant permettrait d'économiser l'eau, l'énergie et peut-être, plus significativement, des biocides nécessaires pour le nettoyage régulier d'une surface normale.

Plus de quinze ans après les premières mises sur le marché, il convient de relativiser ces performances. Comme le souligne Barthlott lui-même[18], tout microrelief est par définition plus sensible à l'abrasion mécanique. Selon les matériaux et

* Ces surfaces sont dites à basse énergie (*low energy sufaces*).

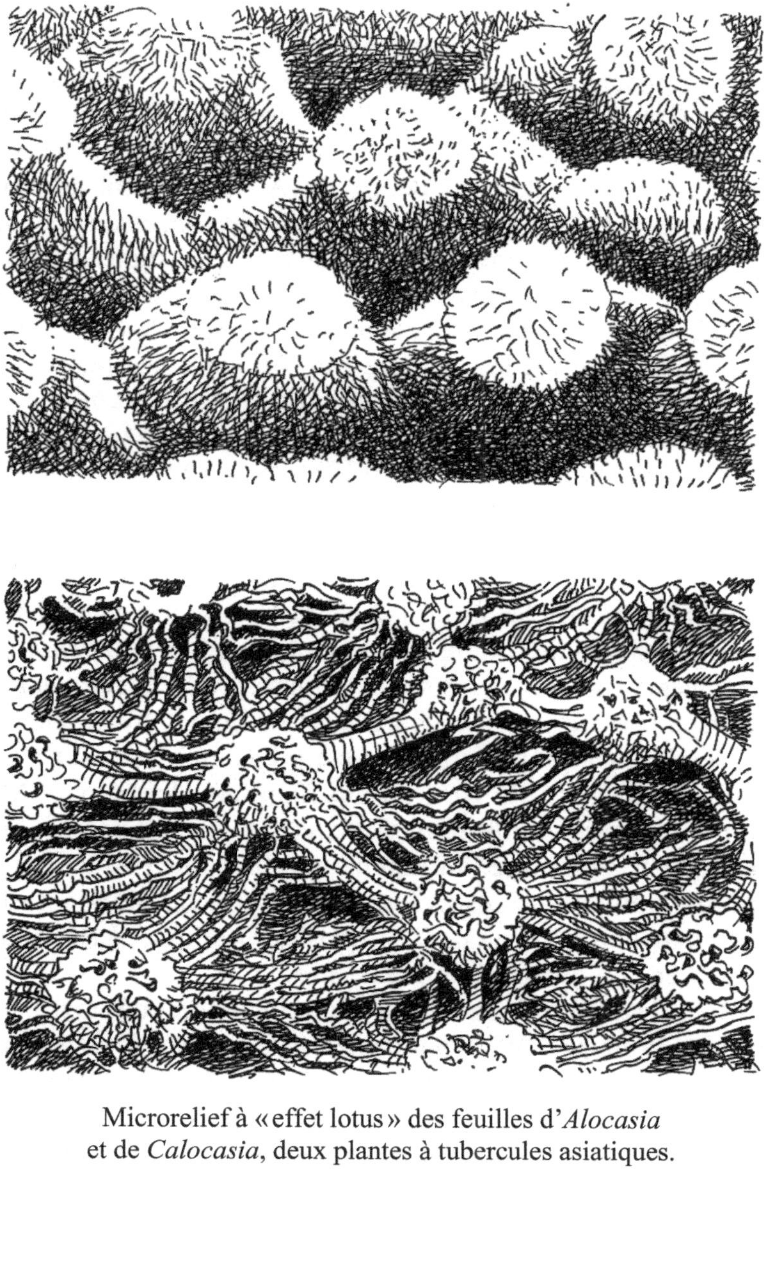

Microrelief à « effet lotus » des feuilles d'*Alocasia* et de *Calocasia*, deux plantes à tubercules asiatiques.

les utilisations – le verre y est par exemple particulièrement sensible – les microstructures peuvent se détériorer plus ou moins rapidement, et d'autonettoyantes, devenir... autosalissantes (car retenant davantage les poussières). D'autre part, les gains en eau et en énergie ne sont pas toujours évidents : la première étude de cycle de vie (LCA analysis) sur un film autonettoyant a montré que l'eau et l'énergie nécessaires pour le produire était au moins équivalente à celle épargnée en nettoyage[19]. Par ailleurs, dans le cas des peintures, la toxicité n'a manifestement pas toujours été prise en compte dans le cahier des charges : c'est le cas chez Sto, où certaines peintures contiennent des composés de benzène[20] utilisés comme... herbicides !

Même problème du côté de SLIPS – pour « Slippery Liquid Infused Porous Surface » –, une autre avancée récente dans les surfaces autonettoyantes, proposée par le Wyss Institute de l'université d'Harvard. Avec une approche biomimétique à mi-chemin entre les formes et les matériaux, les chercheurs se sont inspirés des outres de la plante carnivore *Nepenthes*, destinées à capturer des insectes. Pour reproduire cette combinaison entre une matrice fibreuse et un liquide hydrophobe, la première solution proposée a été un assemblage de téflon et de « Fluorinert FC-70 », un lubrifiant développé par 3M. Soit, d'une part, un matériau difficile à recycler et non biodégradable et, de l'autre, un liquide qui, bien que peu toxique, non inflammable et respectueux de la couche d'ozone, est aussi malheureusement un PFC (perfluorocarbone) à très haut impact en tant que gaz à effet de serre...

Bref, il reste du chemin à faire pour incorporer dès le départ tous les Principes du Vivant dans les *design briefs*. Espérons que les découvreurs du microrelief de la *Salvinia* s'en préoccuperont. Cette fougère aquatique a la capacité de conserver une couche d'air prisonnière des poils spécialisés qui tapissent la face inférieure de ses feuilles. Transférée à la coque d'un navire, cette capacité pourrait réduire l'effet de traînée de 20 à 50 %. De quoi diminuer les émissions de CO_2 de façon drastique, à l'heure où le trafic commercial par bateau génère 3 % du total mondial des émissions.

Forme et durabilité

Cette inspiration des formes existant dans la nature a donc déjà donné naissance à des aventures séduisantes. Plusieurs ont passé avec succès le test de la mise sur le marché, donnant ainsi une visibilité certaine au biomimétisme orienté durabilité.

Avec quelques années de recul, quelques limites pointent quand même et il ne faudrait pas que ses succès masquent ses défauts. Première réserve, la plupart des applications de forme semblent des améliorations « à la marge », qui tentent d'arracher quelques pourcentages en termes de dépenses énergétiques ou de toxicité. En gros, il s'agirait d'émettre *moins* de gaz à effet de serre, d'utiliser des quantités *moindres* de matériaux, d'être *moins* toxique. Certains me diront que c'est déjà pas mal, que cela fait déjà évoluer les mentalités, et qu'il faut bien « commencer quelque part ». C'est un point de vue auquel j'ai longtemps adhéré. Mais aujourd'hui je crains que nous ne puissions plus nous offrir le luxe de négocier le virage si lentement. Il est temps de concevoir d'emblée de nouveaux produits qui ne génèrent plus de gaz à effet de serre (voire n'en séquestrent plus), ni de déchets toxiques ultimes. Pas moins, plus du tout ! Bref jusqu'ici, s'inspirer des formes, c'est souvent beau et sexy, mais cela donne rarement l'occasion de régler des problèmes globaux.

Du coup, un autre inconvénient potentiel des innovations de forme serait d'entretenir chez nous l'illusion tenace que la technologie peut tout résoudre à elle seule, sans avoir à remettre en question notre mode de vie dopé aux combustibles fossiles. En oubliant le fameux « effet rebond », bien connu des environnementalistes, selon lequel les gains d'efficacité en consommation relative sont rapidement annihilés par l'augmentation de la consommation globale*. Certes, les avions de la Lufthansa, équipés de revêtement « Sharklet », pourraient émettre 1 % de gaz carbonique en moins, mais si dans le même temps le trafic aéronautique augmente de 3 % par an (ce qui est conforme aux prédictions de l'IATA), cela ne conduira à aucune baisse des émissions globales de gaz à effet de serre. Le Shinkansen à bec de martin-pêcheur consomme certes moins d'électricité, mais si nous souhaitons avancer vers une humanité équitable, croyons-nous vraiment que nous aurons assez de métaux pour tisser un réseau mondial de voies ferrées aussi dense que celui qui couvre le Japon ou l'Europe ? Ou assez d'énergie pour fabriquer l'acier et la fibre de carbone des milliers de trains que cela implique, et transporter quotidiennement des millions de voyageurs à plus de 300 km/h ?

Il va donc falloir aller plus loin, et entrer dans les matériaux. En constatant au passage à quel point notre société de consommation nous encourage peu à nous interroger sur leur origine, et tous les moyens qu'il a fallu déployer pour qu'ils puissent constituer nos objets et nos habitudes du quotidien. Car depuis deux siècles, les matériaux aussi ont bien changé, et un nombre croissant d'entre eux a commencé à impacter la biosphère, en se dissociant des grands cycles du vivant.

Bouclons ce cycle en citant Eiji Nakatsu, notre ingénieur japonais, spécialiste du Shinkansen et des oiseaux de son pays. En revenant sur le résultat de ses années de réflexion, dans la

---

* L'exemple classique est celui de la consommation des voitures : chaque fois que la consommation par kilomètre a diminué, les consommateurs que nous sommes ont pu se permettre de rouler davantage, et donc d'émettre finalement autant, voire plus !

foulée de son travail d'ingénieur, il a un jour conclu : « Ce n'est pas pour conquérir la nature qu'un hibou ou un martin-pêcheur ont acquis leurs plumes ou leur bec. S'ils ont évolué de la sorte, c'est d'abord parce que ces procédés leur ont permis de rester en vie. De même, je suis parvenu à la conviction que nous devrions prendre soin de la nature, et qu'en tant qu'humains se projetant comme les vainqueurs, au sommet du monde, nous devrions être plus humbles pour pouvoir protéger notre environnement. Soyons modestes ! »

12

Les matériaux du vivant, inspirateurs d'une chimie verte

Avec le biomimétisme des matériaux, il va falloir acquérir de nouveaux réflexes et se poser d'emblée des questions plus exigeantes : quelle est leur origine ? Quel degré d'indépendance, partielle ou complète, ont-ils avec les combustibles fossiles ? Quel est leur niveau de toxicité et de rémanence ? Quelle recyclabilité et quelle compatibilité avec les autres êtres vivants, si exposés ? Et peut-être la plus importante en termes d'impact environnemental : avons-nous vraiment besoin de cet objet ?

Tenter de répondre à ces questions convoque à nouveau ces Principes du Vivant qui ont émergé de la grande danse des flux de matière, d'énergie et d'information nécessaires à la vie sur Terre. Introduire un maximum de ces principes dans les cahier des charges de ces matériaux serait un pas essentiel vers la durabilité.

La chimie chaude, à l'opposé du vivant

Ce second niveau du biomimétisme peut nous emmener beaucoup plus loin que la simple inspiration des formes. Car la façon de produire nos matériaux au cours des deux cents dernières années, autant que les quantités annuelles que nous synthétisons, en particulier ces dernières décennies, a une responsabilité majeure dans la pression croissante que notre espèce exerce sur le reste de la biosphère. S'inspirer du vivant peut offrir quantités de pistes pour résoudre les différents défis qui se posent aux sciences et technologies des matériaux du XXIe siècle : la rareté, le coût énergétique, la toxicité, la biodégradabilité, la recyclabilité.

En quoi, d'abord, les matériaux qui nous constituent, nous et toutes les autres espèces, diffèrent-ils des matériaux de synthèse, que ce soit au niveau chimique ou des techniques de production ? La base matérielle de la biosphère – la nôtre aussi, par conséquent – ce sont les molécules qui composent le vivant depuis l'apparition des premières bactéries, il y a 3,8 milliards d'années (l'équivalent du 1er mars de notre « année cosmique »). Alors que toutes les molécules que nous synthétisons depuis la révolution industrielle (la dernière seconde de cette même « année », rappelons-le), et que nous avons répandues partout sur la Terre, sont des nouvelles venues, parfois difficiles à avaler pour les autres espèces...

En ce qui concerne les matériaux produits par les humains, force est de constater que la chimie récente a été extrêmement inventive avec, comme d'habitude, une courbe d'innovations devenue exponentielle avec l'avènement de la chimie à échelle industrielle. Jusque-là, il y avait bien eu quelques découvertes bousculant l'usage « normal » de certains éléments, en particulier avec le début de la métallurgie : les haches de l'âge du bronze*, les épées de l'âge du fer ou les canalisations romaines en plomb. Mais les volumes concernés étaient sans commune mesure avec ceux d'aujourd'hui**.

---

* Le bronze est un alliage de beaucoup de cuivre (Cu) et d'un peu d'étain (Sn).

** Ce qui n'a pas empêché l'industrie du plomb d'il y a deux mille ans (éteinte avec la chute de l'Empire romain) de laisser son empreinte jusque dans les glaces polaires.

Au XVIIIe, le rythme des innovations s'est accéléré, suivant le développement des sciences et techniques, la chimie* en tête. Au fil de la découverte des différents éléments, nous avons essayé de les combiner, tandis que la classification proposée par Mendeleïev en 1869 a permis de systématiser ces expériences.

Plus décisive encore, l'entrée en jeu des combustibles fossiles** a pesé massivement sur l'industrialisation de la chimie et son impact sur nos objets du quotidien. L'avènement du charbon a d'abord fourni une source d'énergie abondante et concentrée, ouvrant tous les possibles. Au XXe siècle, le pétrole a ensuite offert les énormes quantités de matière première nécessaires à la pétrochimie***. Cette combinaison d'abondances – en énergie et en matières premières – va donner naissance à ce que nous appelons les matériaux « Heat, Beat & Treat ». Les deux premiers mots – *heat* pour chauffer, *beat* pour frapper ou battre – signent le saut énergétique, celui qui permettra à nos chimistes de ne plus hésiter à utiliser les températures et pressions élevées nécessaires au mariage des atomes récalcitrants. Le troisième larron – *treat* pour traiter – évoque les nombreux solvants organiques plus ou moins sympathiques, toxiques et/ou persistants dans lesquels sont formés une bonne partie des produits issus de cette pétrochimie.

Aujourd'hui, c'est toujours de cette « chimie chaude » que sont issus la plupart des matériaux qui nous accompagnent au quotidien (qu'ils soient visibles ou non) : alliages de métaux

---

* Elle-même issue de l'alchimie.

** Devenue importante grâce à l'invention des pompes, permettant de garder les galeries de charbon au sec, un progrès obtenu cette fois par… la physique.

*** Dont l'un des symboles est le plastique. Le premier digne de ce nom est la bakélite, dont la production industrielle a débuté en 1909.

rares dans l'électronique, céramique de nos trottoirs, teintures de nos tissus, engrais et pesticides de synthèse, barres d'uranium de nos centrales nucléaires, mousses isolantes, additifs alimentaires, plastiques de nos sacs et bouteilles, caoutchouc de nos pneus, etc.

Soit à peu près l'exact opposé de ce que peuvent se permettre les organismes vivants. Car en synthétisant leurs matériaux dans ou à la surface de leurs cellules, ils sont obligés de travailler à température ambiante, pression ambiante et avec des solvants entièrement compatibles avec le reste de leur chimie – le principe de *pratiquer sa chimie dans l'eau…*

La façon dont s'est développée notre chimie récente n'est pas neutre. Quand elle a véritablement pris son essor, nous étions déjà entrés dans l'ère où les sciences avaient commencé leur différenciation, et plus gênant, leur cloisonnement. Dans le même temps, d'autres disciplines qui auraient pu être bien utiles pour encadrer nos avancées et informer nos choix technologiques, comme l'écologie, étaient encore dans l'enfance.

Et puis, « la science » en tant que telle n'était pas seule aux commandes, mais insérée dans le contexte économique et politique[1]* lié au « progrès » que nous connaissons. Par ailleurs, la science elle-même était encore dans sa grande époque de réductionnisme poussé à l'extrême, avant que ne se fasse sentir l'influence de la cybernétique et de la théorie des systèmes. Du coup, même si la chimie du vivant commençait à être bien connue à l'échelle des organismes, ses interactions à l'échelle de la planète étaient encore loin d'être bien appréhendées, tout comme l'impact global potentiel que pouvaient avoir la production et la libération massive dans l'environnement de milliers de nouvelles molécules.

* Les guerres ont accompagné et pesé lourdement sur les choix technologiques et industriels posés aux XIXe et XXe siècles.

Notre rapport aux matériaux constitue un des témoignages les plus clairs de l'anthropocentrisme de notre époque, de notre sentiment de toute-puissance en tant qu'espèce par rapport à notre « environnement », et finalement de la non-prise en compte de notre interdépendance radicale avec le reste de la biosphère. Un ensemble d'attitudes qui n'est pas sans faire penser à celles que nous attribuons d'habitude, avec mépris, aux… adolescents.

Nous, humains de la révolution industrielle, avons joué avec le tableau de Mendeleïev comme avec une boîte du « petit chimiste » reçue à Noël (ou plutôt, une seconde avant la nouvelle année). D'abord, nous avons ouvert tous les tubes et les fioles, sans discernement, mélangé tous les contenus, et essayé tout et n'importe quoi*. Avec une frénésie « financée » par le trésor énergétique des combustibles fossiles. Quelque chose comme le « même pas peur ! » des *teenagers* qui oublient momentanément leur propre mortalité**.

Troisième caractéristique de cette adolescence – étape certes nécessaire, mais supposée n'avoir qu'un temps –, nous avons voulu nous passer de l'expérience des Anciens, ces « ringards » qui nous avaient précédés… Dans ce cas, les civilisations « primitives » et, plus encore, toutes les espèces qui ont prospéré sur Terre depuis si longtemps (c'est-à-dire depuis ce fameux 1er mars).

---

* En admettant que nous ayons significativement progressé depuis, comme l'illustrent l'avènement de la toxicologie ou la directive européenne REACH.

** C'est précisément la manipulation d'un élément que les autres organismes s'étaient bien gardés de sortir de la boîte, l'uranium, qui permit à celles et ceux qui le voulaient bien de pouvoir regarder en face pour la première fois la possibilité de notre disparition en tant qu'espèce, après les coups de semonce des bombes atomiques d'Hiroshima et Nagasaki.

Six atomes de base, une vingtaine pour tout faire

Comment le vivant – les autres espèces, mais nous aussi, à nos débuts – a-t-il géré les éléments du tableau de Mendeleïev (sachant qu'à travers leur évolution sur des milliards d'années, les organismes ont effectué leur propre sélection) ? La chimie du vivant ne reflète que partiellement celle de la Terre dans sa totalité, puisqu'un seul des six éléments les plus communs de la croûte terrestre* ou de la planète dans son ensemble** – l'oxygène – figure dans le top 6 du vivant[2]. Les bactéries – puisque ce sont elles qui ont commencé – ont elles aussi joué au « petit chimiste » avec les atomes fondamentaux (qui nous constituent nous aussi sans que nous les connaissions bien***).

La base est claire : plus de 96 % de la matière vivante est constituée de six atomes. Regroupés affectueusement sous l'acronyme « CHONSP », ils sont tous nécessaires aux briques constitutives des cellules. Les quatre premiers sont les plus évidents : le carbone (C), véritable squelette des molécules du vivant, sur lequel viennent se greffer les autres atomes ; l'hydrogène (H) et l'oxygène (O), à la fois complices dans la molécule d'eau (et ses 70 % en poids du vivant), mais aussi présents sous de multiples formes dans pratiquement toutes les molécules organiques ; et enfin l'azote (N), nécessaire dans tous les acides aminés, eux-mêmes briques constitutives des

* Par ordre d'abondance, l'oxygène, le silicium, l'aluminium, le fer, le calcium et le sodium.

** Par ordre d'abondance, l'oxygène, le magnésium, le silicium, le fer, l'aluminium et le calcium.

*** Ça me paraît (au moins !) aussi basique que de connaître « les alcanes, les alcènes et les alcynes », empreinte précoce de la pétrochimie dans notre parcours éducatif; ou que les noms des rois de France…

protéines, l'une des quatre grandes familles de molécules des organismes vivants.

Viennent ensuite le soufre (S), impliqué dans la majorité des protéines, qu'elles soient enzymatiques ou de structure (comme la kératine de notre peau ou nos cheveux, ou la myosine de nos muscles) ; et enfin le phosphore (P), impliqué dans trois fonctions cellulaires cruciales que sont le stockage de l'information, les transferts d'énergie intracellulaires et la formation des membranes cellulaires*.

C'est une des particularités de la chimie du vivant : cette incroyable capacité à construire des matériaux aussi variés, complexes et versatiles, à partir d'aussi peu d'atomes de base (une vingtaine) et de molécules (les quatre grandes familles), en écho au principe selon lequel *le vivant construit à partir d'une sélection réduite d'éléments*. Rappelez-vous les muscles des ailes-moteurs de la barge rousse, qu'elle transformait en carburant en plein vol migratoire au-dessus de l'océan Pacifique. Pensez aussi aux innombrables types de matière que produisent les organismes à partir de quelques polymères de base comme la cellulose (depuis les troncs des eucalyptus géants jusqu'aux feuilles de bananiers, en passant par les fougères ou les saules nains des toundras) ou la chitine (des ailes des papillons à la carapace des crabes, des pattes des araignées aux champignons de Paris).

Une vingtaine d'atomes, soit une quinzaine en plus des six déjà cités, sont étroitement associés au vivant. Parmi ceux qui sont communs à toutes les espèces, plusieurs nous sont familiers en tant que sels minéraux et oligo-éléments. Citons notamment le sodium (Na), le potassium (K), cruciaux pour

---

* Soit respectivement à travers les acides nucléiques des chromosomes ; l'adénosine triphosphate, ou ATP, le transporteur d'énergie numéro 1 ; et la double couche de phospholipides membranaires.

la circulation des influx nerveux, mais aussi en tant qu'ions régulant avec le chlore (Cl) la salinité de notre mer intérieure, depuis l'extérieur ou l'intérieur de nos cellules ; le calcium (Ca), si important pour nos os aux côtés du phosphore ; le magnésium (Mg), impliqué notamment dans la réplication de nos chromosomes, ou encore le fer (Fe)*, présent au cœur de chaque molécule d'hémoglobine transportant l'oxygène dans notre sang.

Pourquoi les autres éléments n'ont-ils pas été utilisés ? La réponse à cette question est multiple, complexe et devrait fondamentalement être posée à nos ancêtres bactériens : il y a certainement eu des essais-erreurs avec d'autres éléments du tableau avant que la liste ne se fige. La rareté a vraisemblablement joué un rôle, ou plutôt l'abondance. Ce qui nous ramène à une des phrases fétiches de Janine Benyus : dans le vivant, ce qui est abondant... est précieux.

Autre facteur clé, la toxicité. Un facteur d'autant plus important quand elle est rémanente : nous connaissons tous quelques-uns des atomes à éviter en tant qu'êtres vivants, comme le plomb, l'uranium ou le mercure. Évidemment, c'est la dose qui fait le poison, comme le prouvent certains oligo-éléments qui deviennent toxiques lorsqu'ils sont trop concentrés, comme le zinc ou le nickel.

La même sélectivité s'est exercée au niveau des molécules, avec des « familles » entières où les êtres vivants ne se sont

* Les « indispensables » que je n'ai pas encore cités sont le vanadium (V), le manganèse (Mn), le cobalt (Co), le nickel (Ni), le cuivre (Cu), le zinc (Zn), le sélénium (Se), le molybdène (Mo) et le tungstène (W). Par ailleurs, sept éléments de plus sont utilisés par certains groupes d'êtres vivants : le bore (B), le fluor (F), le silicium (Si), l'arsenic (As), le strontium (Sr), le cadmium (Cd) et le barium (Ba). Enfin, certaines bactéries, qui ont eu presque deux milliards d'années de recherche et développement de plus, possèdent quelques représentants capables de s'accommoder, voire d'incorporer en les neutralisant des éléments toxiques pour le reste du vivant.

pas (encore) aventurés. Aucun organisme avant l'homme ne s'était risqué à synthétiser des PCB ou du DDT*, deux groupes de molécules à la fois hautement toxiques, à la demi-vie particulièrement longue, et qui ont tendance à s'accumuler dans les graisses. Bien sûr, certaines espèces produisent des substances toxiques, mais le plus souvent en faible quantité, et surtout, toujours rapidement biodégradables, que ce soit du venin de serpent, de méduses ou de grenouille tropicale. Confirmant ainsi le principe selon lequel *le vivant décompose ses produits en parties facilement assimilables*.

Ce qui frappe plus encore dans la chimie du vivant, c'est la cohérence entre tous les éléments retenus par l'évolution, et toutes les molécules organiques qui en découlent, des plus simples aux plus complexes. Dans le même temps, les écosystèmes disposent toujours d'organismes (en général bactériens) capables de casser lesdites molécules, de les recycler par l'intermédiaire des plus petites et finalement de remettre les atomes de base en circulation. Car aucun de ces éléments n'est immobile ! Et si la dynamique du fonctionnement de la Terre elle-même, notamment à travers la tectonique des plaques ou la circulation océanique, a sa part dans les grands cycles biogéochimiques, les organismes vivants en sont de furieux accélérateurs. Les plantes sont ainsi des acteurs de premier ordre pour le cycle du carbone ; tout comme le sont plusieurs groupes de bactéries, chacun actif dans une étape particulière du cycle de l'azote**.

Parallèlement à l'enchevêtrement progressif de tous ces cycles, toutes les molécules produites par l'ensemble des

---

* En attachant du chlore à des squelettes carbonés. Ces deux composés sont maintenant interdits de fabrication dans la plupart des pays développés.

** … et la plupart des autres cycles d'ailleurs, un hommage de plus à l'importance des bactéries.

organismes démontrent une magnifique compatibilité, permettant à chaque espèce de construire ou d'entretenir ses tissus avec les mêmes « briques » que ses voisins ou les cousins plus ou moins lointains auxquels elle les a « empruntées ». Ce qui ne doit finalement pas nous surprendre : toutes ces espèces dérivent des mêmes ancêtres bactériens et font partie du même arbre généalogique du vivant. Les nouvelles molécules inventées au fil de l'histoire du vivant sont essentiellement des variations ou des complexifications d'une base commune. Le tout constitue ensemble la Grande Boîte de Chimie de la biosphère, dans laquelle sont arrivés (tardivement) les humains (et leur petite boîte...).

Au passage, n'est-il pas fascinant de songer à la diversité de formes, couleurs et textures de tout ce que nous ingérons – et parvenons à digérer ? Sans cette base moléculaire commune, comment la digestion pourrait-elle transformer des brocolis, surimis ou spaghettis en peau, neurones ou globules rouges ? Quelle création humaine pourrait fonctionner avec un mélange de carburants aussi hétéroclite (on connaît l'effet dévastateur d'une poignée de sucre dans un réservoir d'essence) ? Et quel drone pourrait se contenter d'insectes comme source d'énergie ? Quel aspirateur, des poussières qu'il ingurgite ?

Je me rappelle un cormoran amerrissant sur un canal, en plein centre de Bruxelles, avant que de commencer à pêcher, un poisson après l'autre, dans ces eaux grasses et bien polluées. J'avais ressenti un de ces éclairs d'émerveillement et d'humilité que procurent régulièrement les êtres vivants : non seulement nous étions encore bien loin de pouvoir fabriquer un robot capable de voler et de se déplacer sous l'eau de façon autonome, mais ce qui m'épatait le plus était son carburant : des poissons. Quant aux matériaux pour réparer son plumage, entretenir son squelette ou son système nerveux, rebelote, des poissons !

Le cycle des déchets

Utiliser des processus de fabrication respectant la vie, c'est bien ce qu'a dû faire le vivant au cours de son évolution biochimique : pas question d'abandonner... dans la nature, des toxiques persistants qui finiraient par s'accumuler dans les organismes. Pour cela, la biosphère dispose d'une boîte à outils quasiment inépuisable : l'inventivité des micro-organismes, bactéries en tête. Ce sont eux, essentiellement, qui permettent cette circularité de l'économie du vivant. Chaque déchet, chaque substance produite, même toxique, en tant que nouvelle combinaison de molécules de base, va fournir l'opportunité d'une nouvelle ressource pour un organisme capable d'en faire sa nourriture. C'est le « Waste equals food ! » de Michael Braungart et William McDonough, les concepteurs de l'approche « Cradle to cradle »...

Voilà la première des questions à nous poser lorsque nous, humains et chimistes, souhaitons innover dans les matériaux : ma nouvelle substance a-t-elle une chimie compatible avec le reste du vivant ? Autrement dit, une fois qu'elle aura rempli la fonction pour laquelle je l'ai fabriquée, pourra-t-elle servir de ressource, de nourriture, à un autre être vivant sans laisser derrière elle un déchet ultime ? Ou plus simplement, sera-t-elle biodégradable ? Si oui, alors elle répondra à deux qualités essentielles des molécules du vivant : ne pas générer de toxicité rémanente et permettre à ses constituants de réintégrer les cycles biogéochimiques auxquels ils appartiennent.

Biominéralisation & enzymes

Jusqu'ici, je me suis concentré sur les matériaux produits et utilisés à l'intérieur des cellules mêmes. Ce sont les plus inspirants pour nous, puisque même si toutes les molécules que nous fabriquons ne sont pas destinées à pénétrer dans nos cellules, nous finissons par ingérer une flopée de particules en suspension issues des pièces de nos moteurs, des déchets des combustions, du revêtement des routes, de nos constructions ou de l'usure de nos vêtements…

Mais il y a aussi une kyrielle de matériaux produits par certaines espèces à l'extérieur de leurs cellules ou de leur corps. Ce sont toujours des substances sécrétées par des cellules (et donc compatibles avec elles), mais dont la fonction pourra s'exercer sans lien physique direct avec les cellules qui les ont produites. Certaines de ces constructions sont physiquement indépendantes des organismes qui les ont excrétées, comme les rayons de cire des abeilles ou la toile des araignées, alors que d'autres espèces produisent des assemblages durables internes comme les os, ou projetés sur l'enveloppe extérieure de l'organisme, comme les dents, ou encore les coquilles des mollusques. Ces structures combinent le plus souvent les éléments organiques les plus classiques (« CHONSP » & associés), le plus souvent sous forme de protéines ou de polymères de sucre, avec une fraction minérale plus ou moins importante. Des structures tellement résistantes qu'elles se retrouvent parfois intactes après des milliers, voire des millions d'années, avant de se fossiliser. Elles sont formées par un processus biologique nommé biominéralisation liant « des tissus organiques mous qui sont comparables à l'atmosphère et aux océans par leur composition, avec des matériaux durs typiques de la terre solide. Elle procure aux organismes squelettes et coquilles tant qu'ils vivent, et à la terre des sédiments une fois qu'ils meurent[3] ».

D'autres espèces (plus rares) vont jusqu'à manipuler (voire légèrement modifier) de la matière exogène qu'ils trouvent dans leur environnement proche pour en faire des constructions ou « objets » indispensables à leur vie, que ce soient les tubes de gravier des larves de phryganes* dans nos ruisseaux, les amas de terre organisés des termitières des régions tropicales et équatoriales ou les barrages des castors de nos rivières.

Mais même dans cette utilisation externe, les autres espèces gardent leur «code de conduite» en chimie : ils s'en tiennent à des éléments et molécules le plus souvent abondants, qui ne génèrent pas de toxicité par leur assemblage et sont réutilisables après usage pour réintégrer** finalement leurs cycles biogéochimiques respectifs. Toujours cette circularité du vivant.

Tout cela sans recours à de hautes températures ou pressions pour synthétiser les substances nécessaires. Du coup, si la seconde question à se poser lors de la conception de nouveaux matériaux tourne autour de l'énergie à économiser, alors la réponse paraît simple : plus nous collerons aux méthodes et approches du vivant, plus nous apprendrons à travailler à température et pression ambiantes, pour une consommation énergétique d'autant moindre.

Il faut dire que cette chimie ancestrale dispose d'une arme secrète : les enzymes. Outil central de la chimie verte, cette grande famille de protéines a développé, à travers ses innombrables nanoformes***, la capacité d'accélérer jusqu'à un million de fois la vitesse d'une réaction chimique…

---

* Insectes vivant dans les eaux douces dont les larves s'entourent de gravillons ou d'écorces assemblés à l'aide d'une soie sécrétée par l'animal.

** Cela peut prendre des milliers d'année pour les carbonates des coquillages, par exemple.

*** Ce qui fait dire à mon ami Jean Valayer, spécialiste des additifs pétroliers et biomiméticien rigoureux, que le biomimétisme de matériaux est finalement un biomimétisme de forme déguisé.

Les soies d'araignée

Souvent présentée en modèle pour ses qualités physiques exceptionnelles comparées par exemple à l'acier, aux fibres de carbone ou au Kevlar, la soie d'araignée est un matériau phare du biomimétisme. Le paramètre-clé dans cette compétition, c'est la « ténacité* », la quantité d'énergie qu'un matériau peut absorber avant de rompre. Cette propriété résulte de la combinaison entre solidité et élasticité**, et la palme revient à une araignée découverte récemment au-dessus de rivières malgaches, la *Caerostris darwini*[4]. La solidité de la soie (*tensile strength*) est comparable à celle de l'acier, et deux fois moindre que celle du Kevlar. En revanche, l'exceptionnelle élasticité de la soie d'araignée lui confère une ténacité dix fois supérieure à celle du Kevlar.

Ces performances qui laissent rêveurs les ingénieurs est basée sur une structure chimique nettement plus complexe que celles des molécules « humaines ». En fait, la soie sécrétée par les araignées est un véritable matériau composite de protéines, mêlant à peu près 20 % de cristaux à une matrice amorphe. Cette soie est émise à l'état liquide, sous forme de minuscules fibrilles qui, après extraction d'eau juste avant leur excrétion, se solidifient instantanément à la sortie des « filières », lors de son extrusion à l'air libre. Sous l'effet de la traction, la conformation des protéines se modifie. Plusieurs centaines de fibrilles, en s'entrelaçant, forment le fameux fil d'araignée, une structure hiérarchisée à quatre niveaux[5]. Le tout à une vitesse extraordinaire, puisqu'en cas de fuite une araignée peut produire jusqu'à un mètre de fil par seconde[6].

---

* *Toughness* en anglais.

** Les termes précis sont respectivement « résistance à la traction » et « ductilité ».

La plupart des 41 000 espèces d'araignées déjà décrites produisent chacune différents types de fibres (jusqu'à sept par espèce). Ce qui a conduit certains chercheurs à postuler l'existence d'environ 200 000 sortes de soies différentes, qui auraient chacune des propriétés particulières[7] et dont nous pourrions donc nous inspirer. Des chercheurs italiens viennent par exemple de montrer que la soie destinée à protéger les œufs d'une araignée cavernicole, *Meta menardi*, était capable de s'allonger sur plus de sept fois sa longueur initiale[8] !

Le fil d'araignée – et son procédé de fabrication – reflète ainsi de nombreux Principes du Vivant :

– *Sa structure combine des composants modulaires et emboîtés* ;

– Il est *économe en énergie*, puisque sécrété à pression et température ambiantes (à comparer aux 1 600 °C nécessaires pour l'acier, ou au minimum 1 000 °C pour les fibres de carbone) ;

– Fabriqué en milieu principalement aqueux, il *pratique sa chimie dans l'eau* ;

– Il *utilise peu d'éléments pour générer de multiples variations*, puisque c'est le quatuor carbone, oxygène, hydrogène et azote qui le compose pour l'essentiel. Ces atomes abondants qui circulent en permanence à travers tous les réseaux trophiques et que les araignées extraient des tissus internes... des mouches et autres insectes (sans minerai de fer ou pétrole comme pour le Kevlar) ;

– Bien que doté de propriétés antibactériennes lui permettant de prolonger sa durée de vie (il rend acide l'eau qu'il attire, grâce à ses propriétés hydrophiles), il est non toxique et décompose *en éléments inoffensifs* ;

– Il est aisément recyclé par l'araignée, ou biodégradable après usage (*recycler tous les matériaux*) ;

– Ses caractéristiques lui permettent de garder les microbes sous contrôle, tout en ajustant sa chimie aux proies dominantes et à la météo du moment[9] (*optimiser plutôt que maximiser ; utiliser un design multi-fonctionnel*).

Une synthèse dont la richesse confirme le constat du professeur Julian Vincent, spécialiste des matériaux biomimétiques à l'université de Bath : les biomatériaux ont un contenu en informations beaucoup plus élevé que la plupart de ceux que nous produisons.

De plus en plus de laboratoires scientifiques dans le monde essaient, sinon de reproduire, en tout cas de s'inspirer de la soie d'araignée. Un des plus décisifs est celui des professeurs David Knight, Fritz Vollrath et David Bott, de l'université d'Oxford. Grâce à leur... ténacité, ils ont créé trois start-up[10], devenues références dans le domaine du biomimétisme de matériaux.

Après avoir patiemment progressé dans la compréhension de la biochimie de la soie, leur équipe a été capable de synthétiser ses protéines de base. Des protéines qui, au-delà des fils (à une dimension), peuvent aussi s'auto-assembler en structures à deux ou trois dimensions, et fournir une série d'applications dans le domaine des prothèses médicales. Conforme aux Principes du Vivant, tout comme le sont des bio-ciments inspirés des mollusques ou des coraux, la soie d'arachnide fournit des matériaux biocompatibles qui offrent au corps humain ses propriétés biophysiques exceptionnelles, dans le cadre de greffes de vaisseaux sanguins, de nerfs ou de cartilage.

Aussi fascinante et salutaire qu'elle soit, cette utilisation du biomimétisme, à l'instar de la technologie Sharklet employée dans les hôpitaux, n'apporte pas vraiment de bénéfice environnemental. Ou pas encore ? Car elle illustre bien ces chemins de traverse qu'empruntent les biomiméticiens pour faire avancer leur discipline. En dehors de l'intérêt évident pour la santé, David Knight expliquait dès 2007, lors d'une rencontre à l'université de Reading du réseau biomiméticien BIONIS, qu'une des motivations de ses recherches était de comprendre les principes chimiques de l'auto-assemblage des matériaux, pour les transférer ensuite vers des utilisations beaucoup plus « volumineuses », en remplacement de la pétrochimie si gourmande en énergie.

Actuellement, c'est dans le domaine médical qu'on trouve les plus importants budgets de recherche (notamment européens) pour explorer ces voies biochimiques en rupture avec la chimie classique. De nouvelles voies de synthèse, économes en énergie, pour des produits compatibles avec le corps humain, que rêver de mieux pour préparer les matériaux de construction de demain ? Quelle meilleure façon d'être respectueux du vivant ?

Dans le sillage de l'équipe anglaise, d'autres visent des utilisations beaucoup plus larges. Pour remplacer l'acier ou les fibres de carbone justement ; notamment pour la fabrication de pneus, de câbles, de cordes ou de matériaux composites pour carrosseries[11]. Un objectif désormais accessible : la PME allemande AMSilk a annoncé en 2013 la mise au point d'un véritable fil de soie baptisé Biosteel, synthétisé à partir de protéines sécrétées par des bactéries ayant reçu des gènes d'araignée* (soit un mélange de biomimétisme et de bio-assistance)[12]. Cette fibre devrait être mise sur le marché en 2016, et permettra le développement de toutes sortes de textiles techniques, tout en se substituant à des matériaux typiquement *heat, beat & treat*…

Le byssus des moules

Moins connue que la soie d'araignée, la « colle des moules » est en train de devenir une des belles histoire du biomimétisme

---

* Une percée technologique basée sur les travaux du Pr Thomas Scheibel, de l'université de Bayreuth.

de matériaux. Non seulement, elle a eu un impact certain sur les émissions d'un polluant produit à (trop) grande échelle, mais en plus, elle a pratiquement sauvé l'entreprise qui a eu l'audace de s'y lancer.

Columbia Forest Products, le plus grand fabricant américain de contreplaqué, partiellement à l'origine de cette histoire, possédait déjà une culture de la durabilité environnementale, puisqu'en 1998, ils furent parmi les premiers à faire certifier leur bois sous le label FSC*. Cinq ans plus tard, leur directeur technique, Steve Pung, s'est mis à la recherche d'un substitut pour les colles de panneaux de contreplaqué, dont le formaldéhyde s'évaporait après la pose et contaminait l'atmosphère intérieure des habitations, avec des effets néfastes sur la gorge, le foie, les reins, le système nerveux... C'est alors qu'il a rencontré le professeur Kaichang Li, de l'université d'Oregon.

Ce chercheur étudiait depuis plusieurs années le « byssus » des moules bleues, ce faisceau de filaments protéiques élastiques qui leur permet de rester ancrées aux rochers, tout en résistant aux vagues et aux marées du Pacifique Nord. En détaillant la structure des protéines, et pour ne pas devoir utiliser les moules comme source de cette colle inoffensive, biodégradable et supportant à merveille l'humidité, Li s'est aperçu qu'un des substituts les plus proches en termes de propriétés adhésives, mais aussi le plus aisément disponible, était une protéine du soja. Mais jusque-là, lorsqu'il avait présenté sa colle, il n'avait essuyé que des refus. Son produit, à la consistance épaisse de beurre de cacahuète, était trop différent des colles très liquides alors en cours. Cette « innovation de rupture » demandait trop de changements aux machines (et aux habitudes ?). Jusqu'à sa rencontre avec Steve Pung.

---

* Le Forest Stewardship Council (FSC) : label environnemental mondial qui assure que la production de bois ou d'un produit à base de bois respecte les procédures censées garantir la gestion durable des forêts.

Une fois constitué, le duo va rattraper le temps perdu : Li, en améliorant la recette de la résine permettant de transformer la farine de soja en protéines collantes à la façon des moules, et Pung, en adaptant les machines de toutes les usines de fabrication de contreplaqué intérieur. Un investissement digéré juste avant la crise économique de 2008, qui permettra aux unités canadiennes de Columbia Forest Products de rester, grâce à cet avantage qualitatif de plus en plus prisé, les seules du pays à produire du contreplaqué, malgré la concurrence low-cost des entreprises chinoises. Aujourd'hui, la compagnie estime qu'elle a réduit ses émissions polluantes de 50 à 90 % selon les usines.

Le professeur Li, quant à lui, n'était pas satisfait : quoique non toxique, sa colle reposait sur une résine non renouvelable*, issue de la pétrochimie[13]. Toujours inspiré par la moule, il finit par découvrir une autre substance, disponible en quantités gigantesques : la magnésie (MgO)[14].

Et il y a d'autres façons encore de s'inspirer du byssus des moules. Les équipes de Jonathan Wilker, de l'université de Purdue, aux États-Unis, et de Joao Mano, de l'université de Minho, au Portugal, ont conçu ensemble[15] des colles destinées essentiellement à la médecine, pour réparer des os, recoller des peaux déchirées ou des dents cassées, mais aussi pour des applications industrielles dans l'automobile, la cosmétique et encore les bois contreplaqués ! Cette fois plutôt que de s'appuyer sur les protéines de soja, les chercheurs ont combiné deux polymères de sucre, biocompatibles et biodégradables**, mais toujours en s'inspirant de la structure des protéines sécrétées par les moules[16]. Comme quoi, une fois que les principes de fonctionnement d'une molécule naturelle sont com-

* Il s'agit de la résine Kymene 557H, dont le principal composé est la polyamidoamine-epichlorohydrine.

** Le chitosane, dérivé de la chitine, et l'acide hyaluronique.

pris, il est encore permis de rajouter une couche de diversité supplémentaire en termes de solutions...

Le verre des éponges

Comme la moule, l'éponge est un animal des eaux salées. Immobile certes, comme le sont aussi les coraux, mais un animal quand même. En fait, le plus vieux et le plus « primitif » des animaux, apparu il y a 635 millions d'années, soit quelque 400 millions d'années avant les dinosaures. Sans véritables organes différenciés, capables de refusionner après que ses cellules ont été séparées, la plupart des dix mille espèces décrites sont des organismes marins qui se nourrissent par filtrage de bactéries et autres particules nutritives recueillies dans l'eau.

Ce mode de vie leur permet de vivre sur à peu près tous les substrats, y compris dans les abysses jusqu'à plus de 8 000 mètres de profondeur. Dans ces eaux froides et pauvres, leur croissance peut être incroyablement lente, mais elles profitent d'une longévité inégalée chez les animaux (jusqu'à 11 000 ans chez le *Monorhaphis chuni* de mer de Chine[17] !).

Malgré leur simplicité apparente, les éponges s'avèrent pourtant maîtresses dans l'art de rester vivantes et en bonne santé. Ce sont notamment les structures qui leur servent de squelette qui intriguent les chercheurs depuis longtemps. Nommées spicules, elles peuvent prendre des tailles et des dispositions diverses, et sont le produit de processus de biominéralisation. Certaines éponges les produisent en carbonate de calcium (calcaire), mais celles qui nous intéressent ici sont constituées... de verre. Les championnes de la synthèse de silice sont les Hexactinelles, dites « éponges de verre ». Particulièrement abondantes sur les fonds antarctiques, elles laissent à leur mort de véritables tapis de spicules, parfois épais d'un mètre, abritant une riche faune de crustacés, vers et mollusques. Comme tous ceux qui ont trié des chaluts de faune benthique, mes doigts se souviendront toujours des inévitables piqûres de ces innombrables et minuscules aiguilles de verre.

Du verre synthétisé par un organisme primitif ! Les éponges sont les seuls animaux à pouvoir le faire avec une telle efficacité ; du côté du plancton végétal, l'autre groupe spécialisé est celui des diatomées, présentes dans pratiquement toutes les eaux de surface de la planète. Si les structures délicates et extrêmement régulières que produisent les diatomées restent à l'échelle de leur propriétaire, donc le plus souvent microscopique, tel n'est pas le cas des spicules d'éponges de verre. N'allez quand même pas imaginer une éponge entourée de vitres : ces spicules ressemblent plutôt à une matière qui prend de plus en plus de place dans nos vies, la fibre de verre. Matière isolante ou servant d'armature à divers matériaux composites, ces filaments de silice que sont les fibres optiques s'imposent comme une des bases physiques de la toile tissée par les humains autour de la planète pour assurer la circulation de l'information.

Or la fibre optique, malgré son look moderne, reste issue d'une chimie chaude très « XXe siècle ». Lors de sa fabrication, elle exige des températures de 1 500 °C pour l'affinage de la matière fondue, et de 800 °C pour le séchage final. Là où certaines éponges antarctiques font le même boulot à – 1,8 °C (plus froid, l'eau de mer gèle à son tour). De quoi laisser rêveurs... ou réveiller les chercheurs ! Qui n'ont pas manqué de s'activer, en particulier ces dix dernières années. À la suite des taxonomistes, qui depuis toujours examinaient les spicules, est arrivée une autre vague de scientifiques, cette fois spécialistes en matériaux, et désireux d'en apprendre un maximum sur ces structures cristallines surgies des profondeurs océaniques, chacun à sa façon.

Une des équipes clés a réuni Joanna Aizenberg, de Lucent-Bell, Daniel Morse, de l'université de Californie, et leurs collègues. Ils ont démontré l'intérêt de regarder un biomatériau à toutes les échelles, en élucidant en détails les sept niveaux hiérarchiques de la structure d'*Euplectella*, une autre éponge de verre remarquable[18]. Le point de départ étant des nanosphères de silice condensées à partir de la silice en solution dans l'eau de mer. La particularité de ce niveau, c'est la disposition en couches concentriques de silice *minérale* en alternance avec des couches *organiques* ; un caractère courant chez les biomatériaux, à la base dans ce cas de la remarquable flexibilité des fibres, comparée à celle de leurs équivalents artificiels. Les microtiges ainsi formées sont ensuite regroupées en faisceaux composites, et ces faisceaux eux-mêmes juxtaposés comme des étançons. Tout cela à l'échelle du micron. En découle une grande résistance, typique de la structuration hiérarchique de nombreux matériaux naturels (comme la nacre ou la soie d'araignée), qui empêche les éventuelles fissures de se propager.

Dans le cas d'*Euplectella*, les étançons sont ensuite, à l'échelle macroscopique, disposés en un réseau à maille carrée, renforcé par des traverses diagonales. Cette géométrie permet de minimiser la quantité de matériaux, et confirme la théorie de Julian Vincent quant à la richesse en information des matériaux du vivant. Coïncidence, les architectes de la Swiss Re Tower à Londres, familièrement surnommée « le cornichon », ont utilisé la même géométrie[19].

Pour revenir au tout premier niveau, celui de la condensation de la silice, il a fallu plusieurs étapes pour élucider son fonctionnement. Or c'est sur cette compréhension fine que reposait tout le potentiel d'applications à venir. La présence d'une protéine de soutien, la spongine, similaire au collagène de nos tendons, a été mise en évidence assez tôt, mais il a fallu attendre 1999 pour identifier l'enzyme essentielle à la condensation du peu de silice présent dans l'eau de mer[20]. Baptisée silicatéine, sa caractéristique remarquable est qu'en plus de sa fonction enzymatique, elle se comporte comme une protéine qui préfigure la structure spatiale et fournit l'équivalent d'une plate-forme à l'organisation des spicules de silice[21].

Depuis, les chercheurs ont pu se lancer dans les applications pratiques. Plusieurs équipes biomédicales ont modifié des protéines pour ressembler aux silicatéines et développer des échafaudages pour implants osseux : contrairement aux broches métalliques classiques, ces armatures en silice finissent par se résorber totalement[22]. Cette approche devrait aussi ouvrir des possibilités en nano et micro-électroniques, où la silice reste un matériau-clé.

D'autres équipes explorent les possibilités offertes par la même enzyme pour concevoir une métallurgie à température ambiante, à destination de métaux bien spécifiques comme le zirconium, le titane ou le gallium, trois éléments proches du silicium. L'oxyde de gallium en particulier, a pu être condensé à température ambiante plutôt qu'à 400 °C. Notamment utilisé pour ses capacités de semi-conducteur[23], il entre dans la composition de certains panneaux solaires photovoltaïques.

Mais c'est plus encore du côté de leurs capacités de conduction de la lumière que les spicules s'apprêtent à livrer tout leur potentiel en tant que fibres optiques naturelles, synthétisées à froid. C'est d'ailleurs bien parce que cette silice ne présente aucun des défauts liés à une production à haute température que les spicules possèdent des qualités optiques supérieures. L'autre intérêt, ce sont leurs dimensions, à peu près les mêmes que les fibres artificielles : du coup, il n'est pas nécessaire d'extrapoler depuis une micro ou nano-échelle pour s'en inspirer.

Ces dernières années de recherche ont confirmé qu'il y avait bien une raison pour que ces organismes sécrètent des fibres de silice si efficaces pour la transmission des photons. L'équipe du professeur Müller, de l'université de Mayence, en Allemagne, une des plus acharnées sur le sujet, a montré au moins chez deux espèces l'existence de bioluminescence, soit la capacité d'un organisme vivant à produire de la lumière. Pour l'une des deux, avec la découverte d'une protéine réceptive à la lumière[24], les chercheurs postulent que le réseau de spicules pourrait jouer un rôle de proto-système nerveux, normalement absent chez les éponges. Autre avancée, d'une seconde équipe allemande, à l'université de Stuttgart, qui a montré que *Tethya aurantium*, une espèce à l'aspect rebondi, connue pour ses capacités à entretenir des algues unicellulaires symbiotiques en échange de leurs sucres, était capable de les élever aussi dans ses tissus les plus profonds, grâce à un apport de lumière (indispensable pour la photosynthèse) via les spicules branchés sur la surface extérieure de l'animal[25].

Il reste à transformer ces connaissances en recettes de fabrication. Car il n'est pas question de récolter ces spicules d'éponges, mais d'apprendre d'elles comment reproduire ces qualités optiques. La première avancée est toute récente : en 2014, le professeur Müller, dans le cadre du projet européen Biosilica, a annoncé l'impression sur feuille d'or de fils de silice capables de conduire la lumière, grâce à l'utilisation de silicatéines modifiées[26]. Si l'utilisation commerciale n'est pas encore à l'ordre du jour, les chercheurs s'en rapprochent. Les milliards d'échanges d'informations quotidiens sur Internet s'appuieront-ils un jour sur la sobriété biochimique des animaux les plus anciens, nos vénérables éponges de verre ?

Vers une « chimie verte »

Ces pistes s'inscrivent dans un élan qui n'a pas attendu le biomimétisme, incarné d'abord par un mouvement appelant à basculer vers une chimie plus « verte ». En 1998, deux chimistes américains, les professeurs Paul Anastas de l'université de Yale et John Warner de l'université du Massachusetts, en ont jeté les bases, avec un corpus théorique enrichi des applications potentielles qui permettraient cette mutation de la chimie industrielle[27]. Leur liste de douze principes est aujourd'hui une référence mondiale. Au point que la version française qui suit provient directement du site de l'UNESCO[28].

Les douze principes de la chimie verte

1. Prévention. Mieux vaut éviter de produire des déchets que d'avoir ensuite à les traiter ou s'en débarrasser.
2. Économie d'atomes. Mettre en œuvre de méthodes de synthèse qui incorporent dans le produit final tous les matériaux entrant dans le processus.
3. Conception de méthodes de synthèse moins dangereuses. Dans la mesure du possible, les méthodes de synthèse doivent utiliser et produire des substances peu ou pas toxiques pour l'homme et l'environnement.
4. Conception de produits chimiques plus sûrs. Mettre au point de produits chimiques atteignant les propriétés recherchées tout en étant le moins toxiques possible.
5. Solvants et auxiliaires moins polluants. Renoncer à utiliser des auxiliaires de synthèse (solvants, agents de séparation, etc.) ou choisir des auxiliaires inoffensifs lorsqu'ils sont nécessaires.
6. Recherche du rendement énergétique. La dépense énergétique nécessaire aux réactions chimiques doit être examinée sous l'angle de son incidence sur l'environnement et l'économie, et être réduite au minimum. Dans la mesure du

possible, les opérations de synthèse doivent s'effectuer dans les conditions de température et de pression ambiantes.

7. Utilisation de ressources renouvelables. Utiliser une ressource naturelle ou une matière première renouvelable plutôt que des produits fossiles, dans la mesure où la technique et l'économie le permettent.
8. Réduction du nombre de dérivés. Éviter, si possible, la multiplication inutile des dérivés en minimisant l'utilisation de radicaux bloquants (protecteurs/déprotecteurs ou de modification temporaire des processus physiques ou chimiques) car ils demandent un surplus d'agents réactifs et peuvent produire des déchets.
9. Catalyse. Utiliser des agents catalytiques (aussi sélectifs que possible), de préférence aux procédés stœchiométriques.
10. Conception de produits en vue de leur dégradation. Les produits chimiques doivent être conçus de telle sorte qu'en fin d'utilisation ils se décomposent en déchets inoffensifs biodégradables.
11. Observation en temps réel en vue de prévenir la pollution. Les méthodes d'observation doivent être perfectionnées afin de permettre la surveillance et le contrôle en temps réel des opérations en cours et leur suivi avant toute formation de substances dangereuses.
12. Une chimie fondamentalement plus fiable. Les substances et leur état physique entrant dans un processus chimique doivent être choisis de façon à prévenir les accidents tels qu'émanations dangereuses, explosions et incendies.

Depuis les débuts de la pétrochimie, des milliers de nouvelles molécules ont été mises sur le marché, et la liste continue de s'allonger chaque année. Il a fallu attendre les années 1990 pour que nos États se penchent collectivement sur les conséquences sur la santé et l'environnement de ces innombrables produits chimiques, et encore dix ans de plus pour que cela aboutisse à la directive REACH[29], entrée en application en 2007. Celle-ci a offert à l'Europe la réglementation réputée la plus avancée au monde, imposant notamment la charge de la preuve de l'innocuité d'un produit à son fabricant, en vertu du principe de précaution. Jusque-là, c'était aux « clients » et associations de consommateurs de s'en charger. Quelle « révolution » ! Ceci posé, plus de huit ans après sa mise en place, alors que « le nombre de substances déclarées est de 143 835, on estime que seules 3000 environ ont été évaluées, au moins partiellement. On mesure l'ampleur de la tâche, mais aussi des conséquences du laxisme qui a été la règle pendant des décennies[30] ».

La route vers une chimie verte est donc encore longue. Près de vingt ans après l'énonciation des douze principes, et face à la marée à peine descendante de nouveaux produits toxiques, il est frappant de constater le nombre de fois – cinq sur douze – où figure l'expression « dans la mesure du possible ». D'autant que la chimie des êtres vivants nous montre que *c'est* possible, et qu'à long terme, tout oubli de notre nécessaire compatibilité avec les écosystèmes dans lesquels nous sommes insérés nous reviendra en boomerang (comme l'ont déjà montré les exemples du DDT, des polluants organiques persistants, POP, et autres disrupteurs endocriniens).

L'approche « Cradle to Cradle »

Apparu en 2002, cet autre mouvement de fond a tenté d'aller plus loin. « La vie recycle *tout* ce qu'elle utilise/*tous* ses matériaux », disaient Hoagland et Dodson. Biomimicry 3.8 ajoutait « le vivant décompose ses produits en éléments inoffensifs », pour *ne pas* produire de toxicité qui s'accumule (et pas seulement dans « la mesure du possible »). C'est pour répondre à ces deux Principes du Vivant que le chimiste allemand Michael Braungart et l'architecte Bill McDonough ont proposé, cinq ans après la publication de *Biomimicry,* leur approche « *Cradle to Cradle* » (abrégée en C2C) – « du berceau au berceau », dans un livre traduit en douze langues depuis sa première édition[31].

L'expression prend le contre-pied de « *Cradle to grave* » – du berceau à la tombe – caractéristique de notre chimie industrielle. Si la méthode ne répond pas à tous les Principes du Vivant, sa rigueur lui permet à la fois d'être radicale dans certains cas et de poser les bonnes questions dans d'autres, avec un pouvoir pédagogique indéniable. Au cœur de leur démarche : non-toxicité, recyclabilité, proximité et le soleil comme source d'énergie...

Leur démarche par rapport à la toxicité est illustrée par une collaboration avec les entreprise de textiles DesignTex et Röhner, pour la mise au point d'un tissu destiné à la tapisserie. Partant du constat que les textiles génèrent des poussières qui peuvent être ingérées, même à petites doses, McDonough et Braungart se sont imposé de ne travailler qu'avec des substances inoffensives. Le tissu a ainsi été conçu par association d'une fibre d'origine animale, la laine, et une autre d'origine végétale, cultivée sans pesticides, la ramie (*Boehmeria nivea*), une plante textile d'origine chinoise. Pour les colorants et additifs, ils ont sélectionné trente-huit substances parmi huit mille composés, pour un produit final non seulement non toxique, mais qui puisse nourrir le sol une fois parvenu en fin d'utilisation (à tel point que les responsables des tests des effluents de l'usine ont d'abord cru que leurs instruments de mesure ne fonctionnaient plus).

Ce choix avait un autre avantage : éviter ce que McDonough et Braungart appellent les « hybrides monstrueux », soit un mélange de matériaux indissociables en fin de vie, dont l'un au moins est toxique. Les chaussures modernes en sont un bon exemple, assemblage de cuir (biodégradable) tanné au chrome (métal toxique, en voie d'épuisement) et d'une semelle en caoutchouc (biodégradable) additionnée de plomb (toxique). Ils en ont déduit que cette association n'était admissible qu'à deux conditions : si toxique il y avait, il devait rester dans l'objet; et il devait être facile à récupérer en fin de vie, sans avoir contaminé son environnement. Au passage, les substances biodégradables ont été rebaptisées « nutriments biologiques », et les métaux et autres toxiques « nutriments techniques ». À partir de cette distinction, ils ont développé méthodologies et formations pour concevoir un maximum d'objets pouvant en théorie être recyclés indéfiniment, tant que les deux flux – biologiques et techniques – restaient aisément séparables. Cette approche est en plein développement, notamment en Allemagne, en Hollande et en Chine, pour des tapis de sol, des meubles, voire des bâtiments entiers.

La démarche C2C semble cependant encore un peu optimiste, notamment du côté des nutriments techniques métalliques. Le recyclage d'un métal, surtout s'il est utilisé en alliage, demande une énergie croissant avec le degré de pureté, et est virtuellement impossible à 100 %. Il est assez symptomatique que les deux auteurs ne se soient pas aventurés du côté de l'électronique et des télécommunications au sens large, domaine en croissance exponentielle.

Vers une électronique organique

Y aurait-il des approches biomimétiques permettant de conjurer la dépendance aux métaux de nos ordinateurs, tablettes et smartphones ? Je me contenterai d'évoquer trois pistes qui permettent d'imaginer un monde où une bonne partie des DEEE (déchets d'équipements électriques et électroniques) dont le recyclage est aujourd'hui difficile, polluant et/ou coûteux en énergie, deviendrait biodégradable.

Dans cette démarche vers une électronique organique, s'inscrivent d'abord les ordinateurs « à ADN », en plein essor expérimental depuis les travaux pionniers du professeur Leonard Adleman, de l'université de Californie en 1994[32]. Avec des progrès particulièrement spectaculaires en termes de stockage des données, vu les capacités de l'ADN, qui allie une densité exceptionnelle d'informations à une longévité remarquable à basse température. La méthode la plus avancée[33] a ainsi permis de stocker l'équivalent de 700 terabytes (tera pour 10^{12}) de données dans un gramme d'ADN. Avec le matériel actuel, il faudrait 233 unités de 3 terabytes, soit 150 kg de disques durs.

Une deuxième piste vient des bactéries tapissant les fonds océaniques meubles. Dans ce type de sédiments, coexistent plusieurs types métaboliques de micro-organismes, avec des aérobies au contact de l'eau chargée en oxygène et, plus bas, d'autres espèces anaérobies. L'ensemble des bactéries concernées optimise son métabolisme par transferts d'électrons depuis les couches dépourvues d'oxygène. Or, dans une étude de 2012[34], des chercheurs ont démontré qu'une grande partie de ces transferts étaient assurés par des bactéries filamenteuses pouvant atteindre jusqu'à 1,5 cm faisant office de nano-fils électriques ! Comme le conclut l'article, « ces câbles électriques vivants ajoutent une nouvelle dimension à la compréhension des interactions bactériennes dans la nature et pourraient trouver une utilisation dans le développement de nouvelles technologies ». De quoi commencer à rêver à des fils électriques sans métaux ? Nous en sommes loin, mais pourquoi pas…

La troisième innovation en développement prend le problème à l'envers. Au lieu de s'appuyer sur des structures capables de conduire des électrons dans le vivant, elle met en avant le potentiel de transport des protons, eux aussi capables de coder et transférer de l'information par certains types de biomolécules. C'est ainsi que le chitosane, un dérivé de la chitine, elle-même à la base du squelette externe des insectes, est capable de contrôler la circulation d'un courant protonique à la manière d'un « transistor à effet de champ », une première étape vers la « bio-nanoprotonique »[35]. Des quantités importantes de chitine peuvent être produites par l'élevage de crustacés comme les crabes, crevettes et écrevisses. Mais ces quantités seraient-elles suffisantes ?

Bio-économie et sobriété en matériaux

En plus de son utilisation possible en protonique, les caractéristiques physico-chimiques de ce polymère de sucre qu'est la chitine intéressent un autre champ, encore balbutiant, les bioplastiques. L'objectif initial était de pouvoir se passer du pétrole comme matière première, pour en faire un matériau bio-sourcé et en développer certains qui soient biodégradables* (la première propriété n'impliquant pas nécessairement la seconde). En 2012, le professeur Ingber du Wyss Institute à Harvard a annoncé la mise au point du « Shrilk », un bioplastique basé sur une combinaison de chitine et de protéines de soie d'araignée[36]. Résistant, léger et biodégradable, il permet d'envisager des applications technologiques reprenant toute la gamme des chitines naturelles, depuis les ailes de libellules jusqu'aux carapaces dures des crabes, sclérifiées par l'adjonction de calcaire. De quoi aussi faire rêver ce fabricant de pots de yaourt recyclables, mais pratiquement jamais recyclés, qui appelait de ses vœux un plastique qui se dégrade de lui-même, quelques

* Et qui le soient vraiment, et pas seulement « photodégradables », à savoir réduits en morceaux de très petite taille sous l'action de la lumière.

semaines après la date de péremption du yaourt. De quoi aussi concilier un mode de fabrication « de bas en haut », repris par les imprimantes 3D, avec un matériau pouvant servir de nutriment biologique, à la façon « Cradle to Cradle », tel qu'imaginé par l'architecte biomiméticien anglais Michaël Pawlyn[37].

Il reste qu'avec 265 mégatonnes produites chaque année, le plastique est actuellement le quatrième matériau en poids sécrété par la civilisation thermo-industrielle. À l'heure des choix douloureux posés par le pic du pétrole, pourrions-nous le remplacer totalement par celui qui proviendrait de la bio-économie* ? À un tel niveau de consommation, il est clair que les déchets de chitine issus de l'aquaculture de crevettes ne suffiront pas. Mais qu'en serait-il si la chitine était produite par des champignons (eux aussi riches en chitine), eux-mêmes nourris par des plantes ? Un tel usage de la production végétale nous ferait courir le même risque qu'avec les agrocarburants** : entrer en concurrence avec l'agriculture alimentaire[38]. Un encouragement à diminuer drastiquement notre consommation de plastique.

Cet appel à la sobriété concerne autant les renouvelables que les non-renouvelables. Avec (beaucoup) moins de charbon, pas question de continuer à produire chaque année 3 300 mégatonnes de ciment, ou 1 430 d'acier – les deux leaders du classement en poids*** établi par le professeur canadien Vaclav Smil[39]. Si la première révolution industrielle, celle du Moyen Âge, a été nourrie uniquement de rayonnement solaire

* La bio-économie a pour objectif principal le développement de technologies destinées à remplacer les énergies fossiles par un recours à la biomasse.

** Un terme qui a l'avantage de la clarté, remplaçant avantageusement celui de bio-carburants, qui la plupart du temps n'ont pas grand-chose de bio...

*** Le troisième de la liste étant le papier, avec 400 mégatonnes annuelles.

contemporain – essentiellement sous forme de force hydraulique et de charbon de bois –, elle a aussi donné lieu, en 1346, à la première ordonnance royale limitant la coupe du bois pour éviter la surexploitation[40]. Dans une France trois fois moins peuplée qu'aujourd'hui, et consommant tellement moins de métal par habitant !

13

S'inspirer des flux pour un photovoltaïque organique ?

Le croisement entre le photovoltaïque (PV) et l'inspiration des organismes vivants est un des plus beaux gisements potentiels pour le biomimétisme de matériaux. Ce modèle en cours d'exploration, à la fois si évident et si « différent », pourrait bien répondre à une partie de nos besoins en énergie. Les implications de cette transition possible vont au-delà des matériaux.

Le photovoltaïque aujourd'hui, renouvelable ou à renouveler ?

Les panneaux solaires photovoltaïques ont été inventés en vue d'une performance révolutionnaire à l'époque (les premières cellules dignes de ce nom datent de 1955) : *transformer de la lumière en électricité*. Comme pour d'autres technologies, l'apport de l'industrie spatiale – qui en avait besoin pour ses satellites – a été décisif. Si le PV nous rapproche davantage de la compatibilité avec le vivant, c'est d'abord parce que cette technologie s'abreuve à la lumière du soleil, une énergie de flux, abondante et disponible partout, au lieu de puiser dans des ressources non renouvelables, énergies de stock, qui de surcroît polluent et rejettent des gaz à effet de serre.

De plus, les panneaux peuvent être facilement dimensionnés et déployés pour fournir de l'électricité là où elle est nécessaire, au lieu de la transporter sur des kilomètres, parfois des centaines, dans le cas des grosses centrales. Cette dimension distribuée et locale, autre Principe du Vivant, touche les installations sur toit ou éloignées des réseaux (comme dans pas mal de pays du Sud).

Malgré ces qualités, les cellules photovoltaïques sont encore éloignées de la durabilité, puisque produites par une chimie essentiellement minérale. Le coût énergétique de fabrication des panneaux est élevé. Outre l'extraction et la purification des métaux employés pour les cellules, il faut comptabiliser l'énergie dépensée pour l'armature métallique des panneaux et celle exigée par la matière première principale, le silicium.

Un silicium qui ne craint pas la pénurie et qui n'est pas toxique, puisque bien présent dans la chimie du vivant ; en quantité infime chez la plupart des animaux (une moyenne de 7 g pour un homme de 60 kg), mais parfois élément de base ou de renfort d'un squelette, externe ou interne (souvenez-vous des éponges et des diatomées), mais aussi chez des plantes terrestres comme les prêles. Par contre, comme de nombreux matériaux de notre période industrielle *heat, beat & treat*, il nécessite un important travail de purification à haute température, générant ainsi des émissions significatives de gaz carbonique. Si cette consommation est en baisse continue, notamment grâce au développement des cellules « à couche mince », on estime généralement que l'énergie consommée pour fabriquer un panneau correspond à un an de sa future production.

Autre difficulté posée par le PV, sa dépendance à des ressources non renouvelables et rares. Les panneaux actuellement sur le marché, avec ou sans silicium, nécessitent d'autres matériaux comme le bore, le titane, l'argent, l'indium, le gallium, le tellure, le cadmium, le platine, le ruthénium ou l'arsenic (selon la technologie employée). Pour la plupart, ces éléments sont assez dilués dans leur minerai pour générer une pollution chimique significative lors de leur extraction (sans compter la dépense énergétique). Certains sont de plus « bien placés » sur la liste des éléments dont la pénurie est annoncée, comme le platine ou l'indium. D'où une situation paradoxale : une source d'énergie dite renouvelable, mais basée sur des matériaux dont nous allons bientôt manquer.

Deux milliards d'années de recherche et développement

La nature pourrait-elle nous inspirer pour améliorer cette technologie encore si récente ? Dans son livre, Janine Benyus y consacrait un chapitre entier, et dix ans après l'avoir lu pour la première fois, je suis encore abasourdi par l'évidence de sa réponse : inspirons-nous des feuilles. Toutes les feuilles. Celles de la forêt voisine, des herbes folles entre les dalles du trottoir, de mon avocatier ou de mes chères orchidées sur l'appui de ma fenêtre.

Plus exactement, inspirons-nous de la *photosynthèse*, cette réaction chimique complexe qui représente la principale entrée d'énergie dans notre biosphère, également responsable de la teneur en oxygène de notre atmosphère, et donc fondamentale pour pratiquement toutes les espèces avec qui nous formons la biosphère actuelle*. Une réaction inventée – souvenez-vous – par des bactéries, plus spécifiquement les cyanobactéries ou algues bleues, et maîtrisée également par les plantes.

La première étape de la photosynthèse réalise exactement ce qu'il nous faut pour le PV : la transformation de photons (lumière) en électrons (électricité). La deuxième étape, moins

* À l'exception de celles qui sont branchées sur les molécules chimiques rejetées par les sources hydrothermales dans le fond des océans.

utile pour le PV, mais capitale pour les plantes et tous les écosystèmes, permet de récupérer ces électrons et leur énergie pour construire des matériaux complexes à partir de gaz carbonique et d'eau. Une invention extraordinaire mise au point il y a quelque 2,5 milliards d'années.

Depuis toujours, nous avons donc sous les yeux, dans nos mains et dans nos assiettes, un modèle de cellules PV basées sur le carbone, presque purement organiques. Et nous avons choisi une autre voie ?!

Voilà illustrée la difficulté de notre civilisation industrielle à faire se croiser et se féconder mutuellement chacune de ses spécialités. Les ingénieurs derrière nos systèmes énergétiques et électriques n'ont classiquement aucun contact avec la biologie. Voilà sans doute ce qui leur a rendu la photosynthèse… invisible. Même découplage du côté des biologistes et des agronomes : même en l'ayant étudiée au moins trois fois sur mes cinq années d'agronomie, je n'ai jamais entendu un de mes professeurs faire le rapprochement entre la photosynthèse et le photovoltaïque. Alors que sur papier – lui-même un produit dérivé de la divine réaction ! –, la photosynthèse semble avoir réponse à tous les problèmes soulevés par les technologies PV des différentes générations (la quatrième est dans les laboratoires). Que nous examinions la photosynthèse en tant que réaction chimique ou les feuilles en tant que panneaux, les constats sont identiques : le PV biologique est sobre en énergie et en matériaux non renouvelables. En termes de compatibilité avec le vivant, le passage en revue du cycle de vie des feuilles a de quoi laisser rêveur.

En termes de matériaux, les feuilles n'exigent aucun élément rare ou peu renouvelable. Comme toutes les substances issues de la chimie du vivant, les molécules qui effectuent la photosynthèse sont essentiellement composées de carbone, hydrogène, oxygène et azote, voire de phosphore. En fait, le seul élément un peu particulier est l'atome de magnésium, au milieu de la molécule de chlorophylle, le pigment à la base de la photosynthèse.

Le magnésium, élément abondant dans la croûte terrestre et dans les océans, a des rôles multiples dans notre organisme : formation des os, contraction musculaire, transmission des influx nerveux. Bref, un élément à part entière de la chimie du vivant. Par conséquent, l'appareil chlorophyllien est dépourvu de toxicité, comme le prouvent toutes les feuilles-panneaux solaires comestibles de laitue ou d'épinard !

La recyclabilité de l'ensemble est totale. Les feuilles sont complètement biodégradables (« nutriments biologiques » dans le vocabulaire « Cradle to Cradle »), au point d'être remplacées par de nouveaux panneaux dans un délai compris entre quelques mois – pour de nombreuses herbacées et les feuillus des forêts tempérées – et quatre à six ans – pour les conifères et autres plantes à feuilles persistantes.

Jeter des panneaux solaires après quelques mois, n'est-ce pas une forme de gaspillage ? En fait, si les plantes peuvent se le permettre, c'est en raison de leur efficacité énergétique globale. Pourtant, bien des spécialistes du PV vous diront que l'efficacité de la photosynthèse laisse à désirer quand on la compare à celle de nos panneaux photovoltaïques. C'est oublier ce principe de fonctionnement du vivant : la nature préfère l'optimisation à la maximisation.

Quel est exactement le type d'« efficacité » sur lequel les ingénieurs ont d'abord travaillé ? Il s'agit du « taux de rendement », soit, pour une surface donnée, le rapport entre la puissance produite et celle du rayonnement intercepté. L'objectif est donc de pouvoir générer un *maximum d'électricité par surface recouverte*. Maximisation. Le record actuel obtenu en laboratoire est de 44 %, pour des cellules multijonction, mais descend à 15/20 % pour les cellules en silicium polycristallin les plus communes[1]. En comparaison, le même taux de rendement pour les feuilles des plantes se situe entre 1 et 2 %, avec un record mesuré chez la canne à sucre, qui atteint... 9 %[2] !

Taux de retour énergétique

Mais est-ce bien le rendement par surface le plus important ? Est-ce vraiment de surface dont nous manquons ? Probablement pas : il suffit de survoler n'importe quelle ville ou zone industrielle pour voir que le gisement de surfaces inoccupées est gigantesque. En fait, avec le déclin annoncé des ressources fossiles, le paramètre clé pour estimer le rendement va à nouveau être le taux de retour énergétique (TRE, ou EROI en anglais), rapport entre la quantité d'énergie utilisable et celle dépensée pour l'obtenir.

Un paramètre simple à utiliser une fois calculé, l'ennui c'est qu'il faut le calculer, justement ! Le problème étant de déterminer où commence et où s'achève le procédé à mesurer. Dans le cas des panneaux solaires, mesurer l'électricité qu'ils produisent est simple. Par contre, il peut vite devenir difficile de définir la quantité exacte d'énergie qu'il aura fallu investir pour disposer de ces panneaux. Il y a le coût énergétique de l'assemblage des métaux et autres matériaux. Mais aussi le coût d'extraction du minerai, le transport jusqu'à l'unité de raffinage, le raffinage lui-même, le transport jusqu'au lieu d'assemblage... Voilà qui explique sans doute le « bon » chiffre donné plus haut : un an de fonctionnement pour rembourser l'énergie nécessaire à la production d'un panneau d'une durée de vie de vingt à trente ans (soit un TRE théorique de 20 à 30).

Fort heureusement, la prise en compte croissante des impacts sur l'environnement a conduit à un élargissement du champ (*scope*) de ce type d'étude. Avec notamment l'apparition des études de « cycle de vie » (*Life Cycle Analysis*, LCA en anglais). Mais aussi de la notion d'énergie grise, à savoir la quantité d'énergie nécessaire à ce cycle de vie : production, extraction, transformation, fabrication, transport, mise en œuvre, utilisation, entretien et recyclage. Ce regard plus large permet de réinscrire les produits ou les procédés à la fois dans leur dimension cyclique (puisqu'ils ne « disparaissent » pas après utilisation) et dans leur contexte « terrien », ou biosphérique. Ceux qui utilisent ce type d'approches relativisent l'« efficacité » du PV actuel, puisque d'après les études les plus récentes, le TRE moyen de cinquante systèmes différents serait de 6,5 (avec des valeurs comprises entre 18 et... 1,03 !)[3]. Une des études les plus sérieuses a été menée en Espagne par un binôme associant Pedro Prieto, ingénieur et entrepreneur du solaire, et Charles Hall, biologiste et inventeur du concept de TRE[4]. À leur consternation, leurs calculs ont produit un TRE moyen de 2,5 pour toute la filière photovoltaïque*[5].

Les feuilles tiennent-elles la comparaison ? Ici aussi, tout va dépendre du mode de calcul. Dans le cas des arbres pour lesquels les mesures existent, les feuilles sont portées par des branches et nourries par des racines, qui ont aussi un coût énergétique, tout en étant elles-mêmes les « usines » productrices des panneaux solaires. Dans le cas des arbres à feuilles caduques, qui, comme leur nom l'indique, renouvellent leurs feuilles chaque année (ce qui permet de répartir le « coût » des racines sur des dizaines d'années), certains chercheurs ont jugé pertinent de calculer le TRE des feuilles seules.

---

* La conclusion de Pedro Prieto est d'autant plus claire qu'à long terme le TRE continuera à diminuer en proportion de la baisse du TRE des combustibles fossiles nécessaires en amont : il considère explicitement les panneaux photovoltaïques comme une technologie intimement liée au charbon, pétrole et gaz. Son seul conseil est que nous baissions drastiquement nos besoins en énergie.

Sans trop de surprise, ce sont celles de la canopée, donc en plein soleil, qui affichent le meilleur résultat : entre 13 et 8 pour les chênes, charmes et hêtres. Quant aux feuilles du bas, celles de l'ombre, leur retour sur investissement varie de 10 à... 2, valeur en dessous de laquelle l'arbre cesse donc d'investir ! Certaines plantes tropicales font mieux encore, comme ces deux espèces d'arbres guyanais mesurées en sous-bois, avec des TRE compris entre 27 et 8 pour l'un, 37 et 14 pour l'autre[6]. La conclusion de ce petit exercice, c'est que même en tenant compte des imprécisions d'une comparaison entre des feuilles et des panneaux solaires, en matière de rendement énergétique pur, les feuilles sont largement à la hauteur des panneaux.

Cette similarité s'appuie toutefois sur une chimie bien différente ! Comme toujours en biochimie, toutes les molécules des feuilles, chlorophylle comprise, ont été synthétisées à température ambiante, avec du gaz carbonique et de l'eau comme matières premières de base. Comparée à la chimie chaude ou aux métaux rares du man-made PV, la photosynthèse repose sur des matériaux bon marché d'un point de vue énergétique, générant même des émissions de gaz à effet de serre... négatives, puisque les molécules carbonées qui les constituent représentent du CO_2 immobilisé ! Bien entendu, il s'agit plutôt d'une opération neutre, puisque tôt ou tard, toute matière organique est appelée à se décomposer jusqu'au stade CO_2 – une des plus petites molécules organiques – en attendant qu'il soit lui-même à nouveau fixé dans un solide vivant sous l'action de la chlorophylle. C'est le cycle – la danse ? – du carbone.

Recyclabilité

Pour ne pas changer, notre approche « adolescent-boîte de chimie » s'est d'abord octroyé le plaisir de concevoir ses panneaux photovoltaïques sans songer au recyclage, qui n'a pas fait partie du design initial ; en tout cas pas celui de première génération, qui domine toujours le marché (presque 90 % en 2007). Puisque les panneaux avaient été conçus pour durer le plus longtemps possible (vingt à trente ans dans l'idéal), il a fallu un certain temps avant que la question du recyclage soit posée.

Où en sommes-nous aujourd'hui ? En Europe, après des débuts timides dans les années 2000, le recyclage des panneaux solaires est devenu obligatoire en 2014, suite à leur inclusion dans la directive régulant les déchets électriques et électroniques, qui renforce l'initiative lancée il y a quelques années par des associations de fabricants de panneaux solaires comme le CERES ou PV Cycle[7], précurseurs dans le domaine. La directive européenne est maintenant étudiée aux États-Unis en vue d'une adaptation au marché américain.

On ne peut que se réjouir de cette prise en compte somme toute assez rapide. Toutefois, tout en alourdissant – par définition – la facture énergétique du PV, le recyclage actuellement pratiqué ne garantit pas encore une récupération à 100 % des éléments non renouvelables. Si près de 85 % des matériaux sont officiellement recyclés pour le PV de première génération, une bonne partie est en fait *downcyclée*, en français, dévalorisée (c'est-à-dire recyclée en un nouveau matériau de qualité ou de valeur moindre), en particulier le verre, de l'aveu même de PV Cycle. Par contre il semble que certaines technologies de seconde génération se rapprochent d'un taux de 95 %, y compris pour les éléments rares semi-conducteurs.

Cette évolution devrait permettre d'obtenir dans un avenir assez proche des panneaux solaires « Cradle to Cradle ». Ceux-ci seront toutefois basés sur une circulation bouclée de « nutriments techniques » (et non biologiques), dont plusieurs sont toxiques (soit directement, comme le cadmium, soit lors de leur extraction*). Le recyclage de ce type de panneaux restera donc une activité high tech, nécessitant des installations de pointe et il y a encore du pain sur la planche pour découpler la production de panneaux solaires de la toxicité. Si vous visitez une usine de raffinage de silicium ou une mine de cadmium (bien pire !), prenez vos précautions.

Vous vous souvenez de votre dernière balade en forêt ? Du tapis de feuilles mortes qui craquait sous vos pieds ? Peut-être vous y êtes-vous couchés pour une petite sieste ; ou roulés avec vos enfants en vous envoyant de grandes brassées colorées ? Si votre escapade s'est déroulée dans plus de calme, vous avez sûrement respiré le parfum d'humus qui montait après la pluie ; remarqué quelques champignons poussant leur tête à travers les feuilles ; croisé une limace ; contourné la bauge d'un sanglier. Et si vous vous êtes promenés le soir, silencieusement, vous avez peut-être entendu le retrait vif des milliers de vers de terre, en train de rentrer des débris de feuille dans leurs galeries…

Eh bien voilà, vous avez visité une usine de recyclage de panneaux solaires ! Une usine incroyable, sur laquelle il y aurait tant à dire. D'une épaisseur d'à peine quelques mètres, déposée en une nappe bruissante, directement sous le lieu d'utilisation des panneaux. Avec ses travailleurs innombrables, aux noms et spécialisations diverses : champignons, limaces, sangliers, vers de terre, mais aussi collemboles, bactéries, acariens, mille-pattes et bien d'autres. Chacun avec son rôle bien défini – passionnés avec ça ! –, se nourrissant littéralement de leur activité, mûs par de l'énergie… solaire, travaillant presque silencieusement ; sans rien devoir chauffer de façon extravagante ; sans générer de déchets inutiles et dangereux. Et le tout sans chef d'équipe ni service financier (mais ça c'est une autre histoire) !

---

* Vu le cocktail d'autres éléments nocifs présents dans les minerais.

Entre l'accessibilité de la matière première, le faible coût énergétique de production et une recyclabilité presque totale, difficile de se tenir éloigné indéfiniment d'un tel modèle ! Certains scientifiques ne s'y sont pas trompés, et ouvrent de façon plus ou moins radicale des voies utilisant davantage la chimie du vivant en général, et de la photosynthèse en particulier, pour améliorer ou concevoir de nouveaux panneaux.

Le photovoltaïque organique

La première approche, encore timide dans cette direction, consiste à intégrer progressivement des matériaux organiques, afin de diminuer le recours à des matériaux rares et ou toxiques. C'est le cas des cellules à pigment photosensibles (les cellules de Graetzel, du nom de leur inventeur suisse, de l'EPFL à Lausanne). Son idée pour récolter des photons a été d'incorporer des pigments inspirés de pigments naturels, essentiellement à base de carbone, hydrogène et oxygène. Certains ingrédients de cette première tentative laissant encore à désirer, comme le ruthénium, élément très rare, le professeur Graetzel et ses équipes travaillent actuellement sur d'autres procédés, mais qui restent exigeants en métaux rares et chers.

Une autre voie de troisième génération est maintenant désignée sous le nom de « photovoltaïque organique ». La proportion de molécules organiques y est encore plus élevée (sans s'inspirer pour autant de la photosynthèse), mais elle continue à s'appuyer sur une série de minéraux non renouvelables et de molécules plus ou moins toxiques*. C'est d'ailleurs essentiellement la recherche d'un prix plus bas qui a motivé la mise au point de ces deux familles de cellules, basée sur une troi-

* Comme l'oxyde d'étain-indium, ou les polyacétylènes.

sième mesure de rendement, plus cruciale que jamais : le prix du kilowattheure produit par mètre carré. Une unité qui, par définition, ne tient pas compte des externalités environnementales.

Enfin, d'autres équipes ont choisi d'être plus radicales : elles se sont tout… naturellement tournées vers la photosynthèse. Dans son livre, Janine Benyus s'attardait sur la photosynthèse artificielle, à l'époque encore fort prospective. Depuis lors, les recherches se sont poursuivies un peu partout autour du monde (Japon, États-Unis, Europe). Certains laboratoires ont essayé d'intégrer aux cellules PV un des assemblages moléculaires responsables des deux étapes de la photosynthèse au sein des chloroplastes[8]. Leur principale difficulté a été de contrer la détérioration rapide de ces molécules. En 2013, des chercheurs de l'université de Bochum, en Allemagne, sont parvenus à produire un courant électrique en enrobant d'un hydrogel les deux photosystèmes à la fois. Mais surtout, ils sont arrivés à une cellule beaucoup plus stable dans le temps, grâce à une idée géniale : aller chercher les pigments chez des algues bleues vivant précisément dans les conditions extrêmes des sources chaudes du Japon.

Encore loin d'une application industrielle, cette dernière avancée est en tout cas indicatrice d'une autre conception du biomimétisme, en couplant l'aspect « recette » du biomimétisme *stricto sensu* – produire des électrons comme les algues bleues ou les chloroplastes – avec l'approche plus classique d'une *bio-utilisation* de molécules produites directement par les organismes vivants (en prélevant ne serait-ce que les molécules modèles dans les cyanobactéries des sources chaudes). Elle marque aussi une étape de plus vers des cellules « biophotovoltaïques » indépendantes du silicium ou d'autres minéraux.

D'autres équipes de chercheurs vont encore plus loin dans ce qui s'appelle désormais le « biophotovoltaïque », en ayant recours à la *bio-assistance*, à savoir des systèmes qui utiliseraient directement des organismes vivants (sans les tuer) pour générer de l'électricité. Des scientifiques de l'université de Cambridge travaillent ainsi sur un concept de cellules PV qui s'apparentent à des mini-aquariums circulaires pour microalgues. À terme, ils pourraient être déployés en mer en tant que structure flottante, comme des feuilles de nénuphar, et générer, d'après les premiers calculs, autant de courant électrique par surface que les champs d'éoliennes off-shore[9].

L'équipe internationale du programme européen Plantpower a elle aussi travaillé sur une approche mêlant biomimétisme et bio-assistance, en s'appuyant sur une association entre des plantes et des bactéries vivant dans un même sol. Le principe est simple : sur les parcelles cultivées, une part importante de la matière organique produite par les plantes est libérée par les racines dans le substrat. Là, des microorganismes la dégradent, tout en produisant des électrons en tant que… déchets de cette activité. Ces électrons peuvent être récoltés grâce à une électrode, vingt-quatre heures sur vingt-quatre, sans pour autant compromettre la croissance des plantes. Encore au stade expérimental, cette technique a déjà donné lieu à la création de la start-up Plant-e par l'université de Wageningen en Hollande[10].

Quoi qu'il en soit, puisque le solaire PV devra jouer un rôle important dans le futur, il est plus prudent de ne pas mettre tous ses œufs dans le même panier (un principe de bon sens !), et d'effectuer une transition, au moins partielle, vers le biophotovoltaïque – où le carbone remplacerait le silicium. Ce ne sera pas nécessairement une solution de facilité : la chimie du vivant est parvenue à un degré de complexité beaucoup plus élevé que notre pétrochimie du XXe siècle et notre biochimie actuelle est loin de l'égaler. Ne demandons donc pas l'impossible aux chercheurs : rattraper des milliards d'années d'essais-erreurs ne se fait pas en un clin d'œil.

Par ailleurs, il est aussi plus facile de parvenir à un résultat quand on reçoit les moyens nécessaires ! Or il n'existe pas encore de programme de recherche majeur financé explicitement pour parvenir à des panneaux solaires complètement organiques. Certes, de nombreuses équipes travaillent pour améliorer l'efficacité des cellules PV, et certaines progressent dans cette direction, mais quand c'est le cas, la voie carbone est davantage un moyen possible qu'un objectif en soi. S'il en était autrement, les travaux de l'équipe Plantpower financés par la division Recherche à la Commission européenne n'auraient pas dû trouver refuge dans la section Future Emerging Technologies. Sans oublier que, plus globalement, les fonds alloués aux énergies de stock sont bien supérieurs à ceux des énergies de flux...

Des panneaux qui poussent comme des plantes

Que cela ne nous empêche pas de rêver. Ou plutôt d'imaginer jusqu'où l'exemple des plantes pourrait nous amener. Un exercice sur lequel nous avions planché il y a quelques années, avec une grande compagnie d'énergie (surtout de stock...). La réflexion a fait long feu, mais nous avait projetés loin. Une réflexion elle aussi basée sur les plantes, mais cette fois à l'échelle de la forêt, plutôt que de la chlorophylle.

Imaginez... Imaginez que vous êtes un ingénieur en photovoltaïque à qui on a demandé d'aller à la rencontre des végétaux pour inventer les panneaux du futur. Que feriez-vous différemment ? Repensez à vos dernières promenades en forêt. Regardez l'ensemble des arbres : les plus grands, pins sylvestres, frênes ou hêtres ; les plus jeunes, déjà partiellement à l'ombre de leurs aînés ; les buissons de noisetiers ou de sureau ; les fourrés de ronces ou de myrtilliers ; et enfin les graminées ou les anémones. Une multitude de panneaux solaires vous entourent, et proposent déjà des pistes de réflexion.

Premier constat, la grande majorité des feuilles sont translucides ! Elles se laissent traverser par une bonne partie de la lumière qu'elles interceptent. Maigre efficacité disent certains ! Mais qui permet de superposer plusieurs couches de panneaux les unes au-dessus des autres, une voie déjà totalement inédite dans le PV produit par les hommes*. Quand les biologistes y ont regardé de plus près, ils ont été émerveillés de la complexité de cette imbrication, du jeu sur la longueur d'onde et sur l'efficacité de la récolte, en adaptant les pigments à ce qui est disponible…

Les feuilles les plus haut placées, au sommet de la canopée, se concentrent sur les longueurs d'onde les plus intéressantes, puisqu'elles ont le choix. Les plantes du sous-bois emploient d'autres pigments, afin de récupérer les ondes moins énergétiques, mais encore rentables. Des couches de panneaux, avec des facultés différentes d'absorption en fonction de la longueur d'onde, en voilà une idée à creuser pour l'ingénieur que vous êtes…

Même diversité en ce qui concerne l'efficacité des capteurs, avec encore des enseignements à tirer du dialogue avec les plantes d'ombre, décidément douées pour se débrouiller avec peu. Pour compenser le faible niveau de lumière dont elles doivent se contenter, leurs feuilles ont multiplié les stratégies[11] : quantité plus grande de chlorophylle par gramme de feuille ; dômes de cellules agissant comme des loupes pour concentrer les rayons sur la chlorophylle ; et même une deuxième couche de pigments rouges ou violets sur la face inférieure de leurs feuilles, afin de réfléchir vers le haut, donc à travers la chlorophylle, la lumière qui n'aurait pas été captée au premier passage[12]. Des stratégies impressionnantes

* Des panneaux translucides existent… mais pas superposés !

d'efficacité, puisqu'elles permettent à certaines de photosynthétiser à partir de seulement 0,5 à 0,1 % de l'énergie totale disponible dans les forêts tropicales les plus sombres*. À comparer avec « nos » panneaux, dont l'efficacité est mise en doute dès que le ciel devient gris. Voilà une nouvelle voie de recherche potentielle : adapter les pigments de nos futurs capteurs aux (faibles) niveaux de lumière disponible, à l'extérieur comme à l'intérieur.

Les forêts n'ont toutefois pas fini de nous instruire : les plantes qui les composent s'ajustent non seulement dans l'espace, mais aussi dans le temps. Sensibles elles aussi au rapport entre l'énergie nécessaire pour produire et maintenir les panneaux et celle qu'elles récoltent – souvenez-vous du TRE – elles ont à nouveau développé une série de stratégies différentes. Sous nos latitudes tempérées, moins lumineuses en hiver que celles de la bande intertropicale, la majorité des feuillus n'utilise des panneaux solaires que pendant une moitié de l'année. C'est aussi le cas de nombreuse plantes de sous-bois, comme les anémones sylvies ou l'ail des ours. Invisibles en hiver, elles profitent de la lumière du début du printemps pour récolter l'énergie nécessaire pour toute l'année, grâce à des feuilles-panneaux ultra-efficaces et à courte vie. Quand moins de vingt jours – voir cinq pour certaines herbacées – suffisent pour rembourser les coûts de départ, il n'est pas nécessaire que les panneaux durent des années[13] ! Une tactique inspirante : en changeant de matériaux, il serait possible de rentabiliser l'investissement énergétique sans devoir construire aussi durablement, et de concevoir des panneaux nettement plus éphémères, puisque faciles à recycler, avec un TRE aussi intéressant !

---

* Même souplesse à l'intérieur d'une espèce : les feuilles les plus « ombragées » d'un hêtre peuvent contribuer à la photosynthèse avec 5 % du rayonnement reçu par les feuilles du sommet d'un même arbre.

Cela dit, la photosynthèse ne s'arrête pas complètement en hiver. Mousses et algues unicellulaires sur les troncs et les branches, plantes à feuillage persistant comme le houx, le lierre ou les rhododendrons, et surtout la plupart des conifères, ont opté pour une solution intermédiaire. Sans durer trente ans comme nos panneaux à base de silicium, leurs feuilles et aiguilles se sont adaptées pour couvrir jusqu'à cinq cycles saisonniers. Leur défi est alors de maintenir leur appareil photosynthétique dans des conditions optimales en dépit des variations de luminosité et de température. Une difficulté contournée en ajustant la concentration tant de la chlorophylle que des autres pigments qui peuvent la protéger quand nécessaire. Leçon supplémentaire : pourquoi ne pas appliquer ce principe d'ajustement saisonnier à nos panneaux solaires ? Cette démarche ne paraît pas hors de portée : les panneaux solaires hybrides thermiques-photovoltaïques sont conçus pour s'adapter au rythme jour-nuit.

Serait-il possible d'aller encore plus loin ? Lorsque nous avions fait notre brainstorming, nous avions poussé le bouchon de la prospective jusqu'à une bascule potentielle des énergéticiens vers l'économie de service. Car un autre Principe du Vivant s'applique à nos feuilles-panneaux solaires : ils s'auto-assemblent sur leur lieu d'utilisation à partir de matériaux disponibles sur place. Imaginons que nos ingénieurs aillent jusque-là : le travail des énergéticiens consisterait alors au redémarrage annuel de la « culture » de panneaux solaires sur les toits (ces panneaux ombrageraient une partie de votre cour – gardez la vigne ou la glycine pour l'autre). Il ne s'agirait plus de vendre de l'électricité, mais d'entretenir le système produisant chaque printemps nos panneaux pour la belle saison (et chaque automne pour les panneaux d'hiver ?) à partir du gaz carbonique ambiant et d'une solution d'eau additionnée de nutriments (issus de notre compost de panneaux de la saison précédente ?)...

Un rêve d'architecte biomimétique :
maison avec panneaux solaires en fin de croissance.

Ce scénario de science-fiction s'apparente bien sûr à une approche éminemment technologique, éternelle tentation de notre civilisation techno-industrielle. Elle tente tout de même de s'affranchir des combustibles fossiles et de s'inscrire dans l'économie circulaire de ressources renouvelables, tout en n'étant pas incompatible avec une démarche de sobriété énergétique. Après tout, si les arbres savent le faire, pourquoi pas nous ?

14

S'inspirer des écosystèmes, coopérer entre espèces et créer l'abondance

Le biomimétisme écosystémique

Comme l'illustre un rapport récent de l'OCDE sur l'éco-innovation[1], c'est par l'ajout de principes organisationnels aux Principes du Vivant que notre démarche biomimétique trouvera sa plénitude. Ces principes écosystémiques supplémentaires, comme autant de métaphores, permettront d'évaluer nos nouvelles approches, leur degré de compatibilité avec la biosphère. C'est là que le biomimétisme, tout en se faisant éventuellement moins inventif, pourra tester et améliorer la cohérence environnementale de démarches qui n'ont pas attendu le biomimétisme (« Cradle to Cradle », permaculture...)

C'est en essayant d'utiliser simultanément un maximum des Principes du Vivant que cette cohérence aura le plus de chances d'être atteinte. Pour prendre en compte les impacts potentiels d'une innovation, il suffira d'acquérir le réflexe d'élargir le contexte environnemental de référence.

Si, par exemple, nous voulons utiliser les capacités du scarabée de Namibie à récolter de la brume en zone sèche grâce à une technologie totalement insérée dans la biosphère, il faudra aller plus loin que l'inspiration de la microstructure de ses élytres. Il s'agira de s'assurer de l'innocuité du plastique utilisé (*Décomposer ses produits en éléments inoffensifs*), puis de passer à des plastiques bio-sourcés (*La vie se nourrit de sucre*), retravaillés en chimie verte (*La vie naît dans l'eau*), à température et pression ambiantes (*Faire appel à des procédés sobres en énergie*), recyclables (*La vie recycle tout ce qu'elle utilise*) ou biodégradables en fin de vie (*La vie est interconnectée et interdépendante*). Tout cela avec des matériaux locaux, pour éviter des dépenses énergétiques superflues (*Utiliser l'énergie et les matériaux locaux*). Avec ultimement – toujours ce principe d'interconnexion et d'interdépendance – la biosphère tout entière comme cadre de référence.

Le biomimétisme écosystémique est à la fois inclusif (puisqu'il comprend aussi forme et matériaux) et beaucoup plus horizontal dans son approche que les deux niveaux précédents.

Les exemples sont nombreux de cette volonté de s'insérer au mieux dans les cycles biosphériques : la démarche « Natural Step[2] », l'écologie industrielle, les villes durables, la phyto- et myco-remédiation, l'agriculture urbaine, l'agroécologie, et bien d'autres, que ce soit dans les pays du Sud ou du Nord. J'ai choisi de mettre l'accent sur un des principes organisationnels sans doute les plus à contre-courant de notre mentalité actuelle : *la vie est compétitive sur un socle de coopération*, en abordant la question cruciale de l'agriculture en tant que base de l'*alimentation* et de nos rapports aux autres espèces pour y pourvoir d'une façon à nouveau respectueuse des grands cycles de la terre.

Nous pourrions en effet appréhender différemment nos relations avec les autres espèces, en les reconsidérant comme des symbioses. Ce n'est pas une démarche nouvelle après tout. La plupart des peuples premiers se mettent déjà sur pied d'égalité avec les espèces qui les entourent et dont ils dépendent ; ils les ont toujours considérées comme des partenaires. Une vision encore – ou à nouveau – partagée par certains Occidentaux, éleveurs préoccupés du bien-être de leurs poules ou de leurs vaches, récolteurs de bourgeons ou de sève de bouleau à des fins médicinales...

Cette vision, à la fois ancienne et nouvelle, a le potentiel de transformer une « exploitation » en une véritable collaboration, une symbiose, par définition bénéfique pour les deux membres de la relation. Remettre à l'honneur le bien-être des autres espèces, respecter leur « place » dans les écosystèmes, et à la fois nous accepter en tant qu'entité biologique façonnant elle aussi de nouveaux habitats et de nouvelles associations d'espèces, tout en assumant la mort de nos partenaires quand elle nous est nécessaire, voilà qui me paraît aussi faire partie de notre programme de reconnexion à la biosphère.

Une fois ancrés dans ce mouvement, le premier domaine qu'il faut améliorer est celui qui nous nourrit – besoin vital – tout en consacrant quotidiennement notre lien au reste du vivant et à la terre dans son ensemble. Expérimenter une agriculture régénératrice, biomimétique, symbiotique et indépendante du pétrole, forte des savoirs accumulés aussi bien par les paysans, les scientifiques, les autres espèces et les écosystèmes, voilà un fameux chantier. Ce chantier n'est pas seulement une priorité, il est la condition *sine qua non* à notre construction d'une civilisation apaisée dans son rapport à la planète.

Cet apaisement devra commencer par nous, les humains, obnubilés depuis cent cinquante ans par la compétition et la prédation. « Moins de biens, plus de liens[3] », nous disent les tenants de la simplicité volontaire. Encore faut-il retrouver le chemin de cette confiance entre nous ; réaligner nos organisations, présentes et à venir, vers l'objectif commun de préserver et restaurer le vivant ; réapprendre à « cultiver les relations de coopération », à petite et grande échelle. Heureusement, là encore, le vivant a quelques trucs à nous proposer.

Créer l'abondance alimentaire[4]

L'insertion de l'agriculture et, plus globalement, des systèmes alimentaires modernes dans le modèle thermo-industriel et leur dépendance aux combustibles fossiles ont déjà été commentées et détaillées dans de nombreux ouvrages. Un chiffre déjà cité résume l'impact désastreux de notre alimentation : il faut en moyenne dépenser dix calories fossiles pour parvenir, en fin de chaîne, à récupérer une calorie de nourriture.

Bien sûr la critique de ce système est déjà lancée, de plus en plus populaire, et commence même à être prise au sérieux par les pouvoirs politiques. Elle s'est notamment traduite ces dernières années par le développement ou la résurgence de modèles agronomiques alternatifs aux définitions plus ou moins bien établies, comme l'agriculture bio, la biodynamie, l'agro-écologie ou la permaculture... La vigilance s'est également accrue du côté des consommateurs quant à la qualité et la provenance de leurs aliments, et a conduit à l'émergence spontanée de modes d'organisation et de commercialisation permettant de court-circuiter les maillons intermédiaires entre les paysans et ceux qui mangent leurs produits.

Notre agriculture, au lieu de détruire les sols dont elle dépend, doit participer à la restauration et à la revitalisation de cet habitat crucial. Sera-t-elle capable de se passer (à nouveau) de combustibles fossiles et de nourrir « la planète » ? Quid d'une agriculture à la fois « de réparation » et « solaire » (post-pétrole), comme l'a baptisée l'agronome et biologiste Pablo Servigne dans son rapport au Parlement européen sur l'avenir de l'agriculture en Europe[5] ?

Six principes pour une agriculture biomimétique post-carbone

En situation de précarité énergétique, il est conforme au bon sens de se tourner vers les principes de fonctionnement des écosystèmes[6]. Éric Malézieux[7] a proposé sous le vocable d'« écomimétisme » une liste de six principes issus de l'expérience des écosystèmes :

Utiliser des traits fonctionnels complémentaires pour assurer production et résilience

Ce principe est à l'opposé de la monoculture. Il parie sur les synergies entre espèces de plantes et se trouve au cœur de l'agroforesterie, de la permaculture ou des cultures mélangées d'herbacées vivaces (céréales, légumineuses et oléagineuses) expérimentées notamment par le Land Institute (Kansas)[8]. Il peut être étendu à la complémentarité entre les productions animales et végétales (les premiers se nourrissant des seconds tout en leur restituant de la fertilité), tel que pratiqué de façon fine en biodynamie ou pour l'élevage, dans l'approche mise au point par le Savory Institute[9].

Maintenir la fertilité du sol en le gardant couvert

Ce principe, donnant la prééminence à la vie du sol, permet de diminuer considérablement les besoins en travail du sol (voire de l'éliminer) et donc de se passer de mécanisation motorisée. Il permet aussi d'assurer une meilleure circulation et rétention des nutriments dans le sol. En fait, la mise à nu d'un sol peut être considérée comme une aberration agronomique ; elle le rend vulnérable au rayonnement solaire (rayons UV) qui stérilise les premiers centimètres, et aux précipitations génératrices d'érosion. A l'opposé, un couvert organique permanent le protège de ces agressions. Suivant le type de cultures, ce couvert peut être assuré par des plantes vivantes (engrais verts ou semis sous couvert). Par ailleurs, maintenir les racines des plantes récoltées ou rabattues nourrit le sol tout en respectant les champignons mycorrhiziens.

Favoriser les collaborations plutôt que la compétition entre plantes

Un des groupes-clés est ici celui des légumineuses, capables de fixer l'azote atmosphérique grâce à leur symbiose avec les bactéries de type *Rhizobium*. Un célèbre exemple d'agroécosystème basé sur la collaboration est la « milpa », originaire de Méso-Amérique : en cultivant simultanément du haricot (légumineuse grimpante) sur du maïs (céréale et tuteur) et en utilisant les courges comme couvre-sol productif, les populations amérindiennes parviennent, sans énergie fossile, à égaler le rendement du maïs industriel (lorsque les trois espèces sont prises en compte)[10]. En Europe, une approche similaire – autrefois très commune – est notamment prônée par André Pochon pour les prairies, en associant le trèfle blanc avec du ray-grass[11]. La plante fixatrice d'azote peut aussi être ligneuse, en utilisant par exemple des acacias, des *Leucaena* en agroforesterie tropicale, ou des aulnes le long des cours d'eau européens.

Contrôler les ravageurs par des niveaux trophiques complexes

Un des meilleurs exemples en est la méthode du *push-pull*[12], appliquée notamment au Kenya pour le maïs par le professeur Khan et son équipe. Deux espèces de plantes sont jointes à la culture de la céréale. Le *push* : *Desmodium uncinatum* (ou une autre espèce du genre *Desmodium*), une légumineuse qui repousse la pyrale du maïs et empêche chimiquement l'installation du *Striga*[13] (une plante parasite du maïs) tout en enrichissant le sol en azote. Et le *pull* : l'herbe à éléphant[14]

(*Pennisetum purpureum*), plantée en périphérie, qui joue le rôle d'attracteur pour les femelles de pyrale, tout en diminuant le taux de survie de leurs chenilles. Pour être plus efficace, cette approche inclut aussi des rotations régulières pour « diluer » les plantes favorables à la pyrale. Pour couronner le tout, le *Desmodium* et l'herbe à éléphant représentent un fourrage de bonne qualité et permettent de coupler l'élevage de bétail à la culture du maïs[15], ramenant ainsi la complémentarité, notamment en termes de fertilité, entre productions végétale et animale.

Au-delà de cet exemple précis, il s'agit de maintenir une mosaïque de parcelles cultivées et de zones (plus) spontanées avec maintien de la biodiversité locale, incluant les éléments favorables aux prédateurs et parasitoïdes (pucerons par exemple) des espèces indésirables en trop forte densité. En maraîchage[16], il est ainsi conseillé d'installer des piquets à buse et nichoirs à chouette effraie pour limiter les campagnols, de garder les milieux favorables aux hérissons, grives et carabes et de créer des mares pour les crapauds, quatre grands prédateurs de limaces. Contre les limaces, il est aussi possible d'impliquer des espèces domestiques, comme les canards coureurs et les poules, une approche bien connue des permaculteurs. Un autre exemple en plein développement est le recours aux guêpes parasitoïdes du genre *Trichogramma* sur différents insectes ravageurs. Les surfaces agricoles ainsi protégées sont en rapide expansion, notamment en Chine[17], tandis que le développement de l'agro-écologie à Cuba a permis la mise au point de techniques d'élevage « artisanales »[18] à des échelles massives, notamment pour la protection de la canne à sucre.

Utiliser les propriétés des plantes et les alternatives biologiques pour contrôler ravageurs et maladies

En agriculture à petite échelle, deux grandes voies continuent à se développer. Le recours, d'une part, à des préparations d'origine botanique comme répulsifs ou insecticides : pulvérisations à base d'ortie (*Urtica dioica*) ou de consoude (*Symphytum officinale*) en régions tempérées, ou d'huile de neem (*Azadirachta indica*) ou de menthe africaine (*Hyptis suaveolens*) en régions tropicales.

Les connaissances progressent également à grands pas dans l'utilisation de champignons : soit des « entomopathogènes » qui protègent les plantes d'insectes comme certains coléoptères, lépidoptères, isoptères (termites) ou homoptères (pucerons), voire d'autres arthropodes comme les acariens, avant ou après la récolte ; soit des champignons qui limitent les infections de nématodes ou de champignons pathogènes.

Reproduire les successions écologiques après une perturbation

Les spécialistes de la résilience ont décrit l'évolution de chaque écosystème comme un cycle adaptatif passant successivement par les phases de croissance rapide, de conservation, de libération et de réorganisation[19]. Cette lecture permet de mieux interpréter certaines approches agricoles « traditionnelles », comme l'agriculture sur brûlis, mais aussi d'en inventer d'autres qui tirent parti de la complémentarité des phases, en particulier les deux premières.

Les espèces à croissance rapide, celles qui sont le plus souvent domestiquées, sont généralement hautement productives, avec la capacité de coloniser aisément les espaces ouverts ; tandis que les espèces de la phase de conservation, la plupart vivaces, sont à la fois plus compétitives et plus coopératives, pour tirer parti au mieux de ressources plus limitées. Cette valorisation des deux phases est utilisée en région tropicale dans l'approche de la foresterie analogue[20], qui consiste à reforester en reproduisant les différentes étapes de la colonisation d'une zone dégagée. En sélectionnant chaque fois des espèces valorisables sur le plan économique (nourriture, fibres, résines, parfums, etc.), tout en laissant une bonne partie du territoire libre de toute intervention humaine, afin que la forêt d'origine puisse se rétablir ou s'y maintenir. En Europe, l'approche permacole des forêts-jardins a recours à cette même juxtaposition, cette fois dans l'espace, en jouant sur un maillage entre clairières à forte concentration en herbacées productives (légumes, éventuellement céréales, aromatiques), biomasse pour la fertilité du maraîchage voisin, et d'autres parties avec arbres et arbustes[21].

L'arbre au cœur d'une « agriculture de l'imprévisible »

Le monde a quitté la zone d'exceptionnelle stabilité climatique qui caractérisait l'Holocène. L'Anthropocène – les prochaines décennies – annonce un climat plus chaud, instable, agressif et imprévisible, ce qui, pour l'agriculture, est un véritable casse-tête. Comment augmenter ou restaurer la capacité des agro-écosystèmes à « encaisser » des événements climatiques extrêmes (sécheresses, ouragans, inondations) ? Comment inventer une « agriculture de l'imprévisible » ?

En Europe, la grande majorité de la production de nourriture (80 %) provient de la culture des céréales annuelles, des graines oléagineuses et des légumes[22]. Ce « paquet technique » a été élaboré il y a dix mille ans dans le Croissant fertile du Moyen-Orient, une zone caractérisée par des milieux naturels steppiques[23].

C'était donc une agriculture qui imitait les écosystèmes naturels. En migrant vers l'Europe par le Danube, ces agriculteurs ont colonisé un milieu naturellement forestier peuplé de chasseurs-cueilleurs, en considérant l'arbre comme un obstacle à l'agriculture (brûlis, rotations longues, etc.). Comme l'explique l'agronome Matthieu Calame, ils ont « steppisé » la forêt. Non seulement cela coûte cher en énergie, mais les conséquences écologiques de la destruction de forêts et du travail du sol ont été catastrophiques, aussi bien en Chine que dans le Sahara ou dans le pourtour méditerranéen.

Contrairement au Sahara, la désertification totale de la Méditerranée a été évitée grâce à la domestication de l'olivier (quatre mille ans après les céréales) puis du châtaignier (mille ans avant J.-C.) et à la création d'agro-écosystèmes complexes associant *ager* (le champ), *sylva* (la forêt) et *saltus* (les prairies).

La véritable catastrophe, le « grand bond en arrière », a commencé après la première guerre mondiale avec l'apparition des engrais de synthèse et des machines agricoles, puis après la seconde guerre mondiale, avec la « révolution verte » (que Matthieu Calame appelle la « régression ocre »), caractérisée par une destruction systématique des sols vivants et donc des terres arables. Depuis moins d'un siècle, grâce aux énergies fossiles, nos sociétés sont revenues à une agronomie néolithique particulièrement primitive, inefficace et destructrice.

Les impacts environnementaux des cultures annuelles sont désastreux : érosion des sols, pollution des eaux par l'utilisation de fertilisants et de pesticides*[24], grande consommation d'énergie et libération d'importantes quantités de gaz à effet de serre[25]. Baser une agriculture sur les plantes vivaces serait donc une voie logique pour revenir à une agriculture soutenable : moins de travail, moins d'énergie dépensée, moins de perturbation de la vie du sol, etc. Nous cultivons déjà de nombreuses espèces vivaces, comme l'ail, les artichauts, la pomme de terre, la rhubarbe, le cresson… (même si nous les utilisons sur un mode annuel), mais il est une catégorie de vivaces que nous utilisons trop peu, ce sont les arbres. Ils possèdent une structure très solide, stabilisent le sol, sont plus efficaces pour capter l'eau et les nutriments en profondeur, ainsi que

* Il a été montré que les céréales n'absorbent que 20 à 50 % de l'azote que l'on répand dans les champs.

la lumière, nécessitent moins de travail humain et sont moins sensibles aux variations de précipitations et de chaleur.

Remettre l'arbre au cœur de l'agriculture, c'est précisément développer des systèmes mixtes céréales/arbres ou élevage/arbres (agroforesterie), mais aussi des agroécosystèmes complexes (polyculture, élevage) tels que les développent les permaculteurs (forêts-jardins)[26].

Pour diminuer les risques de dégâts causés par les maladies, maximiser le prélèvement d'eau, des nutriments et de la lumière, et créer une plus grande complexité au sein des agro-écosystèmes, l'idéal est donc une polyculture d'arbres, d'arbustes, d'herbacées et de champignons comestibles.

En Europe, si on laisse un terrain en friche, la forêt réapparaît naturellement après quelques années. Le principe de base d'une agriculture sobre et soutenable est donc d'imiter les écosystèmes naturels locaux. Autrement dit, aller dans le sens de la nature pour dépenser moins d'énergie et pour travailler moins. Favoriser ce que l'on pourrait appeler une « agriculture forestière » ou une « forêt agricole ».

Bien sûr, c'est une véritable révolution qui nécessite de se défaire de réflexes (et de mythes) tenaces qui remontent à plusieurs millénaires. Pour les agronomes sceptiques, et plus largement « pour ceux qui ne croient pas aux vivaces parce qu'ils pensent que les rendements n'atteindront pas ceux des annuelles, je suggère qu'ils essaient pendant quelques années de faire pousser leurs annuelles à la manière dont nous allons les faire pousser bientôt : uniquement avec du fumier, sans pulvérisation, sans tracteur pour le sol ou le désherbage, avec des semences "libres" et un minimum d'arrosage. Après tout, il faut comparer des pommes avec des pommes. Alors, comment sont les rendements maintenant[27] ? ».

Les plantes annuelles peuvent être associées aux cultures vivaces, car à l'avenir, l'extraordinaire diversité variétale que l'humanité a créée au fil des millénaires permettrait d'obtenir des rendements rapides durant des périodes d'accalmie du climat, et même, les graines étant facilement transportables, accompagner les migrations forcées en cas de catastrophe.

Un réseau de micro-fermes

Imaginons une ferme «post-carbone», diversifiée, productive et résiliente. Le bon sens veut que pour qu'elle augmente sa résilience, elle se connecte à d'autres fermes et forme un réseau dense et modulaire qui maintienne une diversité, qui permette les échanges commerciaux et qui ne transmette pas les chocs à l'ensemble du réseau par effet de cascade. C'est alors l'ensemble de la région (et pas seulement les micro-fermes) qui gagne en résilience face à des chocs systémiques globaux.

Selon Charles et Perrine Hervé-Gruyer*, la constitution d'un tel réseau n'est pas qu'une idée abstraite[28]. La micro-ferme hyperproductive qu'ils ont créée au Bec-Hellouin, en Normandie, démontre que si on peut produire autant sur un dixième de la surface prévue, on libère le reste de l'espace agricole... pour planter des arbres. En France, il serait donc possible de gagner des millions d'hectares d'espaces agricoles pour faire des forêts comestibles.

Au Bec-Hellouin, sur un hectare, 1 000 m^2 sont réservés à des cultures de maraîchage, il reste donc 9 000 m^2 sur lesquels ont été installés une maison bioclimatique avec une serre côté sud, un pré-verger, des animaux, une forêt-jardin côté nord pour s'abriter des vents dominants, un bassin pour recueillir l'eau de pluie et faire de l'aquaculture, des ruches... Tout cela a finalement gonflé la production mais surtout apporté une diversité et une biodiversité incroyables[29].

Selon le couple, en trois ans, le paysage a été «re-naturé»,

* Cf. leur interview en épilogue.

il est beaucoup plus agréable à vivre et à travailler, et en plus, il produit lui-même une bonne partie des intrants en matière organique nécessaires aux 1 000 m² de maraîchage (arbres, haies, fumier des animaux, vase des mares, etc.). Le système est devenu plus résilient, plus productif et plus autonome !

Selon ces maraîchers permaculteurs, « cela peut être comme une fusée à plusieurs étages ». Dans l'étape suivante, on peut imaginer des écosystèmes de micro-fermes de petit élevage, de fromages, d'apiculture, de plantes aromatiques et médicinales, de pépinières... En les regroupant en réseau, il est possible de mutualiser une partie des moyens de production, des points de vente, du secrétariat, des sites internet, des petites machines agricoles et des chevaux. Pourquoi ne pas étendre cette mutualisation pour l'organisation des congés, les échanges de matières organiques ou les croisements génétiques ?

Appliqué à une échelle de cent hectares, cela peut aboutir à ce que les Hervé-Gruyer appellent un « système agraire solidaire », qui ressemblerait à cela :

– 5 hectares de réserve naturelle de biodiversité, surtout des forêts.

– 40 hectares de forêt comestible : des noyers, des châtaigniers, des chênes ; en sous-bois, d'autres arbres comme les noisetiers pour relancer l'artisanat du bois vert, en remplacement partiel du plastique[30] ; des clairières à petits fruits ; des plantes sauvages comestibles ; des champignons cultivés sur bois mort ; de l'élevage extensif ; et toutes les utilisations du bois, comme le bois de chauffage, le bois d'œuvre et le bois raméal fragmenté pour le paillage et la fertilité.

– 20 hectares de céréales et de plantes oléagineuses en agroforesterie. De la farine uniquement pour la consommation humaine, qui se combine avec la farine de châtaigne. Les champs deviennent parcours à moutons après la récolte et restituent une part de la fertilité.

– 20 hectares d'élevage bovin/ovin en parcours extensif

(vingt vaches + vingt moutons) de pré-vergers, de bocage (autre forme d'élevage dans les autres parties, porcs et volaille notamment), avec toujours des arbres fruitiers haute-tige dans et autour des parcelles.

– 15 hectares de micro-fermes avec forêt-jardin, aquaculture (et épuration des eaux usées des habitations, nouvelle source de fertilité), maraîchage, céréales jardinées, et petit élevage.

Au final, au lieu des 100 hectares mécanisés qui assurent un seul emploi et produisent une nourriture pauvre et homogène tout en détruisant les sols, on peut créer trente emplois agricoles (plus les emplois locaux qui en découlent), et de quoi nourrir entre cinq cents et mille personnes avec des produits sains, riches et diversifiés, tout en enrichissant la biodiversité et en stockant du carbone…

Si on imagine un million de micro-fermes comparables, reliées entre elles et complémentaires dans leurs productions et les services qu'elles proposent, on pourrait créer au moins un million d'emplois dans les campagnes, et répondre à la montée du chômage des villes où à l'exode urbain des prochaines années.

Et au-delà du Bec-Hellouin ?

Aussi systémique et globale que soit la démarche adoptée à la ferme du Bec-Hellouin, elle n'a pas pour autant l'ambition d'avoir résolu toutes les questions posées par les impasses criantes de l'agriculture industrielle. Ne fût-ce que par sa localisation géographique, ainsi que le choix de se « spécialiser »* sur les fruits et légumes, il y a forcément des pratiques biomimétiques qui n'y sont pas ou peu développées, mais ont été

* Avec plusieurs centaines de variétés en culture, parler de spécialisation est très relatif…

expérimentées ailleurs. Comme la foresterie analogue, pratiquée essentiellement en zone tropicale et équatoriale.

Ou le retour d'une relation aux animaux beaucoup plus « vivante », après les avoir absurdement séparés des productions végétales dont ils se nourrissaient et qu'ils fertilisaient en retour. Le Savory Institute, fondé en Afrique du Sud, prône avec succès en Australie et aux États-Unis une approche de l'élevage bovin directement inspirée de la dynamique que les immenses troupeaux de ruminants exercent sur les savanes africaines[31].

À une échelle plus modeste, on trouve aussi l'approche holistique d'un amoureux des oies en Espagne, qui les élève sans les gaver autrement qu'en mettant à leur disposition les figuiers, oliviers et autres plantes aromatiques méditerranéennes de leur habitat d'hivernage naturel (au point d'attirer des migratrices sauvages de passage !)[32].

Ou cette pisciculture de Colombie-Britannique, qui élimine ses excès de déjections de poisson en les offrant comme nutriments aux coquilles Saint-Jacques, aux concombres de mer prisés des Japonais et aux cultures d'algues géantes[33].

Ou encore la plus grande pisciculture extensive d'Europe, dans des anciens marais salants du sud de l'Espagne, qui non seulement produit une abondance de poissons délicieux, mais abrite aussi les plus grandes populations d'oiseaux aquatiques connues sur un domaine privé et, mieux encore, restitue l'eau du Guadalquivir plus propre à la sortie qu'à l'entrée[34] !

Des exemples qui convergent sur un point : l'importance de remettre à leur juste place les déjections animales, en tant que nutriments redistribués dans l'écosystème dont ils proviennent, plutôt que comme polluants organiques dans un autre !

Toutefois l'espèce animale qui reste la plus concernée par cette perte de fertilité, c'est nous, les humains. Depuis l'invention des systèmes d'égouttage (justifiée pour des raisons de santé, en tout cas au départ) et le transfert de nos déjections dans les eaux courantes jusqu'à la mer, les nutriments que nous excrétons sont à leur tour devenus une source de pollution, essentiellement pour les rivières, les fleuves et les eaux côtières devant les grands deltas. Des éléments majeurs classiquement contenus dans les engrais chimiques, le phosphore est celui pour qui la situation s'apprête à devenir la plus problématique à moyen terme[35]. Car alors que les gisements de phosphates dont il est extrait pourraient entrer en pénurie dans les prochaines décennies, nos infrastructures sanitaires ont créé une gigantesque « fuite » vers les océans. Revenir à une circularité des flux de nutriments en interceptant nos excréments et urine à grande échelle (autrement dit, dans nos villes) semble être contraint autant par le tabou que cela représente que par d'éventuelles difficultés techniques[36]. Le recours au lagunage et ses communautés de plantes aquatiques pour fixer les nutriments ou le compostage des toilettes sèches après séparation des urines font partie des nombreuses approches différentes connues qui finiront bien par se généraliser et se déployer à grande échelle. En attendant, comme toutes les fermes d'Europe, celle du Bec-Hellouin ne peut pas encore compter sur ses consommateurs de légumes pour récupérer les nutriments « empruntés ».

Enfin, je voulais encore citer deux initiatives d'agriculture essayant de connecter au maximum les flux de matière et d'énergie au sein d'écosystèmes bouclés. Le premier est celui du centre Songhaï créé en 1985 à Porto Novo, au Bénin[37]. Sur les 15 hectares de cette ferme école accolée à la ville, le projet a mis en connexion (les déchets des uns servant de nourriture aux autres) les cultures de nombreux fruits, légumes et champignons, et l'élevage de volailles, canards, porcs, lapins, agoutis (grands rongeurs indigènes) et poissons. Les eaux sont épurées par des jacinthes d'eau, avant une transformation en biogaz. Les élèves-agriculteurs consacrent leur énergie à un autre cycle : récupérer les déchets agricoles, produire, transformer et commercialiser les aliments, après avoir fabriqué les machines nécessaires en récupérant les pièces mécaniques et les métaux de matériel électro-ménager recyclé. Une des trouvailles les plus originales de ce projet en évolution constante est la production de larves de mouches (asticots) élevées sur les déchets de boucherie pour extraire des enzymes de haute valeur à destination de l'industrie pharmaceutique !

Dans un tout autre contexte, celui du développement rapide de l'agriculture urbaine, le concept de *growing power* s'est construit progressivement depuis 1993 à partir de Milwaukee, dans l'état de l'Illinois aux États-Unis[38]. Dans un premier temps, le « vermicompostage » initial des déchets ménagers par des vers de terre a commencé par fournir du compost ; puis de la nourriture pour des poissons élevés en bassin ; dont les déjections fertilisent ensuite des cultures de légumes* ; dont les parties non utilisées nourrissent volailles et chèvres, etc. Ce modèle circulaire est devenu la base d'un système d'agriculture communautaire en pleine expansion dans plusieurs grandes villes des États-Unis. Il permet en particulier de lutter contre les déserts alimentaires (impossibilité de trouver des produits frais) de certaines régions urbaines et périurbaines des États-Unis en y ramenant une production locale de légumes. Un modèle de plus d'agriculture biomimétique qui illustre aussi bien l'importance de la collaboration entre espèces que celle à développer entre nous, les humains, et qui fait l'objet du prochain chapitre.

* L'aquaponie est basée sur le bouclage entre ces trois composantes.

15

S'inspirer des écosystèmes, apprendre à coopérer entre nous

Comment conduisons-nous nos relations à l'intérieur de notre propre espèce ? Nous avons vu à quel point nous allions devoir modifier radicalement le rapport à l'énergie et à la matière que nous avons établi depuis le début de la révolution industrielle. Ce virage paraît pratiquement impossible, tant il semble aller à contre-courant des tendances actuelles, tant il exige une transition collective. Tant il semble constamment bloqué, non par des barrières technologiques, mais par le double obstacle que constituent le capitalisme sous sa forme actuelle et la coupure culturelle entre l'Homme et la Nature au XXIe siècle.

Là encore, les réponses aux questions radicales qui nous sont posées se retrouvent au cœur des Principes du Vivant. La très longue expérience des espèces et des écosystèmes en termes de coopération et d'intelligence en réseaux pourrait bien nous souffler les idées nécessaires[1].

« Loi de la jungle », compétition, collaboration

Ce que cette fameuse « loi de la jungle » évoque dans notre imaginaire est plutôt de l'ordre des relations de prédation, avec leur parfum d'implacabilité, et leurs images « de dents et de griffes* » ; ou bien encore d'une compétition sans merci entre forts et faibles, se battant constamment entre eux pour se nourrir et survivre. Il n'est évidemment pas anodin que cette expression, née dans le sillage de Darwin**, ait surgi au milieu du fracas guerrier de la fin du XIXe siècle et du début du XXe : comme tout le monde, les biologistes ont été influencés par le contexte historique et social de leur époque.

Or depuis Darwin, de l'eau a ruisselé sous les ponts. Et la biologie a évolué. Un nouvel acquis de la discipline se présente sous la forme d'un tableau, décrivant les relations possibles entre espèces se partageant le même espace et le niveau de bénéfice qu'elles tirent de cette relation. Un tableau qui, en matière de biomimétisme écosystémique, suscite généralement beaucoup de réactions et des discussions fructueuses.

Les relations entre espèces

A	*B*	*Relation*
+	+	Mutualisme/symbiose
+	*0*	Commensalisme
0	*0*	Coexistence
+	–	Parasitisme/prédation
–	–	Compétition

Le premier type de ces relations est celle qui produit un effet positif pour les deux espèces concernées. Elle est appelée *symbiose* dans le langage courant et correspond à ce que nous

* *Tooth & claws* en anglais.

** Darwin a bien employé l'expression *« Survival of the fittest »*, soit la survie du plus adapté/approprié, et pas nécessairement la survie du plus fort, comme souvent entendu. Darwin s'est d'ailleurs aussi intéressé aux collaborations et symbioses. Comme quoi la capacité à bien collaborer peut faire partie des caractères sélectifs assurant la survie...

appellerions des situations *win-win* dans un contexte socio-économique. Les biologistes la désignent plus spécifiquement sous le nom de *mutualisme**. C'est le cas du poisson-clown qui livrera un surplus de nourriture à l'anémone de mer en échange de sa protection, ou de la multitude de fleurs produisant du nectar pour attirer et nourrir les insectes, en contrepartie des échanges de pollen**.

La seconde possibilité est celle d'une relation qui profite à une des deux espèces sans rien apporter à l'autre. Le terme employé est celui de *commensalisme* : mon exemple favori est celui de l'armada d'acariens qui vivent sur notre peau. Nous n'en tirons ni avantages ni inconvénients, et les ignorons même la plupart du temps. Par contre pour eux c'est le gîte et le couvert assurés !

La relation entre deux espèces peut aussi être neutre, on parle alors de *coexistence*, un terme qui indique surtout l'absence d'interaction entre deux espèces vivant l'une près de l'autre. Même si, pour certains biologistes malicieux, la coexistence désignerait surtout les cas où l'observateur n'a pas bien fait son boulot…

Vient ensuite la situation où la relation bénéficie à l'un tout en portant préjudice à l'autre. C'est la cas de la *prédation* au sens classique, où le prédateur tue la proie pour se nourrir ; du *parasitisme*, où le prédateur est de taille plus réduite que son hôte, et vit à ses dépens sans nécessairement le tuer ; ou encore la relation entre les herbivores et les plantes dont ils se nourrissent, le plus souvent sans que ces dernières n'en meurent

* Bien que le terme ait été initialement emprunté aux sciences sociales…

** Les insectes visitent les fleurs pour s'y nourrir de nectar/pollen, pas pour les polliniser ! La pollinisation en elle-même n'est pas intentionnelle, mais justifie pour les fleurs l'investissement dans la production de couleurs, parfums, nectars…

pour autant. Le trait commun, c'est l'asymétrie de la relation : une espèce en tire avantage, l'autre en soufre.

Dernier type de relation, celle qui coûte aux deux espèces : la *compétition*. Puisque, par définition, dans ce cas, il faut davantage d'énergie pour acquérir une ressource qu'on se dispute. Précisons que, comme dans les cas du parasitisme ou de l'herbivorie, la compétition est loin d'entraîner systématiquement la disparition d'un des deux protagonistes : ce n'est pas parce que les verdiers et les mésanges se disputent pour le tournesol de la mangeoire que l'une des deux espèces va en mourir.

Innover pour sortir de la compétition

Cet exposé, au départ purement biologique, amène souvent à une comparaison avec les relations développées dans les entreprises, et plus généralement dans les organisations qui composent nos écosystèmes humains.

Le caractère doublement négatif de la compétition dans ce tableau surprend et dérange parfois. Il contraste en effet avec son usage dans le monde économique, où les termes de compétition et de compétitivité (la capacité à être compétitif) sont plutôt vus positivement, que ce soit pour un secteur d'activités, une entreprise ou un individu. Un monde économique qui impose sa marque sur notre culture au quotidien, puisqu'il suffit d'ouvrir un journal ou d'écouter les informations pour retomber sur ce vocabulaire incantatoire.

Mais une autre réaction, tout aussi fréquente*, est le soulagement : « Ainsi donc, il était "normal" que je me sente

---

* J'ai pu constater que cette réaction de soulagement se rencontrait chez de très nombreux travailleurs ayant déjà quelques années d'expérience. Alors que sans trop de surprise, ce sont surtout les patrons, cadres

oppressé, voire épuisé par l'esprit permanent de compétition qui m'était imposé ! Ainsi donc, il n'était pas bizarre que je sois instinctivement attiré par les espaces de travail où la collaboration prenait le plus de place ! »

Les discussions entre biologistes et entrepreneurs (et leurs employés) font aussi apparaître des convergences sur un autre thème crucial : le lien entre compétition et innovation.

La doxa dominante dans les écoles de management ou de marketing assure que la compétition conduit à l'innovation. Or c'est bien le même phénomène qui est constaté dans les écosystèmes : lorsque des espèces sont en compétition les unes avec les autres pour l'acquisition de ressources, elles innovent*. Et elles le font en cherchant à adopter les autres types de relation du tableau. Ce qui veut dire que si la compétition conduit à innover, c'est bien dans le but de sortir le plus rapidement possible de la relation coûteuse qu'est... la compétition.

La suite de l'histoire réunit à nouveau biologie et économie. Des espèces en compétition peuvent par exemple passer à la prédation ; dans les entreprises, cela s'appellera par exemple une... fusion-acquisition**. Un autre mécanisme sera de se différencier suffisamment pour ne plus se marcher sur les pieds et pouvoir se tourner vers la coexistence. C'est ainsi que des tailles de pattes et de bec différentes entre espèces de petits échassiers leur permettent de se répartir les invertébrés vivant dans la vase à des profondeurs différentes, du long bec des

---

supérieurs et étudiants qui se sentaient mal à l'aise face à la définition biologique *loose-loose* de la compétition.

* Ce qui est une façon raccourcie de le présenter. En réalité, c'est plutôt l'effet de la sélection naturelle sur les individus ou sur les groupes qui va conserver ceux dont les « innovations » sont favorables à leur survie.

** J'aurais bien voulu attribuer le qualificatif de symbiose aux fusions-acquisitions, mais la majorité des personnes avec qui j'ai pu échanger et qui les ont expérimentées estiment qu'il s'agit plus de la prédation de l'une au détriment de l'autre.

courlis cendrés ou des barges rousses, au bec court des tournepierres et des pluviers. Les biologistes parlent du développement de « niches », un terme souvent repris en économie pour désigner les processus analogues de spécialisation.

Enfin, les espèces, comme les entreprises en compétition, peuvent encore mettre en place en les stratégies *win-win* de la symbiose et la coopération. Et c'est là que les organismes vivants en ont rajouté plusieurs couches, même s'il a fallu un certain temps aux biologistes pour s'en rendre compte.

Si les symbioses ont d'abord été considérées comme des curiosités un peu aberrantes (à l'époque de la loi de la jungle), elles ont finalement été découvertes dans tous les groupes d'organismes, qui plus est en abondance. Au point de donner naissance à une discipline scientifique à part entière, la symbiologie*, riche d'enseignements pour les adorateurs de la compétition que nous sommes... Des enseignements dont plusieurs valent la peine d'être détaillés.

L'ubiquité des symbioses

Le premier est tout simple, et rejoint Hoagland et Dodson dans leur mise en avant du « contexte de coopération » dans lequel évoluent toutes les espèces : les symbioses sont partout ! Il n'y a pas un groupe qui ne soit concerné, et les bactéries sont encore une fois les championnes absolues pour nouer de telles relations. Ces conventions symbiotiques nous concernent aussi, puisque nous savons maintenant qu'à peu près deux mille**[2] espèces de bactéries peuplent nos surfaces

* Et même une société scientifique dédiée, l'International Symbiosis Society (iss-symbiosis.org/).

** Certains chercheurs parlent de quarante mille espèces rien que dans le tractus digestif.

« extérieures », que ce soit notre peau, nos muqueuses et, plus que tout, notre appareil digestif. En fait chacun d'entre nous cohabite et entretient entre dix à cent fois plus de cellules bactériennes que de cellules humaines. De quoi nous considérer bien plus comme des colonies multi-espèces (rappelez-vous aussi nos acariens de la peau).

Bien sûr, les bactéries sont en moyenne beaucoup plus petites que nos cellules, ce qui ne les empêche pas de représenter plus d'un kilo de notre poids total. La biomasse la plus importante se trouve… dans nos intestins, où des centaines d'espèces différentes nous assistent dans la digestion de nos aliments et nous défendent contre leurs collègues pathogènes, pour ne citer que leurs fonctions les mieux connues. Pour les assurer, elles produisent d'ailleurs toute une série de molécules que nous sommes incapables de synthétiser, et disposent pour cela d'une banque de données qui surpasse largement la nôtre ; la grande communauté symbiotique de nos bactéries fait appel à un demi-million de gènes pour assurer la prospérité de l'ensemble de notre colonie, soit à peu près vingt fois plus que nos gènes humains[3] !

Un nombre croissant de recherches montrent d'ailleurs que chaque nouvelle espèce surgie de l'évolution offre de nouveaux habitats aux micro-organismes, et donc de nouvelles opportunités de symbioses. Dès lors, le postulat actuel est qu'en fait *toutes* les espèces multi-cellulaires cohabitent et collaborent avec une communauté particulière de symbiotes microbiens*[4]. Les symbioses sont donc bien partout dans le vivant !

Il est bon d'ajouter que cette tendance à la collaboration avec les micro-organismes est essentielle à la prospérité de

* Le couple de microbiologistes Rosenberg va un pas plus loin en postulant que l'« holobionte », cet ensemble formé par chaque multicellulaire et ses symbiotes microbiens, devient lui-même l'unité sur laquelle l'évolution exercera sa sélection.

nombreux écosystèmes. La fixation de l'azote par les légumineuses* est le résultat d'un contrat passé avec des bactéries au niveau des racines. Plus loin dans la chaîne alimentaire, c'est aussi grâce à un élevage complexe de microbes que les ruminants et de nombreuses espèces d'insectes végétariens comme les termites parviennent à digérer les composés les plus coriaces des plantes. Deux exemples d'associations parmi tant d'autres sans lesquelles nous ne serions pas là, et qui confirment le Principe du Vivant selon lequel *la vie pratique la compétition sur un socle de coopération.*

Symbioses et innovations majeures

L'autre enseignement majeur de la symbiologie nous ramène aux liens entre notre tableau de départ et les innovations. Cette discipline démontre chaque année davantage que *les innovations majeures de l'évolution du vivant résultent de symbioses*, et représentent souvent de véritables sauts de complexité par rapport aux micro-innovations générées par la prédation ou la compétition.

Un tel saut de complexité se retrouve à nouveau dans les alliances entre bactéries et multicellulaires, mais cette fois à l'intérieur même des cellules. Il concerne les mitochondries, ces innombrables « sous-cellules », ou organites, que la science a longtemps considérées comme des équivalents d'organes, produits par la cellule qui les contenait. Or il s'est avéré que l'histoire était un peu plus complexe... Souvenez-vous, c'était il y a deux milliards d'années : dans les océans où ne cohabitaient encore que des bactéries, certaines avaient appris à utiliser l'oxygène en inventant la respiration. Ce nouveau

* Mais aussi plus rarement chez d'autres plantes n'appartenant pas à cette famille, comme les aulnes.

processus métabolique, plus efficace que la fermentation, offrit un véritable avantage… compétitif. Celles qui en disposaient sont devenues des prédatrices redoutables, qui n'hésitaient pas à pénétrer l'intérieur d'autres bactéries avant de s'en nourrir. Certaines parmi les victimes ont alors eu recours à l'innovation de rupture par excellence : transformer la relation de prédation en une relation de coopération. Le pacte qu'elles ont signé a permis aux anciennes proies de rester vivantes, mais aussi de bénéficier de l'efficacité de la respiration de leurs hôtes, naguère prédateurs, ancêtres des mitochondries, tout en leur livrant en retour les ressources nécessaires.

Une association qui a tellement bien fonctionné qu'elle a permis l'avènement de la… multicellularité ! Et qui confirme que nous sommes – et « nous » désigne ici l'ensemble des multicellulaires – décidément inséparables, littéralement, des bactéries : non seulement elles nous aident à digérer et à nous défendre contre les importuns, mais elles permettent à chacune de nos cellules de respirer. Une symbiose tellement aboutie qu'elle est devenue obligatoire : ni elles ni nous ne pouvons maintenant vivre sans l'autre ! C'est d'ailleurs ce degré si élevé d'intégration qui nous a longtemps empêchés de la discerner*, et a signé en même temps l'émergence d'un niveau de complexité supérieur.

Un second exemple de symbiose révolutionnaire trouve lui aussi son origine dans la soupe bactérienne primordiale, même s'il a fallu attendre que les organismes vivants se décident à

* L'origine bactérienne des mitochondries, mise en évidence par le botaniste russe Konstantin Merechkovski et ses collègues, a eu besoin de l'incroyable ténacité de la microbiologiste américaine Lynn Margulis (par ailleurs également la complice de James Lovelock) pour pouvoir être pleinement reconnue par la communauté scientifique plus de soixante années après sa découverte.

sortir de l'eau et se répandent sur les continents pour en mesurer tout l'impact. À côté des bactéries, nous trouvons cette fois les plantes.

Les plantes, comme chacun sait, pratiquent la photosynthèse, la géniale réaction base de toutes les chaînes alimentaires. Le tout grâce aux chloroplastes – souvenez-vous de vos cours de biologie –, ces petits organites verts qui colorent les cellules des feuilles. Les chloroplastes, qui, comme les mitochondries, ont d'abord été perçus comme des entités produites par les cellules elles-mêmes. Jusqu'à ce que, là encore, les chercheurs retombent sur une origine bactérienne. Car ce sont les algues bleues, les cyanobactéries, qui ont « inventé » la photosynthèse. Si l'irruption spectaculaire de la réaction magique n'a pas fait que des heureux*, elle a en tout cas rendu ces algues bleues, pleines de sucre, très attirantes pour les espèces incapables de les synthétiser. À l'inverse des ancêtres prédateurs des mitochondries, ceux des chloroplastes étaient devenus des proies ; et c'est aussi une relation de coopération qui les a tirés d'affaire. Plutôt que de se laisser digérer, certains ont pu convaincre leurs agresseurs de les garder intacts au sein de leurs cellules, en échange d'une livraison régulière de sucres photosynthétisés. Un arrangement qui, par l'intermédiaire de toute la diversité des plantes terrestres, a permis aux futurs chloroplastes de s'établir dans les coins les plus secs des continents, grâce à leur micro-océan portatif…

Précisons que dans les deux cas, il s'agit d'endosymbioses, c'est-à-dire que les cellules bactériennes vivent directement à l'intérieur des cellules de leurs hôtes. Un « lâcher-prise »

---

* Rappelez-vous que l'oxygène, le sous-produit de la photosynthèse, s'est avéré au départ comme un poison à éviter pour les autres bactéries de l'époque. Il a fallu la mise au point de la respiration consommatrice d'oxygène pour rééquilibrer le système. Cf. chapitre 4.

inspirant, qui demanderait une fameuse relation de confiance une fois transposé dans nos organisations.

Une autre association fut déterminante dans l'évolution pour permettre l'établissement de la vie sur les continents, celle des champignons et des plantes. Tous deux originaires des océans*, ces groupes ont conclu des alliances à plusieurs occasions pour parfaire leurs adaptations à la vie terrestre. Différents accords, pour des modalités différentes, avec des enseignements différents. Deux d'entre eux sont particulièrement intéressants : les mycorhizes et les lichens.

Les mycorhizes ont été « inventées » à plusieurs reprises dans l'histoire de l'évolution, produisant des associations entre plantes et champignons à la fois souples et souvent réversibles[5]. Les différentes associations ont en commun de se manifester au niveau des racines des plantes, comme l'indique l'étymologie du terme (*myco-* pour champignon, *-rhize* pour racine, en grec). C'est là que se mettent en place les contacts avec le mycélium, le réseau de filaments représentant le « corps » du champignon, encore plus fin que les radicelles des racines des plantes.

Cette complicité est connue depuis longtemps des scientifiques comme des cueilleurs de champignons (l'un n'empêchant pas l'autre), qui connaissent bien les petits favoris des chênes ou des bouleaux. La complémentarité de l'association repose sur la capacité des plantes à photosynthétiser des sucres qui seront partagés avec le champignon, et sur celle du réseau mycélien du champignon à explorer le sol jusque dans les aspérités des plus petites argiles, avec une surface d'absorption dix à cent fois plus importantes que celle des racines de l'arbre ; afin de récolter pour tout le monde l'eau et les sels minéraux nécessaires (en particulier le phosphore). En fait les

* Donc aussi les champignons, qui comptent encore aujourd'hui de nombreux représentants marins.

racines des plantes ne représentent que les plus gros tuyaux du système de collecte souterraine.

Des découvertes récentes ont même suscité une nouvelle hypothèse : les premières racines seraient apparues chez les plantes *pour* permettre le dialogue avec les champignons[6]. Il est vrai qu'aujourd'hui encore, plus de 90 % des espèces de plantes prospèrent grâce à une ou plusieurs associations mycorhiziennes. Les avantages évidents de cette symbiose pour la nutrition des plantes en font d'ailleurs une autre voie de recherche pour ceux qui souhaitent diminuer l'usage des intrants agricoles d'origine chimique, ainsi que la dépendance de l'agriculture aux combustibles fossiles.

La symbiose que représentent les lichens est elle aussi célèbre, notamment parce qu'elle fut une des premières historiquement démontrées. L'association qui la constitue, entre algues et champignons*, est tellement intégrée que ceux qui l'ont découverte ont dû batailler pendant de longues années dans la communauté scientifique pour faire admettre sa réalité.

Organismes à croissance souvent très lente, capables de s'installer pratiquement sur n'importe quelle surface, résistants au froid comme à la dessiccation, les lichens combinent les capacités des deux protagonistes : celles des champignons à offrir à la fois la protection extérieure, l'enracinement et le service de collecte des sels minéraux nécessaires, et celle de l'algue à synthétiser ses briques essentielles grâce à la lumière. Cette complémentarité a permis aux lichens d'être parmi les premières plantes à coloniser les terres émergées. Une faculté qu'ils conservent aujourd'hui, tant sur les îles volcaniques que sur le béton de nos villes ; ces « pionniers » sont capables de dissoudre patiemment la roche pour en faire graduellement un

* Chez certains lichens, le symbionte photosynthétique n'est pas une algue (eucaryote), mais bien une cyanobactérie (procaryote).

sol grossier, à même d'accueillir les plantes « supérieures », plus exigeantes en matière de substrat.

L'association formée par les champignons et les algues est (pratiquement) aussi irréversible que l'endosymbiose formée par les mitochondries et les chloroplastes d'origine bactérienne* avec leurs hôtes géants. Et cela, même s'il s'agit de tissus emballés les uns dans les autres, sans installation préalable d'un type de cellules à l'intérieur de l'autre.

Les lichens illustrent un enseignement majeur des innovations de rupture : le résultat final est bien différent de ce à quoi ressemblaient les deux associés avant leur pacte, et les nouvelles fonctions émergeant de leur assemblage ont ouvert un tout nouveau champ des possibles. Un peu comme dans notre monde humain, l'association si évidente pour les plus jeunes entre un téléphone et un appareil photo** !

Et alors, chez les humains ?

Ramener davantage de coopération dans nos organisations et mettre ce processus au service d'une relation harmonieuse avec le reste de la planète est un objectif qui demandera du temps, tant notre culture est imprégnée du discours dominant sur la compétition. N'oublions pas que nous sortons tous d'un système éducatif complètement déséquilibré en sa faveur : il suffit de se pencher sur ce qui a été le plus mis en avant, entre compétition et collaboration, pendant nos quinze ans de scolarité obligatoire, pour mesurer le travail à accomplir. Combien de travaux de groupes, comparés aux tâches individuelles ? Et

---

* Que les lichens contiennent aussi, en tant que multicellulaires. Ce qui nous donne au minimum une quadruple symbiose…

** Une innovation à qui il manque, nous l'avons vu, une qualité primordiale des êtres vivants, la biodégradabilité !

surtout, à l'heure de nous classer en fin d'année, quelles dispositions ont été les plus valorisées : nos capacités d'utiliser l'entraide et de jouer sur nos complémentarités, ou bien celles d'acquérir nos savoirs tout seuls ?

La bonne nouvelle est qu'au-delà des symbioses liant des espèces différentes, le vivant nous propose aussi des exemple de collaborations sociales. Et l'espèce qui présente sans doute le plus d'exemples inspirants de coopération intra-espèce est tout autour de nous… c'est nous-mêmes, les *Homo sapiens* !

Car nous sommes avant tout une espèce extrêmement coopérative. La plupart d'ailleurs des « progrès » dont notre civilisation se félicite sont issus de cette qualité. Pour ne prendre que quelques exemples, l'agriculture, les villes, le commerce, la recherche scientifique, les hôpitaux (et mêmes les guerres !) ne seraient pas possibles sans cette capacité. Plus prosaïquement, dans notre vie de tous les jours, imaginez la circulation routière en mode compétitif ! Même les bousculades que chacun de nous a pu connaître dans une grande gare à l'heure de pointe continuent à refléter un comportement coopératif. Sinon, à la mode « loi de la jungle » (ancienne version !), ce serait à la hache que se négocieraient les places assises…

Prenons les objets complexes de notre époque, ordinateurs ou smartphones. Alors même qu'ils sont vendus par des entreprises symboles du système économique qui vante tant la compétition, quels plus beaux exemples de coopération ? Il n'y a pas une personne sur Terre qui soit capable de fabriquer seule le dixième des composants d'un téléphone portable. Si nous nous donnons la peine de remonter à tous les matériaux nécessaires, nous nous rendons vite compte qu'entre la conception du téléphone, celle des logiciels, la réalisation des pièces, puis l'assemblage, la commercialisation et le service après-vente, ce sont littéralement des milliers de personnes qui ont coopéré pour nous permettre de disposer d'un tel joyau technologique. Sans compter que toutes et tous s'appuient sur la transmission culturelle, une autre de nos spécialités. Combien de siècles de science et de technologie s'y trouvent accumulés ? Comme l'ont déjà dit tant de scientifiques à d'autres occasions, les téléphones portables sont eux aussi juchés « sur les épaules de géants* ».

Les risques de la coopération : membranes et sécurité

Tout se passe en fait comme si nous comptions naturellement et implicitement sur la coopération (au point de ne même plus nous rendre compte des moments où nous la pratiquons) et n'accordions plus notre attention qu'à la compétition. Comme le dit Marine Simon, spécialiste de l'intelligence et de la sagesse collectives, le tout est de revenir à une pratique *consciente* de la coopération. Mais il n'est pas si simple de s'extraire du discours et de la culture de la compétition. Car toute transition vers la coopération comporte une prise de risque, celle de renoncer au moins partiellement à son indépendance, et d'allouer une partie des ressources récoltées à un autre organisme. Cette perte de souveraineté est variable en fonction des symbioses, et détermine le degré de réversibilité de la relation.

C'est ainsi qu'un certain nombre de champignons mycorhiziens peuvent sortir du mutualisme et devenir parasites, voire prédateurs de « leurs » arbres**. Quant aux arbres, ils peuvent

---

* Une expression elle-même symbole de cette transmission culturelle, puisqu'elle remonterait à Bernard de Chartres, philosophe du XIIe siècle, et a été reprise depuis sous des formes diverses par Blaise Pascal, Isaac Newton… ou Google Scholar !

** Dans ces cas-là, les arbres peuvent alors dans une certaine mesure réduire ou couper les vivres de leurs hôtes envahissants, et ainsi contrôler (ou pas) les populations de champignons.

généralement vivre sans champignons, même si leur croissance en sortira ralentie.

L'intégration symbiotique est déjà plus poussée dans d'autres situations, comme le blanchiment des coraux. Ce phénomène correspond à une expulsion volontaire des algues unicellulaires qu'ils abritent et qui leur fournissent des sucres, lorsque la température atteint des seuils critiques pour l'équilibre de la symbiose. Passant du brun au blanc lors de la rupture de la symbiose, et fonctionnant dès lors au ralenti, les coraux disposent de très peu de temps pour récupérer une souche plus adaptée et reconstituer leur relation de mutualisme.

Enfin il y a le cas des symbioses obligatoires, où aucun des partenaires de la relation ne peut se passer de l'autre. Cela implique évidemment un haut niveau de « confiance ». Par exemple, dans le cas des mitochondries comme des chloroplastes, une partie des gènes qui leur servaient à produire leurs matériaux a été transférée dans les chromosomes de leurs hôtes à l'intérieur du noyau. Cette dépendance a rendu les deux types d'organites incapables de reprendre une vie autonome par rapport aux plantes ou aux animaux qui les abritent, et s'apparente pratiquement à une domestication des bactéries d'origine. Précisons que comme chez les peuples pasteurs qui ont besoin de leurs troupeaux pour se nourrir, les plantes ne peuvent vivre sans mitochondrie ou chloroplastes*, tout comme les animaux ne peuvent se passer de leurs mitochondries, ce qui confirme le caractère obligatoire de ces symbioses.

* Si toutes les plantes respirent grâce à leurs mitochondries, il en existe quand même une poignée qui arrivent à se passer de chloroplastes… mais seulement grâce à ceux d'une autre plante qu'elles parasitent, directement ou indirectement (notamment chez certaines orchidées).

Chez les êtres conscients que nous sommes, cette transition d'une relation conflictuelle à une relation de collaboration nous oblige aussi à tendre la main, tout en prenant le risque d'être déçus ou trahis. Pouvoir développer un sentiment de sécurité et de confiance est par conséquent primordial, surtout lorsque nous avons été culturellement formatés aux revers de fortune plus ou moins impitoyables de la compétition. Néanmoins, ce type de transition est souhaité et appliqué dans un nombre croissant d'organisations humaines, que ce soit dans les associations, les administrations ou les entreprises, et a suscité le développement croissant des pratiques et des processus regroupés sous le label « Intelligence collective[7] ».

Cette notion de sécurité est primordiale, tant dans les organisations humaines que chez les êtres vivants, à toutes les échelles. C'est même l'un des principes d'Hoagland et Dodson : *La Vie a besoin d'un dedans et d'un dehors.*

Le maître-mot, pour parvenir à cette sécurité, c'est la membrane. Une métaphore idéale pour désigner le contenant que certains processus de l'Intelligence collective permettent de créer « autour » d'un groupe humain, d'où l'intérêt de bien comprendre les fonctions de la membrane originelle, à savoir la membrane cellulaire. Dont les fonctions peuvent ensuite être déclinées à toutes les échelles des emboîtements du vivant (humain compris) : de la cellule à l'organe, de l'organe à l'individu, de l'individu à la communauté, de la communauté à l'écosystème et de l'écosystème à toute la biosphère.

Les quatre rôles de la membrane

Le premier rôle de la membrane, c'est de contenir. De distinguer ce qui est dedans de ce qui est dehors, de permettre au « dedans » de s'ordonner, de s'aligner sur un « objectif » (comme celui, commun à toutes les espèces, de rester vivant et se reproduire), sans se laisser trop influencer par le « dehors ».

Ceux qui se penchent sur la naissance de la vie le rappellent : sans les premières membranes, les molécules organiques n'auraient pas pu se concentrer et s'auto-organiser jusqu'à donner la première cellule. S'en déduit un second rôle, difficile à dissocier du premier : la membrane protège.

D'où découle un troisième : garantir l'identité. C'est sur la membrane que se portent les signes distinctifs permettant à chaque cellule de communiquer et de dire qui elle est, c'est-à-dire sa fonction particulière (dans le corps humain par exemple, suis-je un globule rouge transporteur d'oxygène, ou une cellule de réserve d'un tissu graisseux ?) et à quel ensemble plus important elle appartient (ce qui permettra, autre exemple, au système immunitaire de distinguer les cellules du « moi » et du « non-moi »).

Cette capacité de communication illustre aussi le fait que la membrane n'est pas un bouclier rigide, mais assure un quatrième rôle primordial : filtrer les entrées et les sorties, à savoir tous ces échanges de matière et d'énergie permettant au vivant de rester vivant. C'est bien à travers les membranes que transitent l'oxygène, le gaz carbonique, les sucres, certaines vitamines, certaines hormones, et bien d'autres molécules...

Autant de rôles complémentaires à ne pas oublier lorsque nous travaillons nos membranes... Car les contenants au sein desquels naissent les coopérations, cela se travaille ! Un contenant n'est pas une chose séparée de nous que nous enfilons, mais bien un niveau de confiance, quelque chose qui va à la fois émerger de notre coopération et la protéger en retour. Même chose pour la membrane cellulaire : ce sont des enzymes, protéines assemblées grâce aux instructions des chromosomes du noyau cellulaire, qui ont construit les constituants de la membrane, et les entretiennent au long de la vie de la cellule.

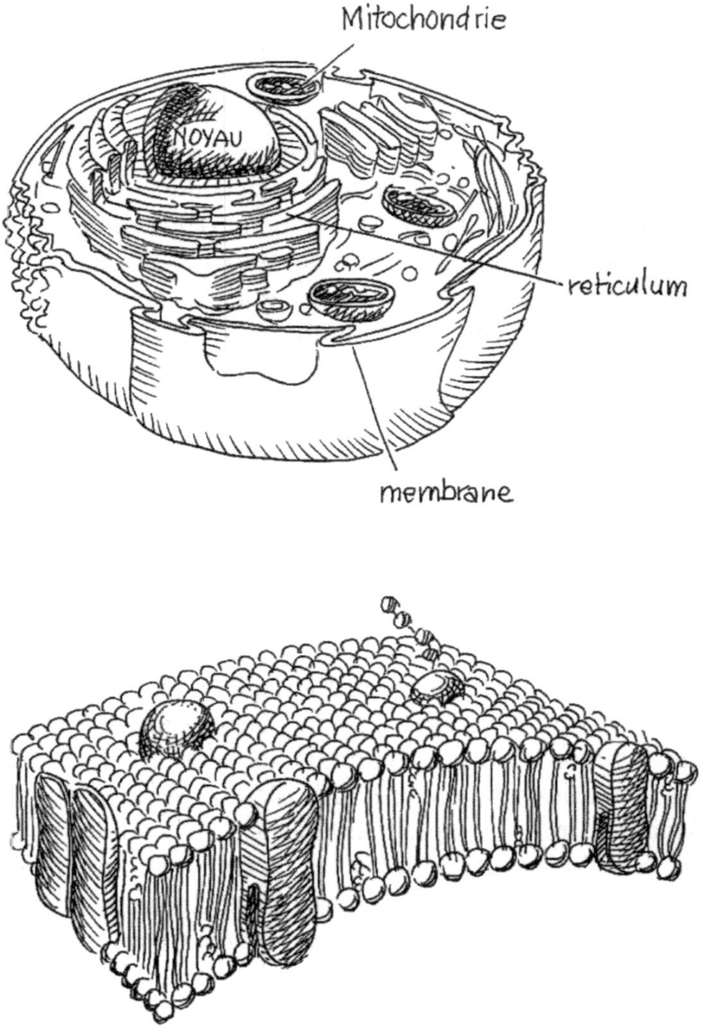

Coupe d'une cellule et de sa membrane,
avec le détail des structures assurant ses quatre fonctions :
contenir, protéger, garantir l'identité et filtrer.

L'arbre, le champignon, l'homme

Typiquement, nos grandes organisations sont à la fois centralisées et hiérarchisées, deux caractéristiques de l'intelligence collective pyramidale. Par contraste, les organismes combinent dans leurs relations plusieurs principes qui sont à l'opposé : *la vie se développe de bas en haut, elle tend à optimiser plutôt qu'à maximiser, elle s'auto-organise et utilise les boucles de rétroaction.* Ces quatre principes sont notamment à la base du succès des mycorhizes, cette symbiose capitale pour les écosystèmes terrestres.

Or il y a moins de vingt ans, une chercheuse canadienne, Suzanne Simard, travaillant dans les forêts des montagnes Rocheuses a fait une découverte surprenante : quelques centaines de millions d'années avant nous, les arbres et les champignons avaient mis au point les allocations familiales et la sécurité sociale !

Dans cette association, les plantes récompensaient en sucres (issus de la photosynthèse de leurs feuilles), via leurs racines, les filaments mycéliens des champignons, en échange de l'eau, du phosphore et des autres minéraux récoltés dans le sol par le mycélium. Une collaboration spectaculaire, un réseau extraordinaire, puisque dans une vieille forêt non perturbée par l'homme, chacun de nos pas surplombera l'équivalent de presque 500 km de ces filaments fongiques. C'est ce que Paul Stamets, un des ambassadeurs les plus connus des champignons, appelle l'internet de la forêt[8]. Chaque champignon étant le plus souvent connecté à plusieurs arbres à la fois, cela signifie qu'avant le temps des interventions humaines, il existait probablement un réseau continu, d'arbre à champignon et de champignon à arbre, depuis l'océan Atlantique jusqu'au Pacifique, que ce soit en Amérique du Nord ou en Eurasie.

Il a fallu toutefois les découvertes effectuées par Suzanne Simard, notre chercheuse canadienne, pour que cette énorme toile souterraine prenne tout son sens. En 1997, ses travaux ont mis en évidence qu'au-delà de la convention de collaboration entre les arbres et les champignons, le mycélium conduisait également à une entraide… entre les arbres[9]. En effet, son équipe a pu tout d'abord démontrer que les arbres les plus âgés « finançaient » les plus jeunes grâce à des transferts de sucre via le mycélium qui les connectait. Grâce à une meilleure exposition à la lumière, les arbres matures obtiennent un surplus énergétique qu'ils reversent aux jeunes arbres pour leur permettre de croître sous leur ombre*… Voilà pour les allocations familiales.

Dans la foulée, les botanistes ont aussi démontré qu'un même réseau mycélien pouvait effectuer des transferts de sucre entre arbres d'espèces différentes, suivant les conditions du moment[10]. C'est ainsi qu'en fonction de la lumière et de la saison, les flux de sucres entre bouleaux et pseudotsugas n'ont pas toujours la même direction. De même l'aulne, un des rares arbres capables de fixer l'azote (grâce à une symbiose… bactérienne), en redistribue une partie aux pins de son voisinage immédiat. Une version végétale de la sécurité sociale qui peut paraître difficile à comprendre : pourquoi une telle « solidarité » entre espèces ?

Pour les champignons, rien de très surprenant, il s'agit simplement de « ne pas mettre tous ses œufs dans le même panier », en s'assurant de pouvoir toujours coopérer avec un arbre en bonne forme. Dans une logique darwinienne classique, c'est plus étonnant pour les arbres : pourquoi cette « sollicitude » avec d'autres, si différents génétiquement ? L'explication découle ici davantage d'un autre Principe du Vivant : *la vie est*

---

* À noter que cette « solidarité » intergénérationnelle n'empêche pas la compétition entre les jeunes arbres.

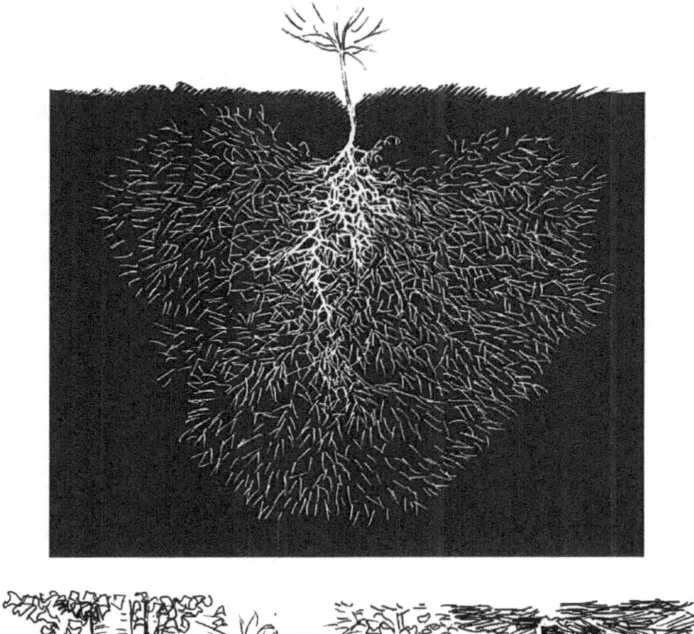

La colonisation des racines d'un jeune pin par les mycorhizes d'un champignon symbiotique ; le réseau intergénérationnel et interspécifique entre arbres et champignons.

interconnectée et interdépendante. Ou dit autrement, en assumant l'anthropomorphisme de la métaphore : si tu veux rester en bonne santé, veille sur celle de ceux qui t'entourent.

Si la forêt fonctionnait principalement en mode compétition, chaque arbre tenterait de faire le vide autour de lui, et nous aboutirions vite à une collection d'individus isolés et séparés les uns des autres, bien vulnérables à la première tempête ou sécheresse. En d'autres termes, pour garder une communauté ou un « écosystème économique » sain, veillez sur le bien-être de toutes les « parties prenantes », soit tous les partenaires de votre organisation, en interne comme en externe, jusqu'à vos voisins !

D'ailleurs résumer les forêts aux réseaux entre arbres et champignons serait extrêmement réducteur. D'abord parce que comme d'habitude, les bactéries sont partout dans cet écosystème, et notamment à l'interface entre les racines des plantes et le mycélium des champignons, ce qui en fait des partenaires à part entière du dialogue mycorhizien entre les espèces concernées. Et puis tout simplement, parce qu'en tant qu'écosystèmes complexes, les forêts sont constituées de milliers d'autres espèces, avec chacune leur rôle dans la circulation de la matière et la récupération d'énergie. Chenilles, merles, pucerons, collemboles, escargots, lichens, plantes herbacées, algues sur les troncs, écureuils ou acariens ; ensemble ils expérimentent chaque jour la totalité des relations entre espèces de notre tableau.

Dans le même temps, toutes ces espèces « utilisent les boucles de rétroaction » : elles se préviennent de la présence de prédateurs communs, signalent leur maturité pour attirer leurs pollinisateurs attitrés, s'enfoncent dans le sol quand l'air s'assèche, se protègent chimiquement des excès de ceux qui les broutent, abritent en hiver les larves des autres dans leurs tissus, et ensemble font émerger un écosystème plus ou moins résilient et/ou dynamique. Ce qui nuance d'autant la vision de la forêt que nous pouvions avoir précédemment, toute régie par la loi de la jungle : loin de se réduire à un champ de bataille où chaque arbre tenterait d'écraser son voisin pour survivre, une forêt est surtout un formidable réseau veillant inconsciemment sur sa propre intégrité, sa propre cohérence. Les espèces y renoncent à la maximisation de leurs performances en échange de l'optimisation de celles de l'écosystème. Après tout, le principal est de vivre et se reproduire, jusqu'au prochain choc.

Une prise de décision locale

La forêt a un autre message à nous transmettre, qui vient remettre en question l'architecture organisationnelle la plus établie de notre temps : la structure centralisée pyramidale, née avec l'urbanisation, il y a plusieurs milliers d'années. Elle se caractérise par une longue chaîne de commandement entre le haut et le bas de la pyramide. Et c'est comme ça qu'on a construit des cathédrales et... des pyramides. Et aussi des empires, qu'ils soient géographiques ou industriels. Mais quelle est leur durabilité ? Quelle est leur capacité à résister aux perturbations majeures ? Et surtout, quelle compatibilité avec la biosphère ?

C'est là que le retour au vivant, et aux forêts, nous offre un message troublant. Car le formidable réseau collaboratif entre arbres, champignons, bactéries et leurs millions de collègues gère sa complexité (y compris ses relations conflictuelles) et sa durabilité sans pilote. Pas de PDG, pas de ministre de la Santé. Pas d'arbre au centre de la forêt récoltant toutes les informations lui permettant d'appréhender la santé de « sa » forêt, en vue de prendre une décision centralisée avec son conseil d'administration, avant de faire redescendre l'information vers tous les acteurs de terrain. Au contraire. Toutes les décisions sont prises localement, en s'appuyant sur des informations essentiellement d'origine locale, et c'est de l'ensemble de ces microdécisions qu'émergent les réponses dynamiques et adaptatives permettant à l'écosystème forestier de maintenir son intégrité tout en évoluant en permanence.

Comprendre un réseau d'une telle complexité de façon purement scientifique et analytique est pratiquement impossible, ne serait-ce que du point de vue de la récolte des données sur les échanges de matière et d'énergie : rien que mesurer les entrées et sorties du réseau racinaire d'un seul chêne est de l'ordre de l'impensable. Alors à l'échelle d'une forêt... Le point crucial ici étant que depuis l'apparition des premières forêts, il y a plus de trois cents millions d'années, à travers l'immense variabilité des sols et des climats, l'évolution n'a jamais retenu une forêt dont le fonctionnement soit centralisé. Une conclusion forte qui peut se généraliser au-delà des forêts : *il n'existe pas* d'écosystèmes centralisés. Et s'il y en a eu, ils n'ont pas survécu.

La « bonne » taille des organisations

Ce qui pose la question de la taille optimale des organisations pyramidales dans le monde vivant. Sans prétendre apporter de réponse exhaustive, il est intéressant de noter que tant au niveau des populations qu'à celui des organismes, le fonctionnement centralisé est rare.

À l'échelle d'un individu, nous pouvons déceler cette tendance à une centralisation de l'information chez les animaux les plus « céphalisés », ceux qui ont concentré dans leur tête à la fois les organes de récolte des informations extérieures – vision, ouïe, odorat, goût – et ceux qui traitent ces données et prennent les décisions – les différents types de cerveaux.

Même chez les mammifères à gros cerveau, il y a encore un tas de processus dans le corps dont il ne s'occupe pas, et où il « laisse » les « décisions » se prendre localement. La cicatrisation d'une blessure à l'orteil, par exemple, pour laquelle le cerveau n'est pas très impliqué*...

La palme de la taille maximale d'un organisme centralisé revient alors à la baleine bleue. En tant qu'animaux à gros cerveau nous-mêmes, nous avons toutefois tendance à oublier que ce mode d'organisation du corps ne représente qu'une petite partie de la diversité. Même chez les animaux, l'intelligence décentralisée est déjà répandue dans certains groupes, que ce soient les éponges ou les coraux. Mais surtout, ce type d'intelligence « coloniaire » représente la norme dans les autres branches de l'arbre généalogique du vivant. C'est notamment le cas chez les plantes : bien traitée, n'importe quelle bouture d'arbre, soit un fragment de l'organisme dans son entièreté, suffira à reconstituer un second individu. N'essayez pas cela avec votre chien, bien « trop » centralisé.

Le botaniste Francis Hallé considère d'ailleurs les arbres bien plus comme des colonies de bourgeons que comme des individus à part entière[11]. Certains arbres peuvent même constituer des colonies de clones, reliés entre eux, dont le plus grand exemple connu est un peuplement de peupliers faux trembles de l'Utah, avec un poids estimé à un total de 6 000 tonnes, pour un âge de 80 000 ans. Même chose chez les champignons, pour qui le record de biomasse se rapporte à un réseau serré d'hyphes champignonnesques d'*Armillaria solidipes* couvrant 9 600 hectares dans une forêt de l'Oregon, et dont le poids total est estimé à 600 tonnes. Mais prenez n'importe quel fragment du réseau, et vous pourrez en relancer un

* Les adeptes de la métaphore relèveront qu'un PDG n'intervient pas non plus sur la réparation de la porte du bureau d'un de ses employés... ce qui n'empêche que le plafond de dépense à partir duquel il faut en référer à la hiérarchie dans certaines organisations peut les tenir assez éloignées d'une intelligence collective en réseau.

nouveau… ou des millions de nouveaux ! Une fameuse stratégie pour faire face aux perturbations majeures. Si vous prenez le risque du gigantisme, faites-le en étendant un réseau de réseaux. Comme cela, en cas de choc, vous serez capables de redémarrer à partir de micro-entités. Pas grand-chose à voir avec les dinosaures !

Quel est le message de cette incroyable plasticité ? Ce qui me frappe, c'est à quel point notre monde industriel, et en particulier ses parties vieillissantes, plus ou moins impliquées dans l'incompatibilité avec la biosphère, semblent avoir adopté l'approche la plus difficile : être grand et centralisé. Une stratégie qui a bien sûr été redoutablement « efficace », et nous a apporté à « faibles* » coûts tous les produits de la modernité, dans un déluge de combustibles fossiles, de béton, d'acier, de verre, de papier, de plastique ou de composants électroniques. Efficace tant que le monde était stable, tant que les sources de matériaux étaient abondantes.

Mais le monde change, et dans l'instabilité permanente et les chocs récurrents, le gigantisme centralisé pourrait bien rendre plus vulnérable. Or c'est un enseignement que nous retrouvons aussi à travers l'évolution du vivant : la recherche d'une grande taille peut devenir une stratégie risquée, puisque après chaque extinction majeure, quelle qu'en soit l'origine, les paléontologues ont constaté que la plupart des grandes espèces s'étaient éteintes, et que le redémarrage des écosystèmes s'appuyait sur les petites espèces, beaucoup moins sensibles à la disparition[12].

Les entrepreneurs n'ont pas attendu les biologistes pour s'interroger à la fois sur la taille optimale et le degré de centralisation de leurs organisations. En fait, certains ont posé le même

* Faibles en termes économiques. En matière d'impact environnemental, l'addition est beaucoup plus salée !

constat que la majorité des espèces vivantes : quand vous avez atteint la taille optimale, cessez de croître… et reproduisez-vous ! Avec différentes options : d'un côté, l'apparition d'organismes complètement différenciés et indépendants les uns des autres, un cas de figure assez rare demandant pas mal de lâcher-prise ; de l'autre, la tentation très XIXe-XXe siècle de transformer votre réseau d'organisations en un super-organisme centralisé.

Entre les deux, le fonctionnement « coloniaire », analogue aux coraux, aux arbres ou au mycélium des champignons. Soit essayer de croître en produisant à chaque fois des unités, ou des équipes connectées, mais autonomes (pas indépendantes ! autonomes) pour leurs décisions, et avec une bonne conscience de l'ensemble auquel elles appartiennent.

Des organisations « vivantes »

Or, ces entreprises à hiérarchie (plus) plate, ou plus précisément, en intelligence locale, elles existent déjà ! Un des articles phares sur le sujet a été publié en 2011 dans la *Harvard Business Review*. Sous le titre provocateur « Licenciez d'abord tous les managers[13] », Gary Hamel, professeur à la London Business School, y décrit le fonctionnement des quelques entreprises florissantes qui ont adopté ce fonctionnement beaucoup plus décentralisé qu'il appelle *self-management*.

Un type de fonctionnement mis en application par Morning Star, le leader américain de la transformation des tomates, qui a servi d'exemple à la description de ce modèle alternatif. Cette description reflète très clairement une organisation de type colonie mycélienne, voire d'un réseau de réseaux comme une forêt. Bien loin en tout cas d'un organisme centralisé à gros cerveau.

Comment fonctionne Morning Star ? Selon Gary Hamel, « c'est une entreprise où personne n'a de patron ; où les employés (re-)négocient (régulièrement) leurs responsabilités avec leurs pairs ; où chacun peut dépenser l'argent de l'entreprise ; où chaque employé est complètement responsable de l'acquisition des outils dont il a besoin pour ses tâches ; où il n'y a ni titre ni promotion ; et enfin où les décisions d'ajustements des revenus des travailleurs sont basées sur l'avis de tous[14] ». La compagnie a été fondée en 1970 et compte aujourd'hui plus de quatre cents employés*.

Pour revenir aux Principes du Vivant écosystémiques**, ils fourmillent dans cet exemple où on retrouve les idées de *construire de bas en haut, s'auto-organiser, soigner sa résilience grâce aux variations, à la redondance et la décentralisation*. Une résilience ainsi obtenue en *combinant des composants modulaires et imbriqués* que sont l'ensemble des équipes du moment.

L'autre volet de cette approche du management est la culture de la coopération. « La rivalité s'exerce en essayant de contribuer au maximum au fonctionnement de l'ensemble… l'énergie de chacun est concentrée sur la qualité de son travail et de l'aide apportée à ses collègues. » C'est le principe selon lequel *la vie pratique la compétition sur un socle de coopération* (version Hoagland & Dodson). Si comme dans toutes les entreprises, cette collaboration nécessite un échange important d'informations, le niveau atteint ici des sommets de transparence. « La route du self-management est pavée d'informations », nous dit Gary Hamel, en écho au vivant qui *s'organise grâce à l'information*, et *utilise les boucles de rétroactions*.

Rétroactions assurées par un véritable réseau auto-apprenant, et notamment par des feedbacks incessants entre collègues, réunis par la même envie de faire progresser

* Pour un chiffre d'affaires annuel de 700 millions de dollars.

** Je puiserai ici essentiellement dans la liste plus appliquée des Principes du Vivant de Biomimicry 3.8.

l'équipe, sans être parasités par des luttes hiérarchiques. Avec, en guise de coaching régulier, le retour à la fois bienveillant et tranchant des plus expérimentés. Car c'est là un aspect indispensable : sans franchise brutale (*tough love*) dans les évaluations croisées, « le self-management peut vite tourner à la conspiration de la médiocrité ». Cet entrecroisement de hiérarchies labiles, multiples et informelles offre aussi la souplesse nécessaire pour qu'en réponse aux forces qui s'exercent sur l'entreprise, les structures adaptées apparaissent ou disparaissent.

Morning Star, comme n'importe quel organisme vivant, *a besoin d'un dehors et d'un dedans* bien délimités. Au-delà de la mission globale de l'entreprise, c'est tout le réseau mouvant des missions établies et partagées par chaque équipe, des relations à long terme et de l'expérience acquise qui crée et entretient la fameuse membrane. Un système qui a tendance à s'auto-renforcer, au point même qu'une étude interne a montré chez les travailleurs temporaires un niveau d'implication équivalent à celui mesuré chez les seniors dans d'autres entreprises.

Par ailleurs, si les nombreuses transactions entre équipes, y compris financières, font émerger dans la compagnie ce qui ressemble fort à un marché, il y a une différence fondamentale : dans un marché pur, le consommateur ne se sent pas vraiment concerné par le fait de savoir si l'échange est juste pour le vendeur. Alors que dans ce cas, le sentiment d'appartenance à une communauté synonyme d'interconnexion et d'interdépendance « encourage les associés à penser en termes de relations plutôt que de transactions ». Comme dans le vivant, les employés de l'écosystème Morning Star sont conscients que leur plaisir à travailler ne durera que si l'entreprise reste florissante. On retrouve les arbres et les champignons.

Depuis l'article de Gary Hamel, d'autres ont continué à pister ces organisations pionnières. Dans une des dernières synthèses sur le sujet[15], Frédéric Laloux passe ainsi en revue une bonne dizaine de ce qu'il nomme les « Teal-organizations ». Elles illustrent une diversité déjà étonnante de secteurs d'activités, de l'agro-alimentaire (Morning Star) à l'énergie (AES), en passant par la métallurgie (FAVI), le matériel hydraulique (Sun Hydraulics), les équipements outdoor (Patagonia), l'éducation (ESBZ) ou les soins à domicile (Buurtzorg) [16]. Cette fois, à la différence de Gary Hamel, Frédéric Laloux identifie très clairement le changement de métaphore chez ses interlocuteurs. Après quelques siècles à vouloir appliquer les schémas de fonctionnement des machines, le virage se profilerait enfin : « Avec une fréquence surprenante, ils parlent de leurs organisations comme des organismes vivants, ou des systèmes vivants. »

Cela suffit-il à remettre ces organisations en compatibilité avec la biosphère ? Non*, et cela montre une fois encore que les Principes du Vivant n'assurent la prospérité de nos écosystèmes depuis des millions d'années que parce qu'ils fonctionnent ensemble, en synergie et interactions complexes les uns avec les autres. Si les « Teal-organizations » veulent aller jusque-là, il faudra « juste » qu'elles rajoutent les Principes du Vivant plus liés à la matière et l'énergie dans ce qui fait leur raison d'être. Ou encore plus simplement, qu'elles agrandissent le cercle de leur sentiment d'appartenance jusqu'à englober toute la Terre. Un sentiment qui par définition, ne se décrète pas, mais qui, une fois installé, peut tout changer.

En attendant, puisque le vivant apporte de plus en plus de métaphores au monde économique et entrepreneurial, pourrait-il aussi nous inspirer face aux crises multiples que notre civilisation industrielle est en train de préparer ?

---

* Ce qui ne veut pas dire qu'aucune d'entre elles n'y travaille : Patagonia est une des entreprises les plus innovantes en termes d'écologie…

Résilience et gestion de crise

Issue initialement de la métallurgie, puis de la psychologie (notamment à travers les travaux de Boris Cyrulnik), la notion de résilience est entrée dans le champ de la biologie depuis une vingtaine d'années, à travers l'étude de celle des écosystèmes[17]. Toujours en plein développement, la discipline livre un nombre croissant d'informations clés sur les façons dont les écosystèmes se rétablissent (ou non) après les diverses crises qu'ils traversent.

En écologie, la résilience d'un écosystème désigne *sa capacité à se remettre d'une perturbation en gardant les mêmes fonctions, la même structure, les mêmes boucles de rétroaction et partant, la même identité*. Il ne s'agit donc pas de résister coûte que coûte au changement pour se retrouver identique à la sortie – l'image du chêne – mais bien de se rétablir sans avoir perdu ses fonctions, sa structure et, plus encore, son identité – l'image du roseau. Les équipes pionnières* qui ont initié cette approche ont eu la bonne idée de ne pas exclure notre espèce de leur réflexion, et d'ainsi nommer « socio-écosystèmes » leurs objets d'étude.

À noter que ces socio-écosystèmes, tout comme les cellules, les organismes vivants ou les communautés humaines, entrent eux-mêmes dans la catégorie des « systèmes adaptatifs complexes », appelés aussi plus simplement par les spécialistes des « systèmes auto-organisés ». Parmi les caractéristiques essentielles que partagent ces systèmes, il y a notamment le fait que chacun est lui-même composé d'autres (sous-)systèmes (par exemple une forêt est composée d'arbres) ; et que ces systèmes auto-organisés sont des systèmes dynamiques, évoluant constamment à travers la succession de différentes espèces

* Essentiellement au Canada, en Australie et en Suède...

dans le temps ou, pour reprendre l'exemple de la forêt, en suivant le cycle de vie et de mort de chaque arbre.

Deux exemples illustrent à quel point cette résilience s'est réduite dans nos sociétés industrielles, et plus particulièrement les grandes villes. Le premier est lié à notre très faible résilience au pic pétrolier, et son lien direct avec les carburants et le transport. Des études anglaises ont démontré qu'en cas de grèves massives des camionneurs, les supermarchés se retrouveraient en rupture de stocks alimentaires en trois jours ! Ce qui montre au passage l'intérêt de redévelopper au minimum une agriculture intra- et péri-urbaine, une tendance observée depuis longtemps dans les pays chauds, et maintenant en pleine expansion sous nos latitudes…

L'autre exemple est notre vulnérabilité à une panne de courant massive. Imaginer les impacts potentiels d'une coupure un peu trop longue est assez vertigineux, vu le nombre de fonctions essentielles qui en dépendent. Suivant la ville et la saison, les conséquences pourraient être dramatiques sur le chauffage, la distribution d'eau, les hôpitaux, les ascenseurs, les portes automatiques, les transports en commun, les distributeurs bancaires, etc. Plus inquiétant encore, cette vulnérabilité ne cesse d'augmenter ces dernières années, et notamment à travers le rôle économique du web, de la téléphonie ou des réseaux bancaires.

Des spécialistes du nucléaire civil ont même expliqué que si nous cumulions les deux crises, par exemple en France ou en Belgique, coupure de courant généralisée et pénurie de carburant, et qu'il faille par conséquent mettre à l'arrêt les réacteurs nucléaires (faute de pouvoir écouler leur électricité), cela ne serait possible qu'à condition de pouvoir ramener de l'énergie dans le mois qui suivrait. Le processus d'extinction d'un réacteur demande lui-même de l'électricité, qui en cas de panne peut être fournie par des groupes électrogènes, au moins deux par centrale. Mais ceux-ci fonctionnent eux-mêmes au diesel, en disposant au plus de quelques semaines d'autonomie (notamment parce que agrandir le stock de diesel local induirait un autre risque, cette fois lié aux accumulations d'hydrocarbures). Une fois ce carburant épuisé, la température du réacteur repartirait à la hausse, jusqu'à provoquer la fusion du combustible, avec tous les risques et les inconnues que cela comporte, suivant la résistance des différentes enveloppes (essentiellement acier et béton) qui entourent la cuve*[18]. Si les scénarios qui pourraient conduire à une telle catastrophe sont supposés avoir une probabilité extrêmement réduite, ils n'en demeurent pas moins possibles, et nous mettent encore une fois face aux risques pour le vivant de l'approche *heat, beat & treat* que nous avons adoptée depuis le début de l'ère thermo-industrielle. Les exemples de Tchernobyl ou de Fukushima démontrent en tout cas quels enjeux recouvrent ce mot de résilience.

Cette résilience nous fournit une grille de lecture supplémentaire pour reconsidérer le vivant et les écosystèmes. Une grille de lecture qui met en valeur les convergences entre les écosystèmes pré-humains et les organisations humaines, et offre une bonne partie du mode d'emploi des écosystèmes à ceux qui comme Gary Hamel, ou encore davantage Frédéric Laloux, proposent de repenser nos organisations sur le modèle des systèmes vivants… qu'elles sont ! La boucle est bouclée…

Les leçons de la résilience

Quels enseignements pouvons-nous tirer des caractéristiques d'un écosystème résilient ? Commençons par faire la

* Étonnamment, l'aggloméral de 250 tonnes de matériaux hautement radioactifs issus de la fusion des réacteurs de Fukushima n'est toujours ni localisé avec précision ni donc caractérisé plus de quatre ans après la catastrophe.

distinction entre la résilience spécifique et la résilience générale. Comme son nom le suggère, la *résilience spécifique* désigne la résilience d'un système à une perturbation elle-même spécifique, donc a priori bien identifiée. C'est le cas de la résilience spécifique d'un secteur industriel à une rupture d'approvisionnement de carburant, ou d'électricité, ou les deux à la fois, comme après le tsunami de 2011 au Japon. Pour pouvoir conserver cette résilience, il s'agira d'identifier les variables susceptibles de faire basculer le système, et de l'empêcher de franchir les seuils fatidiques. C'est ainsi que les centrales nucléaires disposent de groupes électrogènes pour pouvoir faire face à une coupure de courant.

La *résilience générale*, par contre, est la capacité d'un système auto-organisé à absorber n'importe quel choc, y compris les plus imprévisibles, sans s'arrêter de fonctionner.

Cette différence a son importance, car augmenter la capacité de réaction d'un système face à un choc précis (résilience spécifique) se fera nécessairement au détriment des capacités du système à amortir une perturbation imprévue (résilience générale). Il y aura donc forcément des compromis à faire.

Qu'est-ce qui caractérise alors les systèmes à forte résilience générale ? (Indice, pensez aux Principes du Vivant...)

Il y a tout d'abord la *diversité*, qui pour être efficace doit être double. La *diversité fonctionnelle* va permettre à chaque fonction du système d'être assurée par une diversité d'acteurs. Par exemple, dans une forêt, de nombreuses espèces de prédateurs vont « contrôler » les populations des espèces de brouteurs des plantes. Toutefois, pour qu'elle serve à quelque chose, cette diversité fonctionnelle doit être accompagnée d'une *diversité de réponses* : si un coup de chaleur élimine tous les prédateurs, alors leur diversité aura été inutile. Par contre, s'ils présentent une diversité de réponse aux chocs imprévus, alors leur fonction sera conservée dans le système, et les brouteurs ne risqueront pas de surexploiter la base végétale de la forêt.

C'est aussi la combinaison de ces deux diversités qui va assurer une certaine *redondance* au sein du système, redondance certes coûteuse – deux groupes électrogènes de secours au lieu d'un dans les centrales nucléaires – mais gage de davantage de résilience. Une redondance qui est souvent combattue dans les circuits commerciaux à flux tendus, où les stockages sont minimisés pour des raisons économiques, avec tout le risque que cela implique (trois jours d'autonomie dans les supermarchés).

Autre caractéristique importante des systèmes résilients, le maintien d'un *réseau de rétroaction suffisamment dense* (*feedbacks* en anglais), afin d'assurer une circulation rapide de l'information, qui permettra au système de s'ajuster plus vite. Comme l'expliquent Walker & Salt[19], notre économie mondialisée a tendance à diluer ces boucles de rétroaction, notamment entre producteurs et consommateurs (de l'exploitation minière en terres rares en Chine jusqu'à l'acheteur d'un smartphone), avec les conséquences que nous connaissons sur le (non-)respect des normes sociales et environnementales.

Par ailleurs, ce réseau ne doit pas être trop interconnecté non plus : trop de liens favorisent la propagation des perturbations, comme illustré par les épidémies, que ce soit le virus de la grippe dans un métro, ou d'un virus informatique sur Internet. La solution architecturale est alors d'installer une *modularité* dans le réseau, avec une connectivité haute dans chaque module, mais faible entre modules. La rareté de ces liens entre modules permet alors de les utiliser comme coupe-circuits pour empêcher qu'une perturbation ne se propage trop facilement. Un principe vite repris par les développeurs du web, après les premiers crashs de la toile.

Toutes ces caractéristiques des systèmes biologiques représentent autant de leviers potentiels en faveur de la résilience de nos collectifs. C'est ce potentiel qu'a d'ailleurs utilisé mon ami et collègue Gaëtan Dartevelle pour créer le « Resilience Design Toolkit » (RDT), une boîte à outils destinée aux membres d'une organisation dont l'objectif est la co-création de résilience en son sein. Basée sur trente Principes du Vivant qui expliquent comment les écosystèmes sont résilients et durables, la méthode a été testée avec succès sur soixante-dix-sept organisations des secteurs de l'alimentation, de la construction et de l'hôtellerie en Belgique, au Luxembourg, en France et en Angleterre. Passer par les Principes du Vivant pour inspirer un plan d'actions permet à l'équipe de construire sa membrane autour d'un langage commun – celui du vivant – précieux pour un ajustement collectif[20].

Les spécialistes des socio-écosystèmes insistent aussi sur l'importance de veiller sur ce qu'ils nomment le « capital social », et notamment sur la nécessaire émergence du *leadership*, de la *confiance* et des *réseaux sociaux* (au sens large). Trois paramètres qui rappellent bien plus les organisations « Teal » décrites par Frédéric Laloux que la plupart des grandes entreprises encore si dominantes. Ces dinosaures hiérarchiques pyramidaux ont certes été efficaces jusqu'ici, mais face à l'amoncellement des exponentielles de l'Anthropocène, seront-ils résilients ? Il est permis d'en douter. Faut-il s'en inquiéter ? Peut-être pas ! Car un autre enseignement de la résilience, et en particulier des cycles adaptatifs, c'est que la mort est bien constitutive du vivant…

CONCLUSION

Pas de panique ?

Il est temps de nous reconnecter. Nous sommes des êtres vivants, nous partageons les rayons du soleil, l'air, les minéraux, l'eau et l'humus avec une multitude d'autres espèces. Cette interdépendance radicale peut être ignorée un moment, mais pas beaucoup plus longtemps. Sans elle, sans ces flux et ces échanges incessants, nous ne serions jamais nés, et il nous serait impossible d'envisager un avenir. Mais nous sommes là, avec une planète sous nos pieds nus, qui nous nourrit et qui nous tient, comme elle tient aussi les crapauds, les limaces, le chien de la voisine, ses acariens et les bactéries du sol. Et même les *Prochlorococcus* !

Alors souvenons-nous-en : il a fallu 3,8 milliards d'années pour que nous émergions en tant qu'espèce au sein d'un monde essentiellement bactérien. Et il aura suffi de deux siècles pour que la civilisation thermo-industrielle, en libérant des éons d'énergie solaire accumulée, devienne la sixième grande menace pour la biosphère. Avant de franchir les derniers mètres de ce marathon biomimétique, encore deux chiffres fous*[1]. Le pre-

* Au cours de mes dernières semaines de rédaction, le quotidien anglais *The Guardian*, sans doute un des plus engagés du monde sur les questions environnementales, a lancé une campagne sur le « désinvestissement » (*divesting* en anglais) de l'argent mis à disposition des grandes compagnies d'extraction de combustibles fossiles.

mier est notre rythme de consommation de pétrole, compteur à la clé : environ mille barils par seconde. Mille ! Essayez de visualiser... C'est autant de CO_2 à neutraliser à chaque seconde si nous voulons éviter les emballements annoncés.

Le second concerne la quantité de charbon que nous extrayons à l'heure mais traduit dans une unité qui me touche particulièrement : la baleine bleue (soit 200 tonnes). Sur le compteur du site web, elles défilent à raison d'une par seconde ! Sachant qu'après des décennies de chasse, il en reste entre 5 000 et 12 000 dans le monde, il suffit de quatre heures pour que nous brûlions en charbon l'équivalent de toutes les baleines bleues du monde.

Nous avons presque tout brûlé d'un coup ! Cela nous a rendus temporairement extrêmement puissants (et insouciants) mais n'empêche pas qu'aujourd'hui, comme le résume Bill McKibben, « notre tâche est brutalement dure et terriblement simple : il faut garder le carbone dans le sol ».

Comment sortir de cette spirale infernale ? Répondre à cette question était le défi de ce livre, et j'ai choisi, il y a près de quinze ans, le chemin du biomimétisme. Je n'en vois pas d'autre qui nous permette de retrouver un semblant d'harmonie avec le reste du vivant. Non pour la beauté du geste, ni pour se donner bonne conscience, mais simplement pour rester vivants, ensemble. Il m'a fallu ensuite quelques années de plus pour me rendre compte que le message indispensable, le cœur du biomimétisme, était de nous reconnecter à la Terre et à ses millions d'espèces. Comme le dit le Comité invisible, « il n'y a que nous, enfants de la dépossession finale, exilés de la dernière heure – qui venons au monde dans des cubes de béton, cueillons des fruits dans les supermarchés et guettons l'écho du monde à la télé – pour avoir un environnement[2] ».

La mort comme Principe du Vivant ?

Chaque système auto-organisé, au cours de sa trajectoire cyclique, passe tôt ou tard par le stade de la destruction créatrice. Parallèlement, chaque système étant le sous-système d'un autre, s'il ne se synchronise pas avec ses voisins, sa destruction reste généralement une « péripétie locale ».

Prenons l'exemple d'une de nos mains à l'état embryonnaire. À un moment précis, la palme qu'elle était d'abord a vu les doigts prendre leur indépendance et se détacher les uns des autres grâce à une mort programmée des cellules entre les ébauches de doigts. Un « drame » pour chacune des cellules. Alors qu'à l'échelle de la main, et plus encore pour nous – soit deux niveaux plus haut –, il s'agissait d'une péripétie locale. La destruction créatrice d'un sous-système a nourri la vie du système d'ordre supérieur auquel il appartenait.

Cette « stratégie » se retrouve très souvent dans le vivant. Il en va ainsi de la reproduction chez les rainettes arboricoles d'Amérique tropicale. Certaines espèces utilisent l'accumulation d'eau au cœur de plantes épiphytes de la famille des ananas (les Broméliacées) pour y déposer chaque fois un têtard, qui disposera de la sorte de son aquarium privatif[3]. Chaque jour, la petite grenouille fera le tour de sa progéniture, et pondra un œuf non fécondé pour nourrir chacun de ses têtards, sacrifiant elle-même ce symbole de vie pour le transformer en casse-croûte synonyme de vie à son tour.

Dans d'autres cas, la mort sera gage d'abondance, comme quand les saumons de la côte canadienne, de retour du Pacifique, meurent par milliers sous la dent des ours et des loups, ou le bec des goélands et des aigles pêcheurs. Via les déjections des mammifères et oiseaux prédateurs, ils irriguent de nutriments océaniques toute la forêt avoisinante*[4]. Ils assurent ce transfert massif de nutriments de la mer à la terre sans manquer d'assurer l'objectif principal de leurs migrations – la reproduction – tout en perpétuant leur propre cycle adaptatif (croissance, maturation, destruction créatrice et réorganisation de leurs molécules en... quelque chose d'autre).

Même « générosité » chez les chênes de nos régions (et leurs champignons), qui, au cours de très leur longue vie, « offrent » la mort de dizaines de milliers de glands et de centaines de jeunes plants pour assurer leur descendance, soit en moyenne un seul autre chêne en âge de se reproduire. Entre-temps, par geais, pigeons, mulots, campagnols, muscardins, écureuils et sangliers interposés, sans oublier prédateurs, parasites et autres symbiotes, chaque arbre, uniquement via ses glands, aura redistribué à tout l'écosystème forestier des tonnes de sucres photosynthétisés au cours de la belle saison**. Une autre facette du réseau de synergies reliant toutes les espèces d'une forêt.

Cette importance de la disparition/destruction créatrice de sous-systèmes, sans menacer l'intégrité du système de niveau supérieur, se manifeste aussi à plus grande échelle. Nous pouvons voir une forêt comme une mosaïque de centaines de parcelles, chacune à un stade différent du cycle adaptatif. Si dans une forêt en bonne santé, la plupart sont en mode développement (croissance et conservation), il existe aussi d'autres parties en train de vivre la destruction créatrice d'un incendie local ou d'une épidémie d'insectes ravageurs, alors que d'autres encore sont en train de se réorganiser à la suite d'épisodes similaires. La mort de certains permet à l'ensemble de conserver son dynamisme et sa résilience globale.

---

* Le transfert d'azote a été évalué à 120 kg par hectare.

** Une belle illustration de la pensée du biologiste anglais Thomas Huxley, rappelant que la nature n'est ni morale ni immorale, mais simplement amorale.

Cette « lecture » de l'évolution d'un paysage forestier peut parfaitement s'appliquer aux écosystèmes fortement anthropisés que sont les villes, avec des juxtapositions de quartiers à des stades divers de développement ; les zones en démolition peuvent être reconstruites ou bien réaffectées à des usages différents – un parking transformé en parc, un port industriel reconverti en zone d'habitation…

Un des exemples les plus emblématiques est la ville de Detroit, aux États-Unis, qui a cumulé les effets de seuil conduisant à des *destructions créatrices*. Initialement berceau de l'industrie automobile et symbole fort de la civilisation industrielle, elle a périclité à partir de 1950. Detroit a brutalement plongé dans les années 2000, suite au déclin et à la délocalisation des grands constructeurs américains. La situation économique désastreuse a débouché sur un endettement généralisé des habitants, accompagné d'un exode massif qui a vidé la ville d'un quart de ses habitants, suivi d'une mise en faillite de la ville elle-même !

Toutefois les premiers signes de *réorganisation* se font sentir depuis plusieurs années, et semblent indiquer une mutation profonde. À la place des méga-entreprises de l'ère des combustibles fossiles, on voit se développer un essaim d'initiatives en agriculture urbaine qui redessine l'identité de la ville[5]. Mais il s'agit cette fois d'une identité en route vers la civilisation post-carbone, et nettement plus en phase avec les Principes du Vivant, tant pour son objet – une agriculture circulaire de qualité et de proximité – que pour sa forme, puisqu'elle repose sur l'esprit d'entreprise des habitants et se *construit de bas en haut*.

L'espoir face aux pénuries[6]

Cette transformation de Detroit soulève une autre question, qui réunit celles de la résilience et de la coopération/

compétition : comment réagissent les communautés vivantes lorsqu'elles sont confrontées à de fortes diminutions de ressources ?

Dans notre société, c'est devenu un réflexe : les situations de pénurie ne peuvent qu'engendrer plus de compétition dans une culture qui n'arrête pas de la célébrer. Cela semble implacable : puisqu'il y a moins à se partager, nous allons forcément nous taper dessus. Une perspective peu rassurante face au cortège de crises annoncées. Mais est-ce vraiment inévitable ?

L'espoir nous vient de la botanique[7]. Dans une vallée alpine, deux espèces d'arbres vivaient côte à côte. Dans les endroits aux ressources abondantes, les pins et les sapins étaient disposés au hasard, alors qu'en altitude, dans des zones plus pauvres, les sapins se regroupaient autour des pins pour mieux coopérer en vue d'acquérir suffisamment de nutriments.

Une synthèse ultérieure portant sur cent espèces végétales, de l'Arctique aux tropiques, a montré elle aussi – à l'inverse de ce qui pourrait s'assimiler à du bon sens – que la compétition se concentrait sur les sites aux conditions les plus favorables au développement des espèces, alors que la coopération se déployait plutôt sur les sites en situation de pénurie[8].

Cela dit, la compétition étant une relation qui coûte de l'énergie à tous ceux qui la pratiquent, il n'est pas illogique qu'elle soit un luxe réservé aux situations d'abondance. Or, avec l'équivalent de quatre cents esclaves énergétiques à notre disposition, n'avons-nous pas pléthore de ressources matérielles ? Mais lorsque le pic du pétrole sera clairement derrière nous, les pénuries ne pourraient-elles susciter l'inverse ? Si nous voulons survivre ensemble (c'est bien la question), pourquoi ne pas tenter la coopération ?

Seconde bonne nouvelle, cette tendance à la collaboration a déjà été soulignée par de nombreux sociologues et psychologues[9]. L'un d'entre eux a démontré, après l'étude de dix catastrophes récentes (tremblements de terre, déraillements de trains, crashes d'avion, explosions de gaz, de bombe, ouragans et tornades) à quel point c'étaient les comportements de coopération qui dominaient[10]. Émergence rapide de groupes (*construire de bas en haut*), apparition de leaders et de règles fixées en commun, répartition des rôles en vue de la survie de tous, autant de processus qui surgissent spontanément, loin des fameuses crises de panique ou d'agressivité véhiculées par les films hollywoodiens. De fait, la panique a été si rarement constatée que les chercheurs ont finalement abandonné le concept même de comportement de panique pour décrire les réactions typiques observées en situation de catastrophe[11]. Si de l'agressivité émerge, elle naît généralement de fausses rumeurs, ou bien résulte de l'intervention de forces de maintien de l'ordre (souvent liées à un pouvoir de type hiérarchique *top-down*), elles-mêmes « contaminées » par ces rumeurs.

En fait, quand les conditions se durcissent, les communautés d'humains réagissent souvent comme celles des plantes et renforcent leurs collaborations. L'écroulement de l'ordre social originel, souvent constaté dans les désastres, s'assimile typiquement à une destruction créatrice, suivie d'une réorganisation orientée cette fois, pénurie oblige, vers davantage de coopération[12].

Le choix de l'hyper-coopération ?

Si le réflexe collaboratif semble bien établi dans les situations d'urgence, pouvons-nous nous attendre au même effet sur le long terme ? À l'heure du changement climatique, des pics de ressources non renouvelables et de la menace sur la biodiversité, c'est une question d'importance capitale. D'autant que l'histoire nous a appris que les civilisations, comme les espèces vivantes, peuvent elles aussi disparaître faute de s'être transformées à temps, souvenez-vous des Vikings du Groenland[13].

Une des différences essentielles qui existerait entre l'espèce humaine et toutes les autres serait notre capacité de choix. Et de fait, si nous prenons l'exemple de la Grèce depuis la crise financière de 2008, force est de constater que les deux choix ont été faits. D'un côté, renforcement de mouvements d'extrême droite, ceux qui pratiquent la désignation de boucs émissaires en encourageant le rejet de certaines couches de population, des comportements que je qualifierais d'hyper-compétitifs. De l'autre, tous ces collectifs et autres coopératives qui ont émergé de partout, regroupant des spécialistes de la santé ou de la permaculture, et surtout des citoyens comme vous et moi, adeptes cette fois de l'hyper-coopération[14].

Or les choix qui se posent en Grèce aujourd'hui ne sont que les prémices de ceux qui nous attendent à l'échelle de l'humanité, et sans doute de façon encore plus drastique pour les Occidentaux que nous sommes, abreuvés, nourris et logés par nos fameux quatre cents esclaves énergétiques. Qu'elle soit douce et progressive, comme nous pouvons le souhaiter, ou brutale et chaotique, comme nous sommes un nombre croissant à le redouter, l'inévitable descente énergétique à laquelle nous devons nous préparer charrie la même question : choisirons-nous la voie de la compétition ou celle de la coopération ? Les innombrables espèces qui nous entourent nous proposent une voie : même si les deux approches cohabitent en permanence dans la nature, les organismes vivants ont quand même toujours tendance à cheminer de la plus pénible à la plus agréable. Et quand la confiance a suffisamment grandi, la coopération se permet même le luxe de faire émerger des collectifs d'un niveau de complexité supérieur.

Ce besoin de confiance entre nous, humains, de même que vis-à-vis des autres espèces, sera-t-il suffisant pour faire émerger le niveau de conscience biosphérique dont nous avons besoin pour nous reconnecter à la Terre et savourer la sensation d'y être vivants ensemble ? Dans cinquante ans, nos enfants connaîtront la réponse à cette question, et pourront la méditer aux côtés des baleines bicentenaires[15] (si elles sont encore là), des éponges millénaires (qui seront sûrement là) et des éternelles bactéries (qui seront là de toute façon).

ÉPILOGUE

La ferme du Bec-Hellouin

Le biomimétisme a été pour moi un chemin instructif et contrasté. Instructif, car chaque histoire m'a offert l'occasion de m'émerveiller sur le génie inventif de l'évolution du vivant, que ce soit celui de la barge rousse marathonienne, du surabondant *Prochlorococcus*, ou des chercheurs humains capables de synthétiser de la silice à température ambiante comme les éponges. Contrasté, car cela ne m'a pas empêché de découvrir les recoins obscurs de notre société et de ses choix technologiques, comme les énormes bassins de résidus de minerais en Chine, gravement contaminés par une poussière à la fois acide et radioactive. Ces minerais des terres rares nécessaires pour nos éoliennes, panneaux solaires et autres téléphones portables[1].

C'est paradoxalement ce chemin contrasté – émerveillement et deuil – qui m'a permis progressivement de pouvoir envisager le pire pour préparer le meilleur, et de le partager sereinement avec mes fils adolescents, assis sur un banc en lisière d'un bois lors de nos rendez-vous vespéraux, puis avec vous.

En réalisant – conjointement avec d'autres amis – que des transformations majeures de civilisation pouvaient se produire de notre vivant et mener à un effondrement plus ou moins brutal, le chemin du biomimétisme s'est à la fois enrichi de la couleur de l'urgence et du temps profond. Il nous montre la prudence du *low-tech* et la sagesse de laisser le métier de la chimie *high-tech* aux êtres vivants avec lesquels nous collaborons depuis la nuit des temps, comme les arbres pour le bois ou les bactéries pour l'épuration des eaux.

Par ailleurs, plutôt que d'attendre passivement les inévitables chocs provoqués par la fin des combustibles fossiles et par l'hyperconsommation, il est possible de faire appel aux Principes du Vivant pour créer des îlots de réorganisation à partir desquels de nouvelles sociétés pourront se réinventer. Ces îlots existent, ils se préparent du mieux possible à un avenir imprévisible et incertain, très différent de celui qui nous avait été promis. Ils sont déjà nombreux sur Terre[2], mais ils sont encore faibles, fragiles et isolés.

L'un de ces îlots a déjà été évoqué, c'est justement la ferme du Bec-Hellouin en Normandie, et j'ai choisi comme ultime envolée de donner la parole à Charles et Perrine Hervé-Gruyer, l'extraordinaire couple qui l'a créée. De leur propre aveu, leur ferme n'est encore qu'un jalon dans notre quête d'une agriculture biomimétique solaire, régénératrice et, plus encore, sans combustibles fossiles. Pourtant son histoire nous montre à quel point nous pouvons tous, si nous le voulons, mettre en pratique dans notre quotidien «pré-post-pétrole» le biomimétisme et l'inspiration du vivant*.

Du jardin familial à la ferme

Perrine : Nous vivions déjà sur cette ferme, qui appartenait à Charles, mais initialement nous avions simplement un jardin

* Cette interview, menée par Michèle Decoust et moi-même, s'est déroulée en juin 2013 au cours d'une visite de trois jours époustouflante, en particulier pour le naturaliste que je suis : comment combiner une production surabondante en qualité et quantité de fruits et légumes, avec la biodiversité sauvage d'une petite réserve naturelle…

potager, dans le but de nourrir notre petite famille. Nous nous sommes de plus en plus investis dans le jardin, et ce projet d'autosuffisance familiale nous a plu à tous les deux. C'était se retirer de la société de consommation et essayer de produire notre propre nourriture, ce qui était déjà énorme… Mais je n'avais aucun savoir-faire dans les métiers de la terre ! En même temps, l'alimentation était déjà vitale pour moi, il était impensable que je ne nourrisse pas mes enfants avec une nourriture vivante. À Hong Kong déjà, je me nourrissais bio et je pratiquais le jeûne. Et j'éprouvais de plus en plus le besoin de retrouver mes racines de terrienne, et de vivre selon des rythmes naturels, comme nos Anciens. Les premières techniques de jardinage, je les ai apprises de Charles, et ensuite cela m'a passionnée, alors je me suis documentée…

Charles : Au départ c'était plus un projet esthétique, un projet de reconnexion… Nos sources d'inspiration, c'étaient des tableaux, notamment ceux d'un peintre, Lucien Pouëdras[3], qui avait peint la Bretagne rurale de son enfance, avant le remembrement, avant la mécanisation, et c'était un camaïeu de petits espaces qui s'interpénétraient, de clos, de vergers, de petites pâtures, de ruisseaux, de bosquets, et partout des gens, des animaux… Et cela dégageait une charge poétique incroyable !

Donc, nous avons vraiment conçu la ferme comme une sorte de tableau en trois dimensions. En même temps nous nous sommes aussi beaucoup inspirés de John Seymour, un des pionniers de l'autosuffisance (*self-sufficiency*). Le tout sans penser à ce que cela pourrait rapporter, puisqu'à l'époque nous avions des sous et du temps, donc nous y avons mis tout notre cœur, tout notre amour…. c'était le principal fluide, ce désir d'unité avec le vivant.

Perrine : En 2006, Charles s'est découvert un tel amour pour la terre qu'il a décidé d'en faire son métier. En fait, depuis toujours, il avait rêvé d'être agriculteur. Nous avions déjà des pommes, nous produisions du cidre, je faisais aussi beaucoup de bocaux de conserve. Alors moi, au départ, je lui ai juste dit : « Je te donnerai un petit coup de main »… et c'est aussi devenu toute ma vie !

Les deux premières années, jusqu'en 2008, cela a été un sacerdoce. En fait, je me forçais à l'aider, j'avais déjà une fille. Très vite, la serre a été mise en place, Charles s'est formé à la traction animale pour pouvoir utiliser des chevaux… Mais je ne faisais que suivre. Faire pousser des légumes pour les vendre à des gens ?

Charles : À la base, notre ferme, c'était un rêve d'intimité aussi poussée que possible avec la nature. J'avais été très frappé par les Amérindiens, du temps du *Fleur de Lampaul**[4]. Dans mon livre *La Femme-feuille*, j'ai essayé de décrire leur faculté d'être en osmose la plus complète possible avec la nature. Au fond, je crois que j'aurais aimé vivre comme dans la forêt amazonienne. Mais c'est ici que je suis né, ma famille est normande depuis mille ans et je fréquente cette vallée depuis que je suis tout jeune. C'est ma culture, mon héritage, il y a de belles choses aussi dans ce monde-là. Nous nous sommes alors dit que nous allions faire ça progressivement, que nous allions essayer de créer une ferme enracinée dans la tradition normande… mais où soufflerait l'esprit des Amérindiens.

Ensuite, nous avons eu une période très difficile, vu notre inexpérience, jointe au fait que ce terroir se prêtait très mal au maraîchage, et puis que le maraîchage bio, c'est un métier super-dur : nous avons passé quatre ans sans rien gagner ! Du

---

* Entre 1985 et 2002, Charles a navigué autour du monde avec des adolescents que lui et son équipe emmenaient à la rencontre des peuples premiers, de la faune et de la flore marine sur *Fleur de Lampaul*, un vieux gréement qu'il a transformé en bateau-école. Cette expérience marine l'a fortement sensibilisé à l'interdépendance de la… Terre !

coup, nous avons constamment cherché des solutions naturelles, mais qui nous permettraient aussi de vivre de notre métier, pour ne pas transgresser notre rêve de rester en harmonie avec la nature. D'autant plus que nos économies avaient fondu, que nous commencions à avoir des dettes... et qu'il y avait maintenant quatre enfants ! Nous avons donc été rattrapés par le principe de réalité, et le besoin d'une gestion économique de notre projet.

La permaculture

Perrine : En 2008, nouveau virage. Un ami nous a envoyé un email avec un article en anglais sur « La micro-agriculture intensive aux États-Unis », et dans cet article, il y avait aussi la définition de la permaculture. Nous avons tilté tous les deux en même temps. Je me suis précipitée sur Internet, et cela a été la révélation, ce qu'on cherchait depuis toujours : cette interconnexion entre l'environnement, la production nourricière et l'être humain. Tout prenait sens, tout prenait sa place. Jusqu'alors, c'est comme si tout était coupé. Bien sûr, nous étions passionnés d'environnement, de bien-être, de légumes qui font du bien à l'être humain, mais c'était seulement juxtaposé...

Dans la pratique, nous nous sommes mis tous les deux à fabriquer des buttes, et à lancer le « jardin mandala ». En général, Charles est le visionnaire, il fait tout de suite, et moi j'ai besoin de la connaissance, j'assure les étapes intermédiaires. Et puis j'ai commencé à chercher qui pratiquait la permaculture. Pour finir pas grand monde... Mais je n'ai jamais douté.

Charles : Dans les faits, nous nous sommes rendu compte que la permaculture recroisait peu l'agriculture bio. Elle était plutôt formulée pour des jardins privés, amateurs ou associatifs, pour des gens qui, comme nous au départ, rêvaient d'autosuffisance alimentaire. Mais dans le monde du bio professionnel, et même à l'étranger, nous trouvions rarement des gens qui mettaient en pratique les principes de la permaculture pour une exploitation commerciale. Alors avec Perrine, nous nous sommes dit que c'était peut-être cela notre mission : féconder le monde de l'agriculture bio avec les concepts de la permaculture, pour une agriculture vraiment bio-inspirée.

Au début, nous appliquions à la lettre les principes décrits dans les livres. Et puis, il a fallu nuancer, quand certains principes nous sont apparus parfois un peu réducteurs ou simplistes. En même temps, alors que Perrine continuait ses recherches sur le web, elle a découvert les travaux de John Jeavons[5], qui a énormément travaillé sur la culture sur buttes, puis au-delà de la permaculture, les travaux d'Eliot Coleman[6], en « *deep organic farming* ou micro-agriculture intensive ». C'est vite devenu une enquête dans l'espace et le temps. Et plus seulement par le web, puisque Perrine est allée enquêter au Japon, à Cuba, en Californie ; puis elle s'est formée à la permaculture en Angleterre…

Par ailleurs nos maîtres américains Coleman et Jeavons nous ont ramenés à l'héritage du XIXe siècle des… maraîchers qui approvisionnaient Paris. Autrement dit, pas seulement ceux de la ceinture verte : car en fait, c'était surtout dans la ville, donc intra-muros, que naissaient les innovations, à cause du prix du foncier. Un héritage complètement balayé de la mémoire collective ! Fervents adeptes des associations de cultures, ils arrivaient à faire jusque huit rotations de cultures par an !

Nous avons continué à picorer partout, à essayer de croiser tout cela, nous n'avons rien inventé, mais en gros curieux, nous avons tenté les combinaisons. En fait, la permaculture nous a donné le cadre général et ses principes, avec un rôle central pour les arbres, la culture sur différents types de butte, la forêt-jardin, les associations de cultures, etc. Ce qui ne nous empêche pas de continuer à expérimenter d'autres techniques, en les adaptant à ce cadre.

Perrine : J'ai aussi ma formation de juriste, et son côté analytique, rationnel, logique, qui m'aide à trouver le fil conducteur dans tout ce que je fais. Parce que la permaculture ne t'aide pas à trouver le fil conducteur, elle le suggère seulement. Elle te dit : « Observe, cherche-le, mets-le en valeur, il est là ! » Donc de l'intuitif et de l'analytique : j'ai dû sentir, ressentir, observer beaucoup, au lieu de simplement *regarder*. Et là j'ai vraiment appris à observer avec tout mon corps, tous mes sens. Maintenant, quand je travaille la terre, j'ai l'impression de faire corps avec elle, je reviens d'ailleurs le soir avec de la terre partout !

Du coup, après avoir fonctionné d'abord seulement au bon sens, il y a eu une montée progressive en puissance technique. Nous nous sommes aperçus saison après saison de ce que nous avions compris, capté ; nous voyions ce que nous n'avions pas vu le printemps précédent, et à chaque fois c'était un émerveillement. Un papillon avant, nous le trouvions juste « joli », maintenant nous savons tous les services qu'il rend dans notre écosystème. Tout est devenu holistique, entier, complet, et cette complétude est allée de pair avec notre croissance à nous, à tous les niveaux. Qui ne s'arrête jamais !

Par exemple, un des principes de la permaculture que nous n'avons pas tout de suite intégré, c'est qu'il faut partir petit, rester petit et très soigné... Au début, dans la logique classique, nous avons voulu grandir, en nous disant que si nous voulions vraiment en vivre, il fallait produire plus, donc avoir plus de surfaces... pour nous rendre compte finalement qu'à deux, nous étions complètement débordés, que nous n'y arrivions pas. Par conséquent, certaines tâches étaient forcément négligées, ce qui influait ensuite sur le niveau de production. C'est comme ça que nous avons réalisé qu'il nous fallait revenir à du plus petit.

En continuant notre chemin dans la permaculture, nous avons découvert un autre concept révolutionnaire, celui de la forêt-jardin ! Pour moi comme pour Charles, cela représente tellement l'avenir que nous n'avons pas tardé à la mettre en place. Imaginez les arbres, la forêt qui donne à manger, la forêt nourricière… On ne peut pas revenir à plus essentiel que cela. Parce que chez nous, quand on regarde la nature non touchée par l'homme, l'on a quoi ? Une forêt !

La forêt-jardin

Charles : L'Anglais Robert Hart[7] a été le premier à l'introduire en Angleterre et en Europe. Suite à des problèmes de santé qui l'ont conduit à l'alimentation naturelle, il a été amené à rencontrer Bill Mollison[8], l'Australien fondateur de la permaculture. À partir du concept de forêt-jardin, son rêve était de recréer la grande forêt des origines… Comme ce n'est pas possible, il s'est dit : au moins, replantons des petites forêts comestibles, comme le pratiquaient tous ces peuples qui vivaient dans la ceinture tropicale du globe. Dans ces régions de forêt, tout naturellement, ils plantaient autour de leur case les végétaux utiles, soit une forêt qui donnait de quoi manger, construire sa case, faire ses outils, se soigner avec des plantes médicinales, vendre ses excédents pour du *cash*…

Bref c'était un système totalement autonome, contrairement au nôtre hérité du système steppique d'Asie Mineure, et qui ne colle pas à nos habitats européens… Mais eux ont donné le primat à l'arbre ! Et j'adore cette idée que ce sont des peuples du Sud qui fécondent aujourd'hui notre agriculture occidentale. Et pour moi, la forêt-jardin, c'est l'aboutissement de cette nouvelle agriculture, parce qu'elle imite une forêt naturelle, mais avec essentiellement des végétaux comestibles. En Europe, cela va se décliner en un système étagé avec au moins quatre strates, dont une verticale. La plus haute sera constituée d'arbres ou d'arbustes fruitiers, dont des fruits à coque comme les noix ou les châtaignes. En dessous se retrouvent les arbrisseaux, essentiellement les petits fruits comme le cassis, les groseilles ou les framboises, ainsi que les noisetiers. Au sol se retrouvent légumes vivaces, plantes aromatiques, médicinales ou tinctoriales. Se rajoute la strate verticale, celle des lianes comestibles comme la vigne ou la mûre géante.

C'est ainsi que dans notre forêt-jardin expérimentale, nous avons planté une centaine d'espèces et de variétés, toutes strates confondues. Nous y avons ajouté récemment des champignons « élevés » sur bûches, qui y trouvent l'ombrage et l'humidité nécessaire. Les orties s'y sont multipliées, et nous fournissent une source de mulch supplémentaire et bienvenue !

L'avantage, c'est qu'une fois installée, la forêt-jardin n'a pas vraiment besoin de nous : elle ne demande aucun travail du sol, aucune goutte de pétrole, pas d'arrosage ; elle crée son sol et sa fertilité, abrite sa biodiversité ; elle stocke du carbone et protège du vent les parcelles de maraîchage ; et elle donne une abondance de bonnes choses.

Et puis elle crée une belle valeur économique, en même temps qu'un vivier important d'emplois sur 1 000 à 3 000 m^2, ce qui est une surface dérisoire par rapport au peu d'emplois créés par notre système actuel. En plus, tous ces fruits et plantes médicinales sont bien valorisés et recherchés en bio. Il s'agirait donc de créer un nouveau métier agricole, que l'on pourrait appeler « sylvanier », le jardinier de la forêt : vivre de sa forêt-jardin, faire des fruits séchés au soleil, des confitures, des sirops…

Du coup, comme c'est une activité de cueillette, beaucoup plus douce, les outils, cela va être surtout une brouette, une paire de sécateurs, des tenailles de force, une faux et une faucille pour le sol… et c'est tout. L'investissement de départ est très limité. Par conséquent, cela peut être pratiqué par des seniors, des chômeurs, des femmes qui souhaitent élever leurs enfants et travailler seulement quelques heures par semaine, et puis prendre des vacances en été, et trois, quatre mois en hiver.

Car de plus en plus, les néo-ruraux viendront d'autres sphères de la société, qui n'accepteront pas les contraintes des paysans d'avant. La forêt-jardin permet cela : on part et on revient quand on veut, elle vit sa vie. C'est tout bénéfice du point de vue de l'environnement, et de la société.

Recherche

Charles : Nous avons commencé à être sollicités alors que nous faisions nos tout premiers pas sur cette voie, car les gens se sont dit que la ferme du Bec-Hellouin était en train de devenir un lieu d'expérimentation intéressant... Du coup, les visiteurs se sont multipliés. Nous avons notamment reçu des pontes du bio, comme Stéphane Bellon ou François Léger, le spécialiste des sols Cyrille Girardin*, des gens de l'Éducation nationale, de la Fondation de France... Au début nous avions un peu peur, car nous étions des néo-agriculteurs pas formés, des « néo-permaculteurs ». Rien que la traversée de notre jardin prenait une heure et demie... et ils ne nous riaient pas du tout au nez ! Première satisfaction :

En substance, François Léger nous a dit : « Nous ne serions pas assez loufoques pour créer un système aussi atypique dans nos stations de recherche, donc cela nous intéresse beaucoup ! » Stéphane Bellon a rajouté : « Ce qui est frappant à la ferme du Bec-Hellouin, c'est que, sur un terrain qui aurait à peine nourri une demi-vache, il y a une surabondance d'aliments produits ! »

Cette « renaturation » d'un espace réduit le rendait beaucoup plus productif : sur 3 000 m^2, nous produisions souvent 60-110 paniers de type AMAP, alors que dans les documents

* Tous trois ingénieurs agronomes de l'INRA (Institut national de recherche agronomique).

de la FNAB, la Fédération nationale d'agriculture biologique[9], les chiffres donnés sont de 50 paniers en moyenne à l'hectare. 60-110 paniers sur 3 000 m^2, c'est quatre à sept fois plus que 50 paniers à l'hectare ! Donc c'était plus beau, plus naturel, mais aussi plus productif !

Ensuite, il y a eu la deuxième cerise sur le gâteau. Depuis le début, dès la première année, les gens disaient : « Je retrouve le goût des aliments de mon grand-père. » Les boutiques bio nous ont fait des compliments, puis les AMAPiens qui s'approvisionnaient sur les marchés bio, puis les restaurateurs, et finalement ce sont des chefs étoilés qui nous ont félicités. Cela nous a permis de nous apercevoir que, lorsque des aliments poussaient de manière supernaturelle et qu'ils n'étaient pas bourrés d'engrais, même bio, ni d'arrosage, ils exploraient sans doute un sol plus riche et que leurs racines pompaient davantage de nutriments, sans compter toutes les interactions entre plantes...

C'est à la suite de ces constats que nous avons formulé ce projet de recherche, grâce à François Léger qui a accepté de nous faire confiance. Car il était persuadé que les véritables progrès en agriculture provenaient des praticiens, de manière empirique... Cela fait trente ans que ce grand monsieur de l'agronomie étudie des agricultures marginales. Du coup, cela le passionne autant que nous, il s'est beaucoup investi, et nous profitons de notre complémentarité. Aujourd'hui, nous sommes financés par sept fondations[10], ce qui nous fait aussi bénéficier du label de ces institutions, sur un truc complètement loufoque et atypique... Cela fait beaucoup progresser la ferme.

En fait, ce n'est que progressivement que nous avons pris conscience des enjeux. À force de visites guidées et de partages d'expérience, nous nous rendons compte que notre modèle agricole dominant, c'est un modèle du néolithique, qui privilégie les plantes annuelles, les céréales, les espaces ouverts avec des animaux de steppes. Alors que la permaculture peut remettre en question tous les paradigmes. Pour François Léger, il s'agit vraiment d'un nouveau logiciel, avec l'arbre comme pivot, plutôt que des plantes annuelles, qui demandent plus de travail du sol et plus d'intrants.

L'arbre, lui, est plus résilient, il offre une nourriture de qualité et rend de nombreux services écosystémiques. Et nous nous sommes rendu compte à coup d'obstacles que nous avons été amenés à revisiter progressivement certains présupposés de l'agriculture moderne en Occident, notamment celui qui veut que plus tu es gros et mécanisé, mieux tu es. Alors que nous pensons qu'il faut faire tout petit, et extrêmement soigné.

Dans notre approche, la main de l'homme est prédominante, et cela entraîne énormément d'heures de travail. Au début nous nous disions : « Zut, nous avons créé un système gourmand en main-d'œuvre ! » Et puis plus tard, nous nous sommes dit : « Tant mieux ! » L'agriculture industrielle a tué des millions de fermes en France et ponctionné des millions de paysans pour servir de main-d'œuvre pas chère dans l'industrie… où il n'y aura plus jamais le plein emploi. Alors que le retour à la terre, d'une nouvelle manière, pas sur les modèles du passé, représente(ra) un véritable vivier d'emplois.

Formation

Charles : Depuis cinq ans s'est greffé l'aspect formation. La demande ne cesse de croître, et malgré la mise sur pied de ce troisième pôle d'activité (après production et recherche) et l'intervention de nombreuses personnes-ressources extérieures, il n'est pas facile de suivre le rythme : 520 stagiaires en 2013 ! Une demande, toutefois, qui nous réjouit car le paysan a toujours été méprisé, mal payé, exploité par les classes dominantes… Alors qu'aujourd'hui il semble que cela redevienne attractif d'être paysan.

Collectivement, nous souffrons tellement du manque de nature que nos formations sont pleines de gens à gros postes – des chefs d'entreprise, des doctorants, des polytechniciens, etc. –, prêts à tout quitter pour retrouver du sens, de la connexion et une certaine qualité de vie. Pendant ce temps, nous essayons d'inventer un modèle qui soit plus rémunérateur, plus naturel, qui réponde à cette quête de sens, et qui sera même peut-être plus rémunérateur que les modèles du maraîchage et de l'agriculture bio classique, puisque l'on fonctionne avec beaucoup moins de charges, tout en étant plus productif. Il est alors possible de rentrer dans une spirale vertueuse où c'est bon pour tout le monde : les vers de terre et les micro-organismes, les paysages, le climat, les consommateurs, les paysans.

Par définition, ces rencontres provoquées par les formations, cela crée aussi du lien social. Notre ferme produit bien plus que de la nourriture : elle produit du sens, du bonheur. Serge Orru* a dit : « Vous faites de l'agriculture amoureuse. » Notre moteur, c'est l'amour en fait : l'amour des plantes, du sol, des petits animaux, des martins-pêcheurs… et puis l'amour des gens ! Pour nous, être paysan, c'est faire l'un des métiers les plus nobles qui soient, car le corps de nos consommateurs est formé du corps de nos légumes, de leurs cellules, des molécules qui composent leurs corps, c'est directement cela ! Avec en plus toute l'énergie subtile : si c'est produit avec amour, cuisiné avec amour, ce n'est plus le même aliment !

Vision, vision

Charles : Nous rêvons donc, avec nos amis tout autour du monde, d'inventer une nouvelle manière d'être paysan au

* Ancien directeur du WWF-France.

XXIe siècle, éventuellement à temps partiel, avec un râteau dans une main et un ordinateur dans l'autre. Avec ce modèle, un gars qui a 400 m^2 de jardin autour de son pavillon de banlieue, avec un métier « normal », pourrait cultiver 300 m^2 de culture sur buttes, en système étagé, permaculturel, et peut-être nourrir une vingtaine de familles, en étant paysan deux ou trois jours par semaine ; et le reste du temps, conserver son job, et être prof, informaticien, artiste ou ingénieur...

Ces perspectives nous ont aussi ouverts à un changement d'attitude : plutôt que de nous lamenter sur les dégâts de l'agonie du « vieux monde », comme nous le voyions sur le *Fleur de Lampaul* ; plutôt que d'être dans la critique ou la dénonciation, nous avons envie de contribuer au monde qui est en train de naître et de mettre notre énergie dans l'invention de modèles tellement désirables qu'ils essaimeront par eux-mêmes. Depuis huit ans que nous avons créé la ferme et reçu tant de visiteurs, tout le monde dit : « Ah, c'est le paradis ! » Du coup, nous réalisons que notre rêve ressemble au rêve des autres.

En fait, c'est comme si nous élargissions le champ des possibles, permettant à d'autres de se dire : « Après tout, puisqu'ils l'ont fait, allons-y ! » Et cela nous fait espérer qu'il y aura, peut-être dans une génération, un million de micro-fermes un peu partout... Et par conséquent, que l'on va relocaliser la production alimentaire, faire beaucoup plus de bio, accessible à tous, mais aussi relancer tous les métiers annexes, que ce soit l'artisanat, les petits commerces, les écoles, le tout permettant de recréer des communautés. Car avec la pénurie de pétrole, il est clair que l'on ne pourra plus faire circuler les biens et les personnes à grande vitesse autour de la planète, à grand coup d'énergies fossiles. Il faudra relocaliser les biens et les personnes.

Sans compter que grâce aux nouvelles technologies de communication, cela ne sera pas un retour aux communautés fermées du passé. Parce que potentiellement, toutes les communautés du monde seront reliées, ce qui permet une circulation quasi illimitée des biens culturels, artistiques, spirituels de l'humanité. Dans notre vision, on pourra donc être à la fois paysan, ancré dans une communauté locale, tout en restant ouvert à la globalité du monde et des cultures. Cela permet d'envisager une société où on sera bien plus heureux.

Un leader amérindien nous avait dit : « Nous ne pouvons pas vivre sous cloche, il faut que nous apprenions à vivre dans le monde moderne, que nous gardions le meilleur de nos traditions et le meilleur de la modernité. » C'est ce que nous faisons dans notre choix d'agriculture : ce n'est pas un retour au jardin de grand-papa (qui n'est pas si naturel que cela d'ailleurs), mais bien des emprunts à la culture sur butte pratiquée par la Chine il y a quatre mille ans, par les Incas, les Mayas et les Grecs il y a deux mille ans, ou aux meilleures pratiques des maraîchers du XIXe. Nous les croisons ensuite avec les dernières découvertes sur la biologie des sols, en restant constamment à l'affût de toutes les bonnes pratiques. Nous les accumulons en mille-feuilles, ce qui fait in fine une vraie différence avec l'approche industrielle. C'est ainsi que Perrine a découvert le *korean natural farming*, et est une des premières à l'expérimenter en France…

Sol, limaces et bactéries

Perrine : Nous avons recréé un écosystème qui a bousculé tout ce qui existait auparavant, et il faut le temps que ce nouvel écosystème s'installe. Nous avons par exemple des limaces en surabondance, et je pense que c'est parce que nous ne sommes pas encore arrivés au point d'équilibre. C'est à cause de ce problème de limaces que j'en suis venue aux bactéries : j'ai commencé par m'interroger sur le rôle des limaces dans l'écosystème. Et j'ai appris qu'elles étaient là pour décomposer la matière organique. Mais pourquoi si nombreuses ? Qui d'autre est censé le faire ? Les micro-organismes, dont les bactéries ! Sont-ils alors assez nombreux ? J'ai commencé à chercher à comprendre la vie du sol, le rôle des micro-organismes, pour m'apercevoir qu'ils représentaient tout simplement la vie, la base. Une autre question se posait : à l'analyse, notre sol avait été diagnostiqué comme très riche en matières organiques, mais une matière organique immobilisée « que les plantes ne pouvaient pas absorber ». Pourquoi donc les nutriments de notre sol ne pouvaient-il pas bénéficier aux plantes ? Parce que nos petites bactéries ne faisaient pas leur travail ! La boucle se bouclait donc autour des micro-organismes.

J'ai commencé donc à m'intéresser aux EM (*efficient micro-organisms*), lancés en 1980 par un Japonais, en s'inspirant de ce que faisaient les paysans de son pays depuis des lustres. Ceux-ci ensemençaient leurs sols avec des bactéries, qu'ils produisaient eux-mêmes sur des résidus de cultures. Le professeur Higa a pris quatre-vingts souches de bactéries différentes, les a mélangées et a créé un liquide à pulvériser sur les plantes, les cultures, et qui va non seulement servir au feuillage, mais ensemencer les sols. Au bout d'un certain temps de lecture et de réflexion, j'ai fini par acheter des EM, mais je n'étais pas totalement convaincue... Quelque chose manquait dans le raisonnement.

Récemment, j'ai découvert le *korean natural farming* développé par le docteur Cho, et j'ai vu qu'ils produisaient leurs propres mélanges de bactéries, avec des bactéries autochtones qu'ils collectaient dans l'environnement immédiat, donc forcément plus adaptées à leurs sols, leurs saisons et leurs climats. Là, je me suis dit : « C'est cela ! » Je suis en train d'expérimenter cette méthode, c'est le tout début, mais cela m'habite comme la permaculture ! Avec ces bactéries, c'est la fermentation qui est activée, et qui va booster la décomposition de la matière organique comme elle décuple les valeurs nutritionnelles de la choucroute par rapport au chou. Pour moi, cela va dans le sens de la vie, alors je poursuis l'expérience…

Charles : En même temps, ce qui est très agréable, c'est que nous avons une souplesse incroyable en termes de recherche en travaillant chez nous. François Léger, de l'INRA, nous laisse une paix royale sur tout ce qui est pratiques agricoles. Lui, ce qui l'intéresse, c'est de modéliser un système complexe. Et avec nous, il est servi… Par contre, il est toujours là pour répondre à nos questions et nous donner des conseils. Par exemple, avec Cyrille Girardin, il nous a beaucoup aidés à comprendre notre sol.

En fait, nous avons un des plus mauvais sols de la région pour le maraîchage. Nous employons une méthodologie sophistiquée, qui évalue le sol à l'aide d'un coefficient de fixation des sols, on pourrait dire de fertilité. Les valeurs s'échelonnent de 0 à 6. Or, depuis que nous regardons, nous sommes entre 0,3 et 0,6, soit les valeurs les plus basses. En plus, nous n'avons que 15 centimètres d'épaisseur de sol. Au milieu de la serre, on n'enfonce pas plus d'une demi-bêche, on est tout de suite sur le lit de silex, sur le minéral ! Et puis on regarde au-dessus, et on voit 2,50 m de tomates luxuriantes ou de concombres, des haricots qui vont à 3,50 m de haut. C'est comme dans la forêt amazonienne, en fait, où il y a des arbres à 80 m, et puis on creuse le sol, et on s'aperçoit qu'il n'y en a pratiquement pas.

François Léger nous a éclairés là-dessus : « L'agriculture moderne est dans une logique de stocks, et vous dans une logique de flux » où tout interagit et tout est recyclé, en mouvement, sûrement aussi sur un plan subtil… Ce qui me plaît donc dans cette agriculture bio-inspirée, c'est qu'en imitant la vie, on génère de l'abondance, une bio-abondance de biens renouvelables et recyclables… opposée à la techno-abondance non durable de biens gourmands en matières premières et en énergie.

Du tracteur à la main

Charles : Cela nous ramène à la technologie dépendante des énergies fossiles versus le travail manuel. Nous avons compris que plutôt que de la voir comme une contrainte, il fallait faire de la main humaine un atout. Parce que si nous nous mettions en compétition avec le tracteur, nous étions cuits d'avance. Il fallait faire avec la main ce que la machine ne peut pas faire. À savoir essentiellement trois choses : densifier la production, les associations de cultures, et enfin, le plus important, le soin du sol. Un vrai soin amoureux, parce que le sol, c'est vraiment notre base et notre priorité. C'est ce que nous faisons avec la culture sur buttes, nous devenons

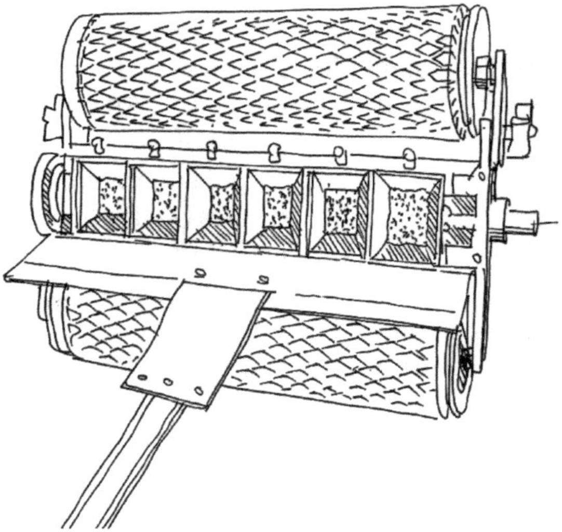

Grâce au semoir de précision d'Eliot Coleman,
d'une planche à deux rangs de carottes et sa terre nue,
on passe à vingt-quatre rangs de radis, carottes et salades
en utilisant toute la surface et en gardant le sol couvert.

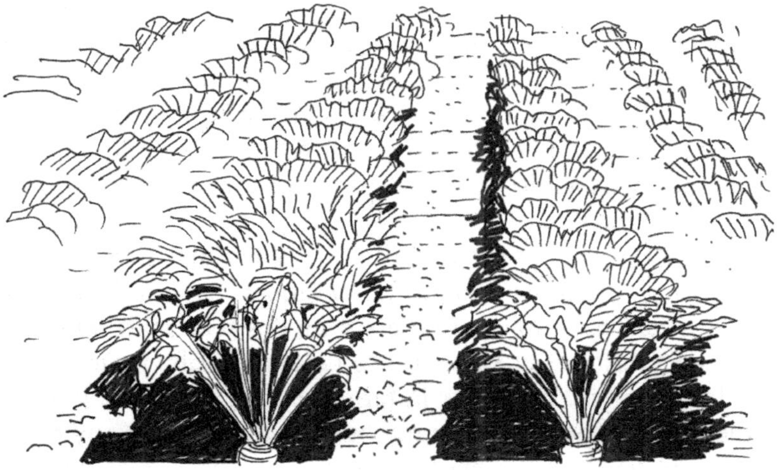

littéralement des créateurs d'humus. Ce sont ces trois points-là qui nous permettent une productivité réellement supérieure à celle du tracteur. Et si en plus, au-dessus de l'association de trois cultures, tu mets un arbre, cela accroît encore la production... et c'est complètement différent de ce que font nos collègues dans le bio. C'est une révolution bien plus profonde qu'il n'y paraît.

J'ai une passion pour les outils... j'ai fait mes trois bateaux avec un charpentier de marine, et sur un bateau, l'outil est vital ! Chez les peuples premiers, l'un des secrets de leur joie, c'est de fabriquer eux-mêmes tous leurs outils, pour l'habitat, le vêtement, travailler la terre, chasser. En plus, généralement c'était beau... mais maintenant que nous avons perdu la culture de l'outil, nous fabriquons des outils jetables. Plus personne ne sait les fabriquer, faire un manche, ou les réparer. Nous avons réalisé que pour rendre profitable une agriculture complètement manuelle, il fallait revitaliser une culture de l'outil. C'est pour nous un autre chantier prioritaire ; nous avons racheté une forge dans laquelle nous voulons refabriquer des outils adaptés, ceux d'avant la mécanisation. Mais il faut aussi inventer des outils nouveaux, par exemple pour la culture sur planches permanentes, qui nous permettraient d'être plus efficaces.

Des arbres aux micro-fermes

Charles : Un arbre, c'est la colonne vivante qui structure un paysage, ou un écosystème. 98 % des terres arables de la planète ont été créées par les arbres, en tant que sols initialement forestiers. Et pourtant, avec la mécanisation et les engrais azotés, qui ont fini par brûler la matière organique, notre agriculture industrielle a détruit 30 % des terres arables ces quarante dernières années.

À la ferme, bien avant de rencontrer la permaculture ou l'agroforesterie, nous avions déjà planté cinq cents variétés d'arbres fruitiers. La nourriture que nous donne l'arbre nous convient, car c'est ce que les hommes mangeaient bien avant de faire pousser des céréales. Durant les trois ou quatre millions d'années de l'histoire humaine, on mangeait des racines, des fruits, des baies, des glands. Le corps humain est donc bien mieux adapté à une nourriture qui vient des arbres qu'à des céréales, de la viande ou des produits laitiers. Bref, les arbres nous procurent une nourriture abondante et de façon durable, avec pas ou peu d'intrants, tout en créant du sol, en stockant du carbone et en abritant de la biodiversité – des services incomparables. Et en plus, ils sont beaux !

Tout cela crée un paysage déjà bien « renaturé », beaucoup plus agréable à vivre et à travailler, et en plus qui produit lui-même les intrants en matière organique nécessaires pour les 1 000 m^2 de culture. Car il y a tout le bois des arbres, des haies, le fumier des animaux, la vase des mares, etc. Du coup, notre système est plus résilient, plus productif, plus autonome ! Il est même possible d'aller plus loin et de modéliser cette expérience sur 100 hectares, par exemple, pour aboutir à ce que nous proposons d'appeler un système agraire solidaire.

Voilà le troisième étage de la fusée. Dans l'absolu, nous aimerions pouvoir embaucher un ou deux ingénieurs agronomes, pour qu'en modélisant ce système agraire intensif en connaissances et en l'adaptant à chaque contexte, ils puissent ouvrir le champ des possibles. En même temps, il faut bien réaliser que tout cela n'est pas si neuf, puisque, avant, chaque village était entouré de ses terroirs… et c'est bien à cela qu'il faut se reconnecter, sous une forme modernisée par les apports de la permaculture et des autres approches testées autour du monde.

Ce qu'il faut bien comprendre, c'est que ce système s'appuie sur un rapport au temps différent. En agriculture moderne, il faut que cela paye un maximum dans l'année. Ici, c'est une vision à moyen et à long terme, qui va privilégier la sécurité des systèmes plutôt que la performance maximale, ainsi que la durabilité. Dans cette approche, le temps travaille pour vous... et à la limite, un jour nous pourrons arrêter de récolter des plantes annuelles, nous récolterons les arbres. Et ce sera bien plus cool... quand je serai vieux !

Boucler la boucle avec les peuples premiers

Au cours de toutes ces années à la ferme, j'ai beaucoup réfléchi aux peuples premiers et à nos sociétés modernes, dont je fais partie. Nous ne pouvons pas revenir en arrière, mais nous pouvons recréer une bio-abondance, « renaturer » nos espaces, nous entourer de cocons intensément vivants, avec plein de plantes, d'arbres, d'animaux, qui nous protègent comme une matrice, un placenta et nous sécurisent : nous pouvons avoir une guerre, un cataclysme, et nous sentir quand même relativement protégés... bien plus que par les chiffres d'un compte en banque, effacés d'un trait de plume au premier krach boursier. Alors que nos arbres fruitiers, en dépit du réchauffement climatique, seront quand même là, année après année.

Quand les gens opposent croissance et décroissance, c'est qu'ils sont toujours dans une vision de techno-abondance. Ce qui m'a beaucoup frappé chez les peuples premiers, c'est qu'ils vivaient dans une surabondance – une bio-abondance – de vivant, de gratuit, de chaud, d'organique, de beau à regarder, d'agréable à toucher et caresser. Tandis que dans notre monde, nous n'arrêtons pas de remplacer du vivant par du technique, du froid, du payant qui sort de l'usine, qui enlaidit le monde et nous asservit.

Finalement, en y réfléchissant, les techniques phares que

nous utilisons dans notre ferme moderne, ce sont la culture sur buttes permanentes, et la forêt-jardin, qui viennent toutes deux des peuples premiers. C'est donc une ferme qui explore l'agriculture de demain, mais où nous utilisons aussi, ou surtout, des techniques des peuples premiers. Et, ce qui me plaît beaucoup, c'est que je reboucle un cycle dans ma trajectoire de vie.

Quand je vais dans la forêt-jardin avec mes enfants et nos paniers, je retrouve le même sentiment quand je partais une semaine en pirogue en Guyane avec les Indiens où, chemin faisant, d'un coup de machette, on a un régime de fruits qui tombe d'un palmier, on trempe sa ligne et on remonte un poisson… De même, récemment, nous avons eu de grosses truites dans le Bec, et des écrevisses que nous avons trouvées dans la mare, et des carpes. J'ai l'impression que nous avons recréé un petit bout d'Amazonie dans notre vallée normande. Et d'avoir retrouvé cette luxuriance de la nature dans ce qui n'était au départ qu'un mauvais herbage. Avec ce sentiment que la nature reste le chef d'orchestre et joue sa partition et que, finalement, nous ne sommes qu'un élément du tout… importants quand même !

Notes

Avant-propos

1. F. Engels, *Le Rôle du travail dans la transformation du singe en être humain* (1878), Éditions Cardinal, 2003.

2. Amory Lovins *et al.*, *Facteur 4 : deux fois plus de bien-être en consommant deux fois moins de ressources : Rapport au Club de Rome ;* Terre vivante, 1997. Amory Lovins *et al.*, *Natural Capitalism : Creating the Next Industrial Revolution*, US Green Building Council, 2000.

3. Ernst Friedrich Schumacher, *Small Is Beautiful. Une société à la mesure de l'homme*, Le Seuil, 1979.

4. D'abord connu pour *Le Tao de la physique*, 1975. Dans les années 1990, il s'est imposé comme un des penseurs majeurs de la durabilité, avec *The Web of Life* (1997), *The Hidden Connections* (2002) et *The Systems View of Life* (2014).

5. Cf. notamment Arne Naess & David Rothenberg, *Vers l'écologie profonde*, Wildproject, 2009.

6. Cf. notamment Lionel Astruc, *Vandana Shiva, pour une désobéissance créatrice*, Actes Sud, 2014.

7. Paul Hawker est l'auteur de *L'écologie de marché ou l'économie quand tout le monde gagne*, Le Souffle d'or, 1997.

8. Janine Benyus, *Biomimicry, Innovation Inspired by Nature*, William Morrow & Co., 1997. Trad. fr. *Quand la nature inspire des innovations durables*, Éditions de l'Échiquier, 2011.

9. Will Steffen *et al.*, 2004. *Global Change and the Earth System : A Planet Under Pressure*, Springer. Également repris dans Will Steffen *et al.*, 2011. « The Anthropocene : From global change to planetary steward ship », *Ambio*, 40(7), 739-761.

10. Merci à http://carbonsense.com/ pour l'inspiration originale.

11. Donella Meadows *et al.*, *The Limits to Growth : the 30 Year Update*, Chelsea Green Publishing, 2004.

12. Cf. aussi Ralf Seppelt *et al.*, « Synchronized peak-rate years of global resources use », *Ecology and Society*, 19(4), 2014 : 50.

13. Chiffres de Jean-Marc Jancovici, un des spécialistes en la matière : www.manicore.com/documentation/esclaves.html

14. Pablo Servigne & Raphaël Stevens, *Comment tout peut s'effondrer*, Le Seuil, 2015.

I. MATIÈRES « PREMIÈRES » & PRINCIPES DU VIVANT

1. Bretagne, Antarctique, naissance d'une vocation

1. Vladimir Vernadski (1863-1945) est un chimiste et minéralogiste de génie. D'origine ukrainienne, il est aussi un des pères de la géochimie, et plus encore du concept de la biosphère, qu'il développe dans un ouvrage extraordinaire intitulé *La Biosphère*, publié en Russie en 1926 et traduit en français en 1929, et dont est issue cette citation.

2. Barge sur un arbre perchée

1. Robert E. Gill *et al.*, « Extreme endurance flights by landbirds crossing the Pacific Ocean : ecological corridor rather than barrier ? », *Proceedings of the Royal Society B : Biological Sciences* 276.1656, 2009 : 447-457.

2. *Plaidoyer pour l'arbre*, Francis Hallé, Actes Sud, 2005.

3. Bactéries et calendrier du vivant

1. Microbiologiste américaine, Lynn Margulis est connue chez les biologistes pour avoir contribué à l'élaboration de la théorie Gaïa aux côtés de James Lovelock. Elle a aussi réussi à faire admettre à la communauté scientifique internationale l'origine endosymbiotique des mitochondries telle que publiée précédemment par ses collègues russes. Elle a été mariée au célèbre astronome Carl Sagan et a coécrit de nombreux livres avec leur fils, le biologiste Dorion Sagan. Voir notamment *L'Univers bactériel : les nouveaux*

rapports de l'homme et de la nature, Albin Michel, 1989 et *Acquiring Genomes : A Theory of the Origins of Species*, Basic Books, 2008.

2. Lynn Margulis & Karlene V. Schwartz, *Five Kingdoms : an Illustrated Guide to the Phyla of Life on Earth*, W.H. Freeman & Co Ltd, 1998. Depuis, une des dernières révolutions de cette discipline – la phylogénie – a conduit à redéfinir l'arbre du vivant en regroupant tous les organismes en trois groupes de base : les Eucaryotes, les (eu-)Bactéries et les Archées. Cf. Carl Woese *et al.*, « Towards a natural system of organisms : proposal for the domains Archaea, Bacteria, and Eucarya », *Proceedings of the National Academy of Sciences*, *87*(12), 1990 : 4576-4579.

3. Cité dans le blog de l'excellent Pierre Barthélémy http://passeurdesciences.blog.lemonde.fr/2014/12/21/a-quoi-ressemblerait-la-terre-sans-microbes/. L'article dont il tire ces conclusions est : Jack. A. Gilbert & Josh. D. Neufeld, « Life in a world without microbes », *PLoS Biology*, *12*(12), 2014 : e1002020.

4. Jean-Claude Pechère, *Le Microbe intelligent*, Frison-Roche, 2007. Chiffre cité p. 119.

5. Laura A. Katz, « Origin and diversification of eukaryotes », *Annual Review of Microbiology*, *66*, 2012 : 411-427.

6. Jared Diamond, *Effondrement : comment les sociétés décident de leur disparition ou de leur survie*, Gallimard, 2006.

4. La Terre, berceau du vivant

1. Jean-Claude Pechère, *Le Soleil et l'Ombre. Promenades dans les jardins du monde*, Racine, 2008.

2. K. Pedersen, « Exploration of deep intraterrestrial microbial life : current perspectives », *FEMS Microbiology Letters*, 185(1), 2000 : 9, et M. A. Lever *et al.*, « Evidence for microbial carbon and sulfur cycling in deeply buried ridge flank basalt », *Science*, 339(6125), 2013 : 1305-1308.

3. M. Vaïtilingom *et al.*, « Potential impact of microbial activity on the oxidant capacity and organic carbon budget in clouds », *Proceedings of the National Academy of Sciences*, 110(2), 2013 : 559-564.

4. Image tirée du livre de Stephan Harding, *Animate Earth, Science, Intuition and Gaia*, Green Books, 2009.

5. 390 km/h. Cf. http://www.airspacemag.com/flight-today/falling-with-the-falcon-7491768/?no-ist=&page=1

6. D. Floudas *et al.*, « The Paleozoic origin of enzymatic lignin decomposition reconstructed from 31 fungal genomes », *Science*, 336(6089), 2012 : 1715-1719.

7. R. Sorkhabi, « Rich petroleum source rocks », *Geo Expro*, 6 (6), 2009 : 8-15.
8. Voir http://en.wikipedia.org/wiki/Atmospheric_methane
9. Voir http://www.manicore.com/documentation/serre/gaz.html
10. Pour les virus, voir http://www.the-scientist.com/?articles.view/articleNo/36120/title/An-Ocean-of-Viruses/

5. Les Principes du Vivant

1. M. B. Hoagland, B. Dodson & J. Hauck, *Exploring the Way Life Works : The Science of Biology*, Jones & Bartlett Learning, 2001.
2. R. Devoret, « Mécanisme de la mutagenèse SOS chez les bactéries », 1993. Disponible sur le site de l'Inserm.
3. M. B. Hoagland, B. Dodson & J. Hauck, *op. cit.*
4. *Ibid.*
5. *Ibid.*
6. Paul Krafel, *Seeing Nature*, Green Books Ltd, 1999. L'anecdote constitue le chapitre « The flow of energy », p. 106-112.
7. E. R. Zettler, T. J. Mincer & L. A. Amaral-Zettler, « Life in the "plastisphere" : microbial communities on plastic marine debris », *Environmental Science & Technology*, 47(13), 2013 : 7137-7146. Cf. M. Eriksen, LCM Lebreton, HS Carson, M Thiel, CJ Moore *et al.*, « Plastic pollution in the world's oceans : more than 5 trillion plastic pieces weighing over 250,000 tons afloat at sea », *PLoS ONE* 9(12), 2014.
8. M. B. Hoagland, B. Dodson & J. Hauck, *op. cit.*
9. *Ibid.*

II. LES QUATRE CHOCS

1. Traduit librement depuis http://natureisspeaking.org/theocean.html, d'après un texte produit par l'association Conservation international (www.conservation.org/about/Pages/defaut.aspx) pour sa campagne « Nature doesn't need people, people need Nature ».

6. Antarctique et changement climatique

1. Claude de Broyer (éd.), *Synopsis of the Amphipoda of the Southern Ocean*, Institut royal des sciences naturelles de Belgique, 2007.

7. Mille ans d'avance

1. Leur dernier rapport est consultable sous différents formats sur www.ipcc.ch. Le résumé pour décideurs est à télécharger sur www.ipcc.ch/pdf/assessment-report/ar5/wg1/WG1AR5_SummaryVolume_FINAL_FRENCH.pdf

2. Robert W. Howarth, « A bridge to nowhere : methane emissions and the greenhouse gas footprint of natural gas », *Energy Science & Engineering*, *2*(2), 2014 : 47-60.

3. www.epa.gov/climatechange/science/indicators/ghg/global-ghg-emissions.html

4. Cf. www.theguardian.com/environment/2014/sep/09/carbon-dioxide-emissions-greenhouse-gases. Le chiffre global pour 2014 n'était pas encore disponible lors du bouclage du manuscrit.

5. Pierre Deschamps *et al.*, « Ice-sheet collapse and sea-level rise at the Bolling warming 14,600 years ago », *Nature*, *483*(7391), 2012 : 559-564.

8. Le pic du pétrole

1. Bonneuil & Fressoz, *L'Événement Anthropocène*, Le Seuil, 2013.

2. *BP Statistical Review*, 2013.

3. http://www.pourlascience.fr/ewb_pages/a/article-les-hydrates-de-methane-constituent-ils-une-ressource-exploitable-25971.php

4. Chiffres de Jean-Marc Jancovici, déjà cité.

5. Pour plus de détails sur le pic du pétrole, j'invite ici les lecteurs à se tourner vers les ouvrages des spécialistes et plus particulièrement : Matthieu Auzanneau, *Or noir, la grande histoire du pétrole*, La Découverte, 2015, véritable « bible » sur le sujet. L'auteur tient également un blog passionnant : Oil Man, Chroniques du début de la fin du pétrole.

6. Voir http://www.unifa.fr/respecter-lenvironnement/limiter-le-changement-climatique.html.

7. Voir http://www.fromthewilderness.com/free/ww3/100303_eating_oil.html

8. http://www.worldcoal.org/resources/coal-statistics/

9. Charles A. Hall, « Migration and metabolism in a temperate stream ecosystem », *Ecology*, 1972 : 585-604. Charles Hall s'est ensuite spécialisé dans l'application de ce concept aux systèmes humains, et en particulier industriels.

10. David J. Murphy & Charles A. Hall, « Year in review—EROI or

energy return on (energy) invested», *Annals of the New York Academy of Sciences*, *1185*(1), 2010 : 102-118.

9. Le pic des métaux

1. « L'utilisation de ressources naturelles pendant le xxe siècle a augmenté environ deux fois plus que la population mondiale. » Source : *Découpler l'utilisation des ressources naturelles et les impacts environnementaux de la croissance économique*, PNUE, 2010.
2. http://en.wikipedia.org/wiki/Copper#cite_note-Leonard2006-20
3. International Copper Study Group, World Copper Factbook 2013. Disponible sur www.icsg.org/index.php/component/jdownloads/finish/170/1188
4. http://www.copperalliance.eu/
5. André Diederen, *Global Resource Depletion, Managed Austerity and the Elements of Hope*, Eburon Academic Publishers, 2010.
6. Bihouix, *L'Âge des low-tech*, Le Seuil, 2014, p. 94.

10. Crise de la biodiversité et algues invisibles

1. E. Leakey Richard & Lewin Roger, *La Sixième Extinction, évolution et catastrophes*, Flammarion, 1998.
2. Telles que définies par le « Millenium Ecosystem Assessment » entrepris sous l'égide des Nations unies, et dont les conclusions ont été publiées une première fois en 2003. Voir http://www.millenniumassessment.org/fr/index.html
3. Voir notamment Raphaël Billé *et al.*, *Biodiversité : vers une sixième extinction de masse ?*, La ville brûle, 2014. Pour des lecteurs plus « pressés », je recommande la lecture de l'excellent passage (p. 76 à 84), intitulé de façon un peu provocante « Qui tuera le dernier animal de la planète ? », et le chapitre 3 du tout aussi excellent livre de Pablo Servigne et Raphaël Stevens, deux complices de longue date, et dont je me suis aussi inspiré pour cette partie. Pablo Servigne et Raphaël Stevens, *Comment tout peut s'effondrer*, Le Seuil, 2015.
4. Cf. http://www.inspire-institut.org/category/biomimetisme/page/2. Emmanuel Delannoye a créé l'Institut Inspire afin de mettre en valeur le rôle de la biodiversité sous toutes ses formes, en particulier à destination du monde économique.
5. M. Novacek, *The Biodiversity Crisis : Losing What Counts*, New Press, 2001.

6. Stuart L. Pimm *et al.*, « The biodiversity of species and their rates of extinction, distribution, and protection », *Science*, *344*(6187), 2014 : 1246752.

7. Voir www.eol.org

8. Sallie W. Chisholm *et al.*, « *Prochlorococcus marinus* nov. gen. nov. sp. : an oxyphototrophic marine prokaryote containing divinyl chlorophyll a and b », *Archives of Microbiology* 157 (3), 1992 : 297-300.

9. Steven Biller *et al.*, « Bacterial vesicles in marine ecosystems », *Science*, 343, 6167, 2014 : 183-186.

10. Steve Nadis, « The cells that rule the seas », *Scientific American*, *289*(6), 2003 : 52-53. L'importance de ces micro-algues sur le bilan carbone globalement positif des océans est donc tout aussi incontournable.

11. Anthony Barnosky *et al.*, « Has the Earth's sixth mass extinction already arrived ? », *Nature*, *471*(7336), 2011 : 51-57.

12. www.iucn.org/fr/

13. Cf. Pablo Servigne et Raphaël Stevens, *op. cit.*

14. Robert R. Dunn *et al.*, « The sixth mass coextinction : are most endangered species parasites and mutualists ? », *Proceedings of the Royal Society B : Biological Sciences*, rspb20090413, 2009.

15. L. H. Harper, « The persistence of ant-following birds in small Amazonian forest fragments », *Acta Amazonica*, *19*(1), 1989: 249-263.

16. Torbjörn Säterberg, « High frequency of functional extinctions in ecological networks », *Nature*, *499*(7459), 2013 : 468-470.

17. Scott L. Mills *et al.*, « The keystone-species concept in ecology and conservation », *BioScience*, 1993 : 219-224.

18. www.theguardian.com/environment/georgemonbiot/2014/dec/12/how-whale-poo-is-connected-to-climate-and-our-lives

19. Laura V. Smith *et al.*, « Preliminary investigation into the stimulation of phytoplankton photophysiology and growth by whale faeces », *Journal of Experimental Marine Biology and Ecology*, *446*, 2013 : 1-9.

20. Joe Roman, & James J. McCarthy, « The whale pump : marine mammals enhance primary productivity in a coastal basin », *PLoS ONE*, *5*(10), 2010 : e13255.

21. Joe Roman, « Whales as marine ecosystem engineers », *Frontiers in Ecology and the Environment*, *12*(7), 2014 : 377-385.

22. Christopher Wilmers *et al.*, « Do trophic cascades affect the storage and flux of atmospheric carbon ? An analysis of sea otters and kelp forests », *Frontiers in Ecology and the Environment*, *10*(8), 2012 : 409-415.

23. C. P. Chamberlain *et al.*, « Pleistocene to recent dietary shifts in

California condors », *Proceedings of the National Academy of Sciences of the United States of America, 102*(46), 2005 : 16707-16711.

24. Jenna R. Jambeck *et al.*, « Plastic waste inputs from land into the ocean », *Science, 347*(6223), 2015 : 768-771. Voir aussi l'excellent article du *Guardian* sur www.theguardian.com/sustainable-business/2015/jan/26/plastic-oceans-environment-waste-recycling-fish.

25. Pascal Acot, *Histoire du climat*, Perrin, 2009.

26. Cf. encore une fois Pablo Servigne et Raphaël Stevens, *op. cit.*

III. LE BIOMIMÉTISME, SOURCE D'INSPIRATIONS

1. Cité dans une exposition de 2006 sur Gaudí à la Sagrada Familia à Barcelone. Écrite en 1889, dans sa version originelle : « *L'arquitecte del futur construira imitant la natura, perque es el mes racional, durador i económic dels métodes.* »

11. S'inspirer des formes, ne plus aller à contre-courant

1. http://darwin.wcupa.edu/~biology/fish/
2. http://www.rexresearch.com/whalewing/whalewing.htm
3. www.rexresearch.com/whalewing/whalewing.htm
4. www.thenakedscientists.com/HTML/content/interviews/interview/1282/
5. M. Murray, T. Gruber & D. Fredriksson, « Effect of leading edge tubercles on marine tidal turbine blades », *APS Division of Fluid Dynamics Meeting Abstracts* (vol. 1), 2010.
6. http://www.design-engineering.com/features/whale-of-an-idea
7. Jay Harman, « The shark's paintbrush : biomimicry and how nature is inspiring innovation », Whitecloud Press, 2014.
8. www.theguardian.com/environment/datablog/2012/jan/18/fossil-fuel-subsidy
9. www.amstechnology.com/
10. http://wwz.ifremer.fr/
11. Pour l'effet positif, voir par exemple Robert Whittlesey *et al.*, « Fish schooling as a basis for vertical axis wind turbine farm design », *Bioinspiration & Biomimetics*, *5*(3), 2010 : 035005.
12. Andrew R. Parker *et al.*, « Solar-absorber antireflector on the eye of an Eocene fly (45 Ma) », *Proceedings of the Royal Society of London. Series B : Biological Sciences*, *265*(1398), 1998 : 811-815.

13. Andrew R. Parker & Chris R. Lawrence, « Water capture by a desert beetle », *Nature, 414*(6859), 2001 : 33-34.

14. Cf. http://sharklet.com/technology/

15. Cf. l'article de Tom McKeag, sur http://www.greenbiz.com/blog/2013/05/07/can-sharks-algae-win-war-superbugs

16. Voir A. Solga, Z. Cerman, B.F. Striffler, M. Spaeth & W. Barthlott, « The dream of staying clean : Lotus and biomimetic surfaces », *Bioinsp. Biomim.* 2, 2007 : S126-S134.

17. Pour les peintures, Lotusan de Sto : www.stocorp.com & Tegotop de Degussa : www.goldschmidt.com ; les tissus, voir lotodry.com/the_project.php et schoeller-textiles.com ; les plastiques, en.wikipedia.org/wiki/Groasis_Waterboxx, sous forme d'un seau à couvercle en polypropylène destiné à la plantation d'arbres en zone sèche ; le verre, voir Saint-Gobain : fr.saint-gobain-glass.com/product/937/sgg-bioclean et PPG Industries ; l'acier, Arcelor-Mittal ; et les tuiles : www.erlus.com.

18. A. Solga *et al.*, art. cité.

19. L. Raibeck, J. Reap & B. Bras, « Life cycle inventory study of biologically inspired self-cleaning surfaces. Proceedings of the ASME 2008 International Design Engineering Technical Conferences & Computers and Information in Engineering Conference », 2008.

20. Pour l'anecdote, il n'a pas été possible d'obtenir ces informations lors de premières tentatives il y a quelques années. Depuis, la réglementation européenne et les exigences de transparence ont fini par porter leurs fruits. Cf. www.stoag.ch/webdocs/0000/SDB/M_03206-028_0202_FR_01_01.PDF

12. Les matériaux du vivant, inspirateurs d'une chimie verte

1. Voir le chapitre 6, le « Thanatocène », de *L'Événement Anthropocène, op. cit.*

2. D'après John Emsley, *Nature's Building Blocks : an AZ Guide to the Elements*, Oxford University Press, 2011 : 9, et d'après William F. McDonough, « The composition of the Earth », *Chemical Geology, 120*(3), 1995 : 223-253.

3. Cf. le préambule de B. Leadbeater & R. Riding, *Biomineralization in Lower Plants and Animals*, Oxford University Press, 1986, cité dans l'excellent mémoire de Severin Ehret sur les spicules d'éponge, disponible sur www.iap.tuwien.ac.at/~gebeshuber/Sponge_spicule_biomimetics_Severin_Ehret_MT.pdf

4. Cf. pour la soie d'araignée, Ingi Agnarsson *et al.*, « Bioprospecting finds the toughest biological material : extraordinary silk from a giant

riverine orb spider», *PLoS ONE*, *5*(9), 2010 : e11234 ; et pour la comparaison avec l'acier et le Kevlar, voir la synthèse de Lin Römer & Thomas Scheibel, «The elaborate structure of spider silk», *Prion*, *2*(4), 2014 : 154-161.

5. Ning Du *et al.*, «Design of superior spider silk : from nanostructure to mechanical properties», *Biophysical Journal*, *91*(12), 2006: 4528-4535.

6. Simone Schwarze *et al.*, «The N-terminal domains of spider silk proteins assemble ultrafast and protected from charge screening», *Nature Communications*, *4*, 2013.

7. Ingi Agnarsson *et al.*, *op. cit.* Certaines, comme l'argyronète, sont même capables de produire leurs toiles dans l'eau.

8. Emiliano Lepore *et al.*, «Evidence of the most stretchable egg sac silk stalk», *PLoS ONE*, *7*(2), 2012 : e30500.

9. Cf. Beth Mortimer *et al.*, «The speed of sound in silk : linking material performance to biological function», *Advanced Materials*, *26*(30), 2014 : 5179-5183.

10. Oxford Biomaterials Ltd, Neurotex Ltd et Orthox Ltd. Cf. www.oxfordbiomaterials.com/home/products

11. Cf. Y. Hsia *et al.*, «Synthetic spider silk production on a laboratory scale», *Journal of visualized experiments : JoVE* (65), 2011 : e4191-e4191.

12. Cf. www.amsilk.com/en/products/biosteel-spidersilk-fibers.html

13. Cf. Kaichang Li *et al.*, «Investigation of soy protein-Kymene® adhesive systems for wood composites», *Journal of the American Oil Chemists' Society*, *81*(5), 2004 : 487-491.

14. Cf. Yonghwan Jang & Kaichang Li, «An all-natural adhesive for bonding wood», *Journal of the American Oil Chemists' Society*, *92*(3), 2015 : 431-438.

15. Cf. Anna I. Neto *et al.*, «Combining biomimetic principles from the lotus leaf and mussel adhesive : polystyrene films with superhydrophobic and adhesive layers», *RSC Advances*, *3*(24), 2013 : 9352-9356.

16. Cf. Anna I. Neto *et al.*, «Nanostructured polymeric coatings based on chitosan and dopamine modified hyaluronic acid for biomedical applications», *Small*, *10*(12), 2014 : 2459-2469.

17. Cf. Klaus Peter Jochum *et al.*, «Siliceous deep-sea sponge *Monorhaphis chuni* : A potential paleoclimate archive in ancient animals», *Chemical Geology*, *300*, 2012 : 143-151.

18. Joanna Aizenberg *et al.*, «Skeleton of *Euplectella sp.* : structural hierarchy from the nanoscale to the macroscale», *Science*, *309*(5732), 2005 : 275-278.

19. Tom McKeag, « Little things multiply up : hierarchical structures », *Zygote Quarterly*, *9*, 2014 : 10-27.

20. Jennifer N. Cha *et al.*, « Silicatein filaments and subunits from a marine sponge direct the polymerization of silica and silicones in vitro », *Proceedings of the National Academy of Sciences*, *96*(2), 1999 : 361-365.

21. Daniel Otzen, « The role of proteins in biosilicification », *Scientifica*, 2012. Depuis, silaffines et silacidines, des enzymes aux mêmes doubles fonctions, ont été identifiées chez les diatomées.

22. Cf. notamment Li-Na Niu *et al.*, « Infiltration of silica inside fibrillar collagen », *Angewandte Chemie*, *123*(49), 2011 : 11892-11895.

23. David Kisailus *et al.*, « Enzymatic synthesis and nanostructural control of gallium oxide at low temperature », *Advanced Materials*, *17*(3), 2005 : 314-318.

24. La découverte de cette protéine de la famille des cryptochromes a été publiée dans Werner Müller *et al.*, « A cryptochrome based photosensory system in the siliceous sponge *Suberites domuncula* (Demospongiae) », *FEBS journal*, *277*(5), 2010 : 1182-1201.

25. Franz Brümmer *et al.*, « Light inside sponges », *Journal of Experimental Marine Biology and Ecology*, *367*(2), 2008 : 61-64.

26. Cf. Werner Müller *et al.*, « Dissection of the structure-forming activity from the structure-guiding activity of silicatein : a biomimetic molecular approach to print optical fibers », *Journal of Materials Chemistry B*, *2*(33), 2014 : 5368-5377.

27. http://www.unesco.org/new/fr/natural-sciences/science-technology/basic-sciences/chemistry/green-chemistry-for-life/twelve-principles-of-green-chemistry/

28. Paul T. Anastas & John C. Warner, *Green Chemistry : Theory and Practice*, New York, Oxford University Press, 1998 : 25-59.

29. Pour « Registration, Evaluation, Authorisation and restriction of CHemicals ». Pour les détails de la directive, voir sur http://echa.europa.eu/web/guest/regulations/reach/understanding-reach

30. André Cicolella, *Toxique Planète*, Le Seuil, 2013 : 216.

31. William McDonough & Michael Braungart, *Cradle to Cradle : Remaking the Way we Make Things*, North Point West, 2002. La traduction française a été publiée par Alternatives en 2011, *Cradle to Cradle : créer et recycler à l'infini.*

32. Leonard M. Adleman, « Molecular computation of solutions to combinatorial problems », *Science* 266 (5187), 1994 : 1021-1024.

33. George M. Church *et al.*, « Next-generation digital information storage in DNA », *Science* 337 (6102), 2012 : 1628.

34. Gemma Reguera, « Microbiology : bacterial power cords », *Nature*, *491*(7423), 2012 : 201-202.
35. Chao Zhong *et al.*, « A polysaccharide bioprotonic field-effect transistor », *Nature Communications*, *2*, 2011 : 476.
36. Javier G. Fernandez & Donald E. Ingber, « Unexpected strength and toughness in chitosan-fibroin laminates inspired by insect cuticle », *Advanced Materials*, 24(4), 2012 : 480-484.
37. Michael Pawlyn, « Push the limits of 3D printing », *Nature*, *494*(7436), 2013 : 174-174.
38. En 2012, 40 % du maïs cultivé aux États-Unis a fini en éthanol pour les carburants. Cf. http://www.lemonde.fr/economie/article/2012/08/02/aux-etats-unis-l-utilisation-de-mais-pour-l-ethanol-fait-polemique_1741635_3234.html
39. Cf. l'appendice D de Vaclav Smil, *Making the Modern World : Materials and Dematerialization*, John Wiley & Sons, 2013.
40. Michel Lepetit, « 1346 : les limites de la croissance », deuxième partie, *Histoires de France*, 13, 2014 : 22-27.

13. S'inspirer des flux pour un photovoltaïque organique ?

1. Cf www.ecosources.info/dossiers/Types_de_cellules_photovoltaiques
2. D. O. Hall & K. K. Rao, « Photosynthesis » (6e éd.), *Studies in Biology*, Cambridge, Cambridge University Press, 1999.
3. I. Kubiszewski & C. Cleveland, « Energy return on investment (EROI) for photovoltaic energy », 2009. Disponible sur www.eoearth.org/view/article/152559
4. Pedro A. Prieto & Charles Hall, *Spain's Photovoltaic Revolution : the Energy Return on Investment*, Springer Science & Business Media, 2013.
5. Cf. l'excellent article sur www.resilience.org/stories/2013-05-03/solar-dreams-spanish-realities
6. H. Poorter, S. Pepin, T. Rijkers, Y. de Jong, J. R. Evans & C. Körner, « Construction costs, chemical composition and payback time of high- and low-irradiance leaves », *Journal of Experimental Botany*, 57(2), 2006 : 355-371.
7. Cf. www.pvcycle.org. Ànoter que le CERES a cessé ses activités de recyclage en 2013, pour s'associer à PV Cycle en tant que partenaire de recherche, notamment pour développer des panneaux « Cradle to Cradle ».
8. Voir notamment A. Mershin *et al.*, « Self-assembled photosystem-I

biophotovoltaics on nanostructured TiO2 and ZnO », *Scientific Reports*, 2, 2012. Avec à nouveau l'implication du professeur Graetzel !

9. Voir Driver & Bombelli, « Biophotovoltaics, energy from algae », 2011. http://www.docstoc.com/docs/140021646/BIO-PV--18-catalyst_21_4_487

10. Cf. www.plantpower.eu/ et www.plant-e.com/

11. Luc Jacquet et Francis Hallé, *Il était une forêt*, Actes Sud, 2013.

12. Patrick Blanc, *Être plante à l'ombre des forêts tropicales*, Nathan, 2002.

13. D'après Poorter *et al.*, 2006, art. cité.

14. S'inspirer des écosystèmes, coopérer entre espèces et créer l'abondance

1. *L'Éco-innovation dans l'industrie : favoriser la croissance verte*, OCDE, 2010.

2. Karl-Henrik Robèrt, *The Natural Step Story : Seeding a Quiet Revolution*, Gabriola Island, New Society Publishers, 2002.

3. Emeline De Bouver, *Moins de biens, plus de liens. La simplicité volontaire : un nouvel engagement social*, Couleur Livres, 2008.

4. La suite de ce chapitre s'inspire largement d'un article coécrit récemment : Pablo Servigne & Gauthier Chapelle, « Agriculture post-carbone : passer à la vitesse supérieure », 2e congrès interdisciplinaire du développement durable, Louvain-la-Neuve, 2015.

5. Pablo Servigne, *Nourrir l'Europe en temps de crise, vers des systèmes alimentaires résilients*, Nature et Progrès, 2014. Disponible sur www.greens-efa.eu

6. Jackson, Bormann & Kellert, *Nature as the Measure for a Sustainable Agriculture*, Yale University Press, 1991.

7. Éric Malézieux, « Designing cropping systems from nature », *Agronomy for Sustainable Development*, n° 32, 2012 : 15-29.

8. J. Soule, *Farming in Nature's Image : an Ecological Approach to Agriculture*, Island Press, 1992.

9. Butterfield, Bingham & Savory, *Holistic Management Handbook : Healthy Land, Healthy Profits*, Island Press, 2006.

10. M. A. Altieri, « Linking ecologists and traditional farmers in the search for sustainable agriculture », *Frontiers in Ecology and the Environment*, 2(1), 2004 : 35-42.

11. A. Pochon, *La Prairie temporaire à base de trèfle blanc*, 3e édition mise à jour, Cedapa, 2002.

12. Voir le mode d'emploi sur www.push-pull.net/farmers_guide_2012.pdf

13. Khan, « Control of witchweed Striga hermonthica by intercropping with Desmodium spp., and the mechanism defined as allelopathic », *Journal of Chemical Ecology*, 28(9), 2002 : 1871-1885.

14. Khan, « Evaluation of Napier grass (*Pennisetum purpureum*) varieties for use as trap plants for the management of African stem borer (*Busseola fusca*) in a push-pull strategy », *Entomologia Experimentalis et Applicata*, 124, 2002 : 201-211.

15. Khan, « Farmers' perceptions of a 'push–pull' technology for control of cereal stem borers and Striga weed in western Kenya », *Crop Protection*, 27(6), 2008 : 976-987.

16. Ch. & P. Hervé-Gruyer, *Permaculture. Guérir la terre, nourrir les hommes*, Actes Sud, 2014.

17. Z. Y. Wang *et al.*, « Mass rearing and release of Trichogramma for biological control of insect pests of corn in China », *Biological Control*, 68, 2014 : 136-144.

18. P. Rosset & M. Moore, « Food security and local production of biopesticides in Cuba », LEISA-LEUSDEN, 13, 1997 : 18-19.

19. B. Walker & D. Salt, *Resilience Thinking : Sustaining Ecosystems and People in a Changing World*, Island Press, 2006.

20. P. Mallet & F. R. Senanayake, *The Analog Forestry Manual*, 1997. Voir aussi http://www.analogforestry.org/

21. Patrick Whitefield, *Créer un jardin-forêt, une forêt comestible de fruits, légumes, aromatiques et champignons au jardin*, Imagine un colibri, 2011.

22. T.S. Cox *et al.*, « Progress in breeding perennial grains », *Crop Pasture Sci*, n° 61, 2010 : 513-521.

23. Matthieu Calame, *La Tourmente alimentaire. Pour une politique agricole mondiale*, Charles Léopold Mayer, 2008 : 27.

24. Voir Cassman *et al.*, « Agroecosystems, nitrogen use efficiency, and nitrogen management », AMBIO n° 31, 2002 : 132-140.

25. R. Lal, « Soil carbon sequestration impacts on global climate change and food security », *Science*, n° 304, 2004 : 1623.

26. Martin Crawford, *Creating a Forest Garden*, Green Books, 2010 ; Patrick Whitefield, *op. cit.*

27. D. Allen, *When Agriculture Stops Working : Ten Recommendations for Growing Food in the Anthropocene*, 2013 ; voir www.resilience.org

28. L'histoire complète de la Ferme du Bec-Hellouin a été développée

dans leur livre *Permaculture, guérir la Terre, nourrir les hommes*, Actes Sud, 2014. Voir aussi www.fermedubec.com/

29. Voir les résultats actualisés de l'étude des chercheurs de l'INRA sur www.fermedubec.com

30. Voir notamment les sites anglais de Ben Law : ben-law.co.uk/ et Mike Abbott : living-wood.co.uk/green_woodwork.html

31. Cf. www.savoryinstitute.com/science/holistic-management-overview/principles-of-holistic-management/

32. www.ted.com/talks/dan_barber_s_surprising_foie_gras_parable

33. www.seavisiongroup.ca/cascadia/about-us

34. www.ted.com/talks/dan_barber_how_i_fell_in_love_with_a_fish

35. Voir notamment James Elser & Stuart White, *Peak Phosphorus*, *Foreign Policy*, 2010 : 20.

36. U. Winlad, *Ecological Sanitation*, Stockholm Environment Institute, 2004. Voir aussi G. Langergraber & E. Muellegger, « Ecological sanitation – a way to solve global sanitation problems ? », *Environment international*, 31(3), 2005 : 433-444. Disponibles sur www.ecosanres.org

37. www.songhai.org/index.php/fr/

38. www.growingpower.org/

15. S'inspirer des écosystèmes, apprendre à coopérer entre nous

1. Sur ces sujets, lire la trilogie de Jean-Marie Pelt entre 2003 et 2009 (*La Loi de la jungle : l'agressivité chez les plantes, les animaux, les humains* ; *La Solidarité : chez les plantes, les animaux, les humains* ; *La Raison du plus faible*) ou encore Matthieu Ricard, *Plaidoyer pour l'altruisme*, Nil, 2013.

2. Daniel N. Frank & Norman R. Pace, « Gastrointestinal microbiology enters the metagenomics era », *Current Opinion in Gastroenterology*, 24(1), 2008 : 4-10.

3. Voir à ce sujet le projet international qui a fait suite au décodage du génome purement humain, le « Human Microbiome Project » (http://nihroadmap.nih.gov/hmp/).

4. Cf. Ilana Zilber-Rosenberg & Eugene Rosenberg, « Role of microorganisms in the evolution of animals and plants : the hologenome theory of evolution », *FEMS Microbiology Reviews*, 32(5), 2008 : 723-735.

5. Ce passage a été remanié à partir d'une première version que j'ai écrite pour le livre de Christine Marsan *et al.*, *Intelligence collective*, Yves Michel, 2014.

6. Cf. Mark C. Brundrett, « Coevolution of roots and mycorrhizas of land plants », *New Phytologist*, 154(2), 2002 : 275-304 ; Claire

P. Humphreys *et al.*, « Mutualistic mycorrhiza-like symbiosis in the most ancient group of land plants », *Nature Communications*, 1, 2010 : 103.

7. Christine Marsan *et al.*, *op. cit.*

8. Paul Stamets, *Mycelium Running : How Mushrooms Can Help Save the World*, Ten Speed Press, 2005.

9. S. W. Simard, D. A. Perry, M. D. Jones, D. D. Myrold, D. M. Durall & R. Molina, « Net transfer of carbon between ectomycorrhizal tree species in the field », *Nature*, 388, 1997 : 579-582.

10. Tom Wakeford, *Liaisons of Life : From Hornworts to Hippos, How the Unassuming Microbe has Driven Evolution*, John Wiley & Sons, 2001.

11. Francis Hallé, *Éloge de la plante : pour une nouvelle biologie*, Le Seuil, 2004.

12. Stephen Jay Gould, *L'Éventail du vivant, Le mythe du progrès*, Gallimard, 1997.

13. Gary Hamel, « First, let's fire all the managers », *Harvard Business Review*, décembre 2011.

14. *Ibid.*

15. Frédéric Laloux, *Reinventing Organizations*, Nelson Parker, 2014.

16. Dans l'ordre : Morning Star aux États-Unis, 2 400 travailleurs ; AES aux États-Unis, 40 000 travailleurs ; FAVI en France, 500 travailleurs ; Sun Hydraulics à l'international, à partir des États-Unis, 900 travailleurs ; Patagonia aux États-Unis, 1 350 travailleurs ; ESBZ en Allemagne, 1 500 étudiants, professeurs et parents ; Buurtzorg en Hollande, 7 000 travailleurs.

17. Le réseau principal des chercheurs concernés entretient un excellent site web : www.resalliance.org. Les deux ouvrages de référence qui en sont sortis sont Brian Walker & David Salt, *Resilience Thinking : Sustaining Ecosystems and People in a Changing World*, Island Press, 2006 ; et Brian Walker & David Salt, *Resilience Practice : Building Capacity to Absorb Disturbance and Maintain Function*, Island Press, 2012.

18. Cf. http://www.lemonde.fr/planete/article/2015/04/01/a-la-recherche-des-coeurs-perdus-des-reacteurs-nucleaires-de-fukushima_4607166_3244.html ?xtmc=fukushima&xtcr=16

19. Brian Walter & David Salt, *Resilience Thinking…*, *op. cit.*, voir p. 146.

20. La boîte à outils RDT, basée sur le travail du bureau d'étude Greenloop (www.greenloop.eu), a été développée dans le cadre de ResilieNtWEB, un projet européen Interreg (http://resilientweb.eu/fr/). Comme les organismes vivants, RDT a été produite sous licence open source (Creative Commons).

Conclusion

1. www.theguardian.com/environment/ng-interactive/2015/apr/10/how-much-fossil-fuel-are-we-using-right-now
2. Comité invisible, *L'insurrection qui vient*, La Fabrique, 2007.
3. Richard C. Gibson & Kevin R. Buley, « Maternal care and obligatory oophagy in *Leptodactylus fallax* : a new reproductive mode in frogs », *Journal Information*, 2004(1).
4. James M. Helfield & Robert J. Naiman, « Effects of salmon-derived nitrogen on riparian forest growth and implications for stream productivity », *Ecology*, *82*(9), 2001 : 2403-2409.
5. Voir notamment http://foodlabdetroit.com/, http://detroitagriculture.net/, www.miufi.org/
6. Adapté du chapitre écrit dans Christine Marsan *et al.*, *op. cit.* La partie biologique est elle-même inspirée de Pablo Servigne, *op. cit.*, « La découverte de l'entraide chez les plantes », *Imagine*, 95, 2013 : 28-29.
7. RM Callaway & LR Walker, « Competition and facilitation : a synthetic approach to interactions in plant communities », *Ecology*, 78, 1997 : 1958-1965.
8. RM Callaway *et al.*, « Positive interactions among alpine plants increase with stress », *Nature*, 417, 2002 : 844-848.
9. Voir Rebecca Solnit, *A Paradise Built in Hell : The Extraordinary Communities that Arise in Disaster*, Penguin, 2010.
10. T. A. Glass, « Understanding public response to disasters », *Public Health Reports*, 116 (suppl. 2), 2001 : 69.
11. Pablo Servigne & Raphaël Stevens, *Résilience en temps de catastrophe*, Barricade, 2013.
12. Cf. Christine Marsan *et al.*, *op. cit.*
13. Jared Diamond, *op. cit.*
14. Voir notamment Alice Canabate, *La Cohésion sociale en temps de récession prolongée : initiatives alternatives et formes des résistances*, Rapport au groupe des Verts du Parlement européen, disponible sur www.cecinestpasunecrise.org/fr/news/la-cohesion-sociale-en-temps-de-recession-prolongee
15. Plusieurs études ont montré que les baleines franches du Groenland pouvaient très probablement atteindre l'âge canonique de deux cents ans. Cf. Cheryl Rosa *et al.*, « Update on age estimation of bowhead whales (*Balaena mysticetus*) using aspartic acid racemization », *International Whaling Commission*, Cambridge, UK. IWC/SC/56/BRG6, 2004.

Épilogue

1. www.dailymail.co.uk/home/moslive/article-1350811/In-China-true-cost-Britains-clean-green-wind-power-experiment-Pollution-disastrous-scale.html#ixzz3XkCBwW1t

2. Hawken, Paul, *Blessed Unrest: How the Largest Movement In the World Came Into Being and Why No One Saw it Coming*, Viking Press, 2007.

3. Cf. www.lucienpouedras.fr/?page_id=77

4. Cf. http://echosverts.com/2014/08/12/vivre-a-bord-dun-voilier-fleur-de-lampaul/

5. Cf. www.johnjeavons.info/

6. Cf. www.fourseasonfarm.com/about/eliot.html

7. Voir http://permacultureideas.blogspot.be/2010/06/robert-hart-forest-gardening.html

8. Cf. Bill Mollison & David Holmgren, *Permaculture*, trad. fr. Corlet, 2 tomes, 2006 et 2011.

9. Cf. www.fnab.org/

10. La Fondation de France, la fondation Léa-Nature, la fondation Lemarchand, la fondation Lunt, la fondation Terra Symbiosis, la fondation Picard, l'Ivory Foundation.

Bibliographie

Biomimétisme avant Janine Benyus

Allen, John, *Biosphere 2: the Human Experiment*, Penguin Books, 1991.
Gérardin, Lucien, *Bionics*, McGraw-Hill, 1968.
Kelly, Kevin, *Out of Control: The New Biology of Machines, Social Systems, and the Economic World*, Basic Books, 1985.

Biomimétisme depuis Janine Benyus

Benyus, Janine, *Quand la nature inspire des innovations durables*, Rue de l'échiquier, 2011.
Collins, Katherine, *Nature of Investing: Resilient Investment Strategies Through Biomimicry*, Bibliomotion Inc., 2014.
Harman, Jay, *The Shark's Paintbrush: Biomimicry and How Nature Is Inspiring Innovation*, Whitecloud Press, 2014.
Hoagland, M. B., Dodson, B., & Hauck, J., *Exploring the Way Life Works: The Science of Biology*, Jones & Bartlett Learning, 2001.
Hutchins, Giles, *The Nature of Business, Redesigning for Resilience*, Green Books, 2012.
Swiegers, Gerhard F., *Bioinspiration and Biomimicry in Chemistry*, Wiley & Sons, 2012.

Biodiversité

Callum, Roberts, *The Ocean of Life: The Fate of Man and the Sea*, Penguin Books, 2013.

Le vivant comme modèle

Hallé, Francis, *Éloge de la plante : pour une nouvelle biologie*, Le Seuil, 2004.
Hallé, Francis, *Plaidoyer pour l'arbre*, Actes Sud, 2005.
Margulis, Lynn & Sagan, Dorion, *L'Univers bactériel*, Albin Michel, 1989.
Margulis, Lynn *et al.*, *Five Kingdoms: an Illustrated Guide to the Phyla of Life on Earth*, W.H. Freeman & Co Ltd., 1998.
Péchère, Jean-Claude, *Le Microbe intelligent*, Frison-Roche, 2007.
Péchère, Jean-Claude, *Le Soleil et l'Ombre. Promenades dans les jardins du monde*, Racine, 2008.
Stamets, Paul, *Mycelium Running: How Mushrooms Can Help Save the World*, Ten Speed Press, 2005.

Biomimétisme et théorie Gaïa

Harding, Stephan, *Animate Earth, Science, Intuition and Gaia*, Green Books, 2009.
Lovelock, James, *La terre est un être vivant : l'hypothèse Gaïa*, Flammarion, 1993.
Lovelock, James, *Gaïa, une médecine pour la planète*, Sang de la terre, 2001.
Vernadski, Vladimir, *La Biosphère*, Le Seuil, 2002.

Pressions sur l'environnement

Auzanneau, Matthieu, *Or noir, la grande histoire du pétrole*, La Découverte, 2015.
Bihouix, Philippe, *L'Âge des low-tech*, Le Seuil, 2014.
Bonneuil, Christophe & Fressoz, Jean-Baptiste, *L'Événement Anthropocène*, Le Seuil, 2013.
Cicolella, André, *Toxique Planète : le scandale invisible des maladies chroniques*, Le Seuil, 2013.
Heinberg, Richard, *La Fin de la croissance : s'adapter à notre nouvelle réalité économique*, Demi Lune, 2012.
Servigne, Pablo & Stevens, Raphaël, *Comment tout peut s'effondrer*, Le Seuil, 2015.

Biomimétisme et architecture

Pawlyn, Michael, *Biomimicry in Architecture*, Riba Publishing, 2011.
Schuiten, Luc, *Archiborescence*, Mardaga, 2006.

Schuiten, Luc, *Vers une cité végétale*, Mardaga, 2010.

Turner, J. Scott, *The Extended Organism : The Physiology of Animal-Built Structures*, Harvard University Press, 2000.

Biomimétisme et matériaux

Bihouix, Philippe & de Guillebon, Benoît, *Quel futur pour les métaux ? Raréfaction des métaux, un nouveau défi pour la société*, EDP Sciences, 2010.

Diederen, André, *Global Resource Depletion, Managed Austerity and the Elements of Hope*, Eburon Academic Publishers, 2010.

Smil, Vaclav, *Making the Modern World: Materials and Dematerialization*, John Wiley & Sons, 2013.

Économie circulaire et écologie industrielle

Adoue, Cyril, *Mettre en œuvre l'écologie industrielle*, Presses polytechniques et universitaires romandes, 2007.

Billen, Gilles *et al.*, *L'Écosystème Belgique, essai d'écologie industrielle*, Centre de recherche et d'information socio-politique, 1983.

Collectif Orée, *Mettre en œuvre une demarche d'écologie industrielle sur un parc d'activités*, Société alpine de publications, 2008.

McDonough, William & Braungart, Michael, *Cradle to Cradle : créer et recycler à l'infini*, Alternatives, 2011.

Robert, Karl-Hendrik, *The Natural Step : a Framework*, Pegasus Communications, 1997.

Économie et écologie

Barbault, Robert & Weber, Jacques, *La vie, quelle entreprise ! pour une révolution écologique de l'économie*, Le Seuil, 2010.

Caminel, Thierry *et al.*, *Produire plus, polluer moins : l'impossible découplage*, Les Petits Matins/Institut Veblen, 2014.

De Bouver, Emeline, *Moins de biens, plus de liens. La simplicité volontaire: un nouvel engagement social*, Couleur Livres, 2008.

Delannoye, Emmanuel, *L'Économie expliquée aux humains*, Wildproject, 2011.

Hawken, Paul *et al.*, *Natural Capitalism : Comment réconcilier économie et environnement*, Scali, 2008.

Jackson, Tim, *Prospérité sans croissance : la transition vers une économie durable*, De Boeck, 2010.

Lietaer, Bernard, *Au cœur de la monnaie*, Yves Michel, 2011.
Lietaer, Bernard & Arnsperger, Christian, *Money and Sustainability : the Missing Link*, Black and White, 2012.
Schumacher, Ernst Friedrich, *Small is beautiful : une société à la mesure de l'homme*, Le Seuil, 1979.

Biomimétisme et agriculture

Bourguignon, Claude & Bourguignon, Lydia, *Le sol, la terre et les champs*, Sang de la terre, 2008.
Fortin, André *et al.*, *Les Mycorhizes, la nouvelle révolution verte*, Multimondes, 2008.
Hervé-Gruyer, Ch. & P., *Permaculture. Guérir la terre, nourrir les hommes*, Actes Sud, 2014.
Jackson, Wes, *Nature as Measure*, Counterpoint, 2011.
Michon, Geneviève, *Agriculteurs à l'ombre des forêts du monde : agroforesteries vernaculaires*, Actes Sud, 2015.
Rabhi, Pierre, *Paroles de terre, une initiation africaine*, Albin Michel, 1996.
Servigne Pablo, *Nourrir l'Europe en temps de crise : vers des systèmes alimentaires résilients*, Nature & Progrès, 2014.

Biomimétisme, collaboration et résilience

Del Marmol, Guibert, *Sans plus attendre !*, Ker Éditions, 2014.
Margulis, Lynn & Sagan, Dorion, *Acquiring Genomes : a Theory of the Origins of Species*, Perseus Books, 2002.
Marsan, Christine *et al.*, *L'Intelligence collective*, Yves Michel, 2015.
Novel, Sophie & Riot, Stéphane, *Vive la co-révolution ! Pour une société collaborative*, Alternatives, 2012.
Pelt, Jean-Marie, *La Loi de la jungle : l'agressivité chez les plantes, les animaux, les humains*, Fayard, 2003.
Pelt, Jean-Marie, *La Solidarité : chez les plantes, les animaux, les humains*, Fayard, 2004.
Pelt, Jean-Marie, *La Raison du plus faible*, Fayard, 2009.
Ricard, Matthieu, *Plaidoyer pour l'altruisme, la force de la bienveillance*, Nil, 2013.
Solnit, Rebecca, *A Paradise Built in Hell, the Extraordinary Communities that Arise in Disaster*, Penguin Books, 2009.
Wakeford, Tom, *Liaisons of Life : From Hornworts to Hippos, How the Unassuming Microbe Has Driven Evolution*, Wiley, 2002.

Walker, Brian & Salt, David, *Resilience Thinking : Sustaining Ecosystems and People in a Changing World*, Island Press, 2006.

Walker, Brian & Salt, David, *Resilience Practice : Building Capacity to Absorb Disturbance and Maintain Function*, Island Press, 2012.

Biomimétisme et reconnexion

Egger, Michel Maxime, *Soigner l'esprit, guérir la Terre : introduction à l'écopsychologie*, Labor et Fides, 2015.

Hervé-Gruyer, Charles, *La Femme feuille*, Albin Michel, 2007.

Jackson, Wes, *Becoming Native to this Place*, Counterpoint, 1994.

Krafel, Paul, *Seeing Nature*, Green Books Ltd, 1999.

Leopold, Aldo, *Almanach d'un comté des sables*, Aubier, 1995.

Macy, Joanna & Brown, Molly Young, *Ecopsychologie pratique et rituels pour la Terre*, Le Souffle d'or, 2008.

Roszak, Theodore, *Ecopsychology : Restoring the Earth, Healing the Mind*, Sierra Club Books, 1995.

Terrasson, François, *La Peur de la nature : au plus profond de notre inconscient, les vraies causes de la destruction de la nature*, Sang de la terre, 1991.

Sites web, projets et réseaux du biomimétisme

http://biomimicry.net/
Biomimicry 3.8, le réseau américain construit autour de Janine Benyus, continue à étendre ses activités d'éducation, de conseil et d'accompagnement de l'innovation biomimétique.

http://biomimicry.org/asknature/
Biomimicry 3.8 a aussi produit le meilleur catalogue en ligne des « solutions de la nature ».

http://zqjournal.org/
De loin la meilleure publication en biomimétisme, mêlant vulgarisation et rigueur scientifique, produite en plusieurs langues par nos collègues canadiens.

http://www.biomimicryalliance.eu/
Plus récemment, le réseau d'associations européennes existantes ou en cours de formation a commencé à se structurer…

http://www.biomimicry.eu/
… dans le sillage de l'ONG Biomimicry Europa, fondée à Bruxelles et maintenant active depuis Paris.

http://ceebios.com/
Depuis, la France a aussi vu la naissance du Centre européen d'expertise en biomimétisme (le CEEBIOS) à Senlis, pôle de formation à destination des professionnels, et future plate-forme de recherche.

http://www.greenloop.eu/
Notre bureau d'études, le premier en Europe à être centré sur le biomimétisme, basé à Bruxelles.

http://co2solstock.org/
Le site web du projet européen CO2SolStock, lancé à l'initiative de notre équipe de Greenloop, consacré à la séquestration du carbone biomimétique.

https://arbressauveurs.wordpress.com/
Le blog consacré au projet de plantation de noyers mayas, en cours en Haïti, à l'initiative de Biomimicry Europa.

http://www.inspire-institut.org/category/biomimetisme
La partie « Biomimétisme » du site de l'Institut Inspire, basé à Marseille.

http://www.cefe.cnrs.fr/fr/recherche/ines/subnamed/1051-desc/281-claude-grison
La page personnelle de Claude Grison, une des « championnes » de l'approche bio-inspirée. Ses équipes utilisent les plantes pour nettoyer les anciens sites miniers de leurs métaux résiduels (phyto-extraction), et les transforment ensuite en enzymes à destination de la chimie verte (écocatalyse).

Remerciements

Je remercie Hoël et Ywen, pour leur infinie patience de fils quant à mes absences, et pour leur intérêt grandissant pour le sujet ; et Judith pour avoir accueilli – parmi tant d'autres choses – tous mes accès de désarroi et coups de colère face au détricotage de la toile de la Vie. Sans leur amour et leur soutien, ce livre n'aurait pas pu s'incarner.

Merci à Michèle Decoust pour son indéfectible présence à mes côtés en tant que mentor attentionnée, lyrique et rigoureuse tout à la fois.

Je remercie Patrice van Eersel pour avoir entouré et cru en ce projet depuis tant d'années ; le regretté David Servan-Schreiber pour ses conseils bienveillants ; Jean-Yves Katelan pour avoir su extraire la pierre de sa gangue avec respect et *tough love* à la fois, le tout en un temps record ; Nicolas Hulot et Jean-Marie Pelt pour leur soutien au biomimétisme à travers leurs préfaces ; et Luc Schuiten pour son amitié, son inébranlable optimisme… et ses illustrations généreusement mises à disposition en copyleft !

Merci encore à Janine Benyus pour l'inspiration initiale et la confiance ; à Dayna Baumeister, Carl Hastrich, Norbert Hoeller, Rose Tocke, Stephan Harding, Tom McKeag ; Philippe Matthieu, Eiji Nakatsu, Charles Hall, François Léger, Ida Kubiszewski, Hendrik Poorter, Marie-Laure Navas, Werner Mueller, Kaichang Li et bien d'autres collègues et chercheurs qui ont bien voulu répondre à mes questions.

Pour leur participation à la relecture du manuscrit, de près ou de loin, je remercie aussi Eric Verrecchia, Frédérique Basset, Jean

Valayer, Kalina Raskin, Marine Demanet, Maxence Layet, Michèle Decoust, Nicole Dechenne, Pablo Servigne et Raphaël Stevens.

Merci aussi à Annamarija Frankic, Charles et Perrine Hervé-Gruyer, Claude Grison et Jean-Baptiste Drevet pour s'être prêtés au jeu des interviews.

Je remercie encore toutes et tous ceux qui m'ont irrigué de leur pêche aux informations biomimétiques, et tout spécialement Jacques Maudoux et Thomas Huret.

Pensées spéciales aux aventuriers de Greenloop, et en particulier Caroline Zaoui, Dries Maes, Gaëtan Dartevelle, Jean-Michel Scheuren, Jean Valayer, Noemie Wouters et Raphaël Stevens ; toute ma reconnaissance aussi aux équipes du bureau français de Biomimicry Europa et du CEEBIOS dont Chloé Lequette, Daniel Rodary, Kalina Raskin, Karim Lapp, Michka Melo, Tarik Chekchak, Caroline Gervais et Francis Pruche.

Encore un merci particulier pour la patience et la tendresse de Corinne et Helena et le soutien de toute la tribu du Travail qui Relie et autres réseaux de tempête, mais aussi à la Fée Viviane, la Princesse Constance, Valérie Ange, Dony de Sein, Dusty Mara, Damien Poséidon et Marine Sirène.

Enfin je voudrais exprimer ma gratitude à ma famille – mes frères et sœurs, mes parents et grands-parents – et mes amis, proches et moins proches, humains ou autres qu'humains, toutes et tous qui m'ont soutenu à leur façon, en m'excusant d'emblée pour celles et ceux que je n'aurais pas cités : merci aux crapauds et aux renards du Poelbos, à Gaëtan et Florence, aux soldanelles du Val d'Hérens, à mes « vieux » amis d'Afrique Karine et Pierre, aux petits pingouins de Poulloc, à Jean-François Noubel, aux bactéries spiralées initiatiques, à Patricia Ricard, aux icebergs, amphipodes et baleines de l'Antarctique, à Claude de Broyer et Alain Hubert, aux arbres et aux champignons du Laarbeek, à Sophie Serrano, aux orchidées de ma serre, à Philippe Desbrosses et André Goemare, aux fougères du Costa Rica, à Guibert del Marmol, aux libellules du marais de Ganshoren, à Yvan Beck, aux balbuzards et baobabs du Cap-Vert, à Pierre et Myriam Stassart, à la Rulle, aux puces des neiges et aux castors de Gaume, à Jean-Philippe Beau-Douëzy, aux dauphins de Méditerranée, à Marine Simon, et enfin au chevalier rouge hantant les profondeurs océaniques…

Table

DEUXIÈME PARTIE

LES QUATRE CHOCS

TROISIÈME PARTIE

LE BIOMIMÉTISME, SOURCE D'INSPIRATIONS

Composition IGS-CP
Impression CPI Bussière en septembre 2015
Éditions Albin Michel
22, rue Huyghens, 75014 Paris
www.albin-michel.fr
ISBN : 978-2-226-32018-6
N° d'édition : 19881/01 – N° d'impression : 2017713
Dépôt légal : novembre 2015
Imprimé en France